化工厂节能知识

湖南化工职业技术学院　贺召平　主编

化学工业出版社

·北京·

图书在版编目（CIP）数据

化工厂节能知识/湖南化工职业技术学院贺召平主编. 北京：化学工业出版社，2000.11 （2021.3 重印）
高职高专教材
ISBN 978-7-5025-2830-0

Ⅰ.化… Ⅱ.贺… Ⅲ.化工厂-节能-高职高专-教材 Ⅳ.TQ083

中国版本图书馆 CIP 数据核字（2000）第 44897 号

责任编辑：何曙霓　　装帧设计：田彦文
责任校对：洪雅姝

出版发行：化学工业出版社（北京市东城区青年湖南街 13 号　邮政编码 100011）
印　　装：北京虎彩文化传播有限公司
787mm×1092mm　1/16　印张 11¾　字数 284 千字　2021 年 3 月北京第 1 版第12次印刷

购书咨询：010-64518888　　售后服务：010-64518899
网　　址：http://www.cip.com.cn
凡购买本书，如有缺损质量问题，本社销售中心负责调换。

定　　价：**38.00 元**

前　　言

本教材是高等职业学校化工工艺类专业化工节能技术课程的统编教材。本教材介绍了化工节能的基本原理和应用。全书共分五章。第一章绪论，介绍化工节能知识在化工生产中的重要性和当前化工节能的现况。第二章稳流体系的能量平衡，阐述热力学第一定律及其在稳流体系中的应用，也介绍了真实气体热力学性质的计算。第三章化工节能的基本原理，通过对热力学第二定律的讨论，研究了能量损耗的本质，建立了以热力学第一定律和第二定律相结合的现代用能理论。第二、三章是全书的理论基础。第四章化工过程热力学分析，介绍了利用热力学基本原理对化工过程进行热力学分析的方法，并对典型化工单元过程和化工生产装置进行了热力学分析，是化工节能基本原理的应用。第五章化工企业节能技术简介，讨论如何合理利用能量，介绍了几种成熟的化工节能新技术。教材中加星号“*”的内容属选讲内容。

本书可供化工高等职业学校有关专业作教材选用，也可供化工企业管理人员、技术人员参考。

本书由湖南化工职业技术学院贺召平主编，兰州石化职业技术学院李贵贤参编，常州工程职业技术学院陈炳和主审。第一、三章由李贵贤编写，其余各章由贺召平编写并进行统稿。参加审稿的有天津渤海职业技术学院黄震、河北化工医药职业技术学院邸青、山东师范大学化工学院张朝君、湖南化工职业技术学院杨谦、李平辉。本书编写过程得到了河北化工医药职业技术学院程桂花、南京化工职业技术学院徐建良等同志的指导和编者所在学校的领导、相关科室和人员的大力支持，谨致谢意。

由于作者水平有限，虽经努力，教材中难免存在各种缺点和不足之处，恳切盼望使用本书的各位任课老师和读者提出宝贵意见和建议，以便在今后的再版中进行修正。

编者

2000 年 4 月

目　　录

1. 绪　论

1.1. 能量及其二重性

能源是产生各种能量的自然资源，它是人类赖以生存、社会得以发展的物质基础。能量是物质的基本性质，通常指物体能做功的本领。相应于不同的运动形式，能量可分为内能、机械能、核能、化学能和地热能等形式。

自然界的能量既不能被创造，也不能被消灭，只能相互转化。这就是能量守恒与转化定律。热力学第一定律是能量守恒与转化定律在热现象上的应用，它是人类在长期实践中积累的经验总结，它对热力学理论的建立与发展作出了重大贡献。它指出了热能与其他形式能量的相互转化和总能量守恒，任何体系的能量守恒与转化定律都可以用下式表示：

进入体系的能量 - 离开体系的能量 = 体系储藏能量的变化

按照热力学第一定律，各种不同形式的能量是等价的，是守恒的。事实上，能量本身具有双重含义，即能量的数量和质量。能量的数量是指能量的多少，而能量的质量则是指能量的可用性。能量的质量不同，其使用价值也就不同。从用能的观点看，后者是主要的。只有当能量的质量达到使用要求时，能量的使用价值才能体现出来，此时，能量的数量才有实际意义，因而能量的使用在本质上是指能量质量的使用。大量的实践事实已经证明：能量在使用过程中虽然其数量是守恒的，但其质量却是下降的。能量在使用过程中的降质变废才是造成能耗的根本原因。

1.2. 能量开发利用的现状与发展

能量的开发利用，实际上是指能源的开发利用。能源开发利用的技术水平直接影响着人类物质水平的提高和社会经济的发展。能源问题是当今世界上最重大的课题之一，人类发展的历史在某种意义上反映出人们认识能源、开发能源、利用能源的历史。

早在 19 世纪初，一些科学家就对能量的二重性有所认识，但在此后的 100 多年里，实际上只有“能量”的概念获得了公认，为工程界所普遍接受，而“能质”的概念，长期未被接受，即使学术界的认识，也不尽一致。致使人们受能量守恒原理局限性的束缚，能量的开发利用技术止步不前，始终处于相当低的水平。早在 1824 年，原始的能质概念就由卡诺提出，他确定了热量 Q 中只有 $Q\ (1-T_0/T)$ 部分是可用的。20 世纪 30 年代初，凯南（Keenan）明确提出了“有效能”的概念。直到 1956 年著名学者朗特（Z·Rant）提出将有效能作为一个热力学参数的概念，从而获得了科学定量地表示能质的方法后，人们才真正开始了用能理论的研究和能量利用技术的开发。

虽然在 100 多年前能源的储量和产量，与生产规模的需求相比，甚为不足，但随着生产规模与产值的成倍增长，廉价能源日益接近枯竭。工业革命之后，能源消费剧增，几乎所有产业都面临能源危机。在 1973 年，原油价格突然猛涨了 4 倍，出现了世界上的第一次石油危机，能源的供需矛盾日益尖锐起来。自此世界各国普遍重视了能源开发和节约并重的策略，都在积极寻找各种方法，更加有效地开发和利用能源，有力推动了工程界对能量开发利用技术的研究和应用，促进了用能技术的发展。迄今在用能理论和技术的各个方面以及石油化工的各个领域都取得了重大成就。比如在废热回收利用方面，已能利用100℃以下的热能进行动力回收和冷冻；在能量的有效利用中强化了能量的梯级利用和多效利用技术；在能量的充分利用中，强化了“堵塞漏洞，减少余热排放”；在综合利用中发展了热电合供、改进工艺、提高自动化水平，出现了各种低能耗工艺等新的用能技术。同时在新能源的开发利用中也取得了一定的进展，如核能技术的研究已进入受控核聚变能的利用阶段；在太阳能新技术中太阳光电转换技术发展迅速；氢能已广泛应用于空间技术中；地热发电技术在30多个国家有了工业装置；其他新能源如风力发电、海洋温差发电等也不断被人们开发利用。总之，随着能源技术的不断创新，新能源的不断开发利用，世界已逐步进入“复合能源时代”。各国的能源结构将朝着多样化、优质化和更加合理化的方向发展。

1.3. 化工节能在国民经济建设中的重要地位

能源是发展国民经济和保障人民生活的重要物质基础。世界各国经济、技术发展的事实表明，能源消耗与国民生产总值之间有着非常密切的关系。在正常情况下，能源消费量的增长速度和国民生产总值的发展速度之间成正比关系。因此，若要加快国民经济的发展，就必须保证能源消费量有相应的增长速度。反之，如果能源供应不足，则会影响国民经济的发展，甚至造成巨大的损失。例如从20世纪70年代发生石油危机开始，主要工业国家国民生产总值的增长率普遍下降。1975年，美国由于短缺116 Mt标准煤，使国民生产总值减少了930亿美元；日本由于短缺60 Mt标准煤，国民生产总值减少了485亿美元。其他工业国家也相类似。据分析估算，由于能源不足引起的国民经济损失大约为能源本身价值的20～60倍。当前，能源紧张问题举世瞩目，直接影响世界经济的发展，尤其是发展中国家更为突出。特别是对我国来说尤显重要。国民经济要飞速发展，对能源的需求越来越多，而能源的发展在短时间内难以实现重大飞跃。况且目前人类依赖的能源资源有限，人类面临严重的能源危机。另一方面，目前人类利用能源的水平还较低，宝贵的能源资源得不到充分利用。如中国由于设备能量利用率较低，在使用燃料能源中，有效利用的仅30%左右。

化学工业是国民经济中的重要原材料工业。中国生产的化工产品中，有70%以上直接为农业、轻纺工业提供化肥、农药、配套原料和生活必需品，所以同农业、轻纺工业和国民经济各部门的发展以及人民生活水平的提高关系极大。化学工业既是能量消耗极大的工业部门，又是副产能量的工业部门。一方面，煤、石油、天然气等，既是化学工业的能源，又是化学工业的原料，这两项加起来约占产品成本的25%～40%，在氮肥行业达70%～80%。可以说，化学工业是工业部门中的用能大户。可见，节能工作在化学工业中有着极为重要的意义。另一方面，在化工生产中需要进行一系列化学反应，有的是吸热反应，即反应过程中要吸收热量；有的是放热反应，即反应过程中放出热量。而且，化工生产往往需要在较高的温度、压力下操作，有的甚至采用电解、电热等操作，因而对热能和电能的需求量较大。被加热了的物料往往还要进行冷却，需要大量的冷却水，故化学工业也是用水大户。化学工业能量消费的这种复杂性，使得工艺与动力系统的紧密结合成为现代化学工业的一个显著特点。因此，在某种意义上讲，节能是化学工业现代化的一个关键。

中国化学工业不同于世界其他国家的一个突出特点是能源消费以煤为主。表1-1给出了各国化学工业固体能源消费比例，可见中国化学工业煤的消耗比例大大地高于发达国家。这种能源消费结构，便是造成能耗上升和污染严重后果的重要原因。

表 1-1　各国化学工业的固体能源消费比例

国　别	美 国	德 国	日 本	英 国	中 国
固体能源消费,%	9.3	14.5	6.3	1.8	55.4

另外，与其他国家相比，中国大宗化学品生产规模，也是造成中国化工生产消耗指标偏高的另一重要原因。国外炼油厂规模一般在 1000 万 t/a 以上，而中国达到此规模的炼油厂却寥寥无几。乙烯生产，西欧平均规模为 40 万 t/a，美国为 104.7 万 t/a，日本为 53.7 万 t/a，而中国只有 21.7 万 t/a（其中一半生产量由 11.5 万 t/a 生产厂提供）。合成氨更是如此，工业发达国家中规模小于 10 万 t/a 的装置已基本不存在，而中国 60%的产量是由小于 5 万 t/a 的小厂提供。

中国的化学工业即使同一产品间，能耗差别也很大。以合成氨和氯碱厂为例，即使同类原料同等规模的生产企业之间单位产品能耗相差也很大，大、中企业相差 20%～50%，小企业相差达 67%～68%。

由此可见，中国石油化工的能耗水平与国外先进水平相比还存在较大的差距，要从根本上解决能源紧张、完善能源结构，必须推广新能源技术、开发新能源。但由于技术进步的差异和滞后，在新能源技术开发未取得突破性进展之前，节能及合理用能，使宝贵的资源用得恰到好处，意义深远。

节能就是应用技术上可行、经济上合理、环境和社会可以接受的方法有效地利用能源。所以，节能并不简单地意味着少用能源，其实质是充分有效地发挥能源的作用，使同样数量的能源，可以提供更多的有效能，从而生产出更多、更好的产品，创造出更多的产值和利润。

中国国民经济正处于一个高速发展的时期，这就不可避免地出现能源消耗的大幅度上升趋势。为了保证国民经济持续、快速、健康地发展，必须合理、有效地利用能源，不断提高能源利用效率。因此，节能是一项长期的工作，不仅在近期能源政策中占有重要的地位，而且从长远来看，在国民经济建设中具有深远的战略意义。其一是通过节能可以改革不合理的工业结构与产业结构，把一些费能型的经济模式逐步转变为比例恰当的省能型经济模式；其二是通过节能可以促进工业技术改造和设备更新换代，以带动整个工业部门的发展和提高；其三是通过节能以加强能源管理，改善经济工作，提高整个工业的科学管理水平；其四是通过节能以降低产品的成本，提高市场竞争力和企业经济效益；其五是节能有利于保护环境。

1.4. 化学工业节能的潜力和途径

节能潜力有两种涵义：(1) 节能总潜力；(2) 可实现的节能潜力。节能总潜力为一技术极限值，取决于现有的技术以及根据热力学计算的理论极限值。可实现的节能潜力是指技术成熟、经济合理、预计在一定时期内可以实现的节能量，取决于技术、投资、社会、环境和其他政策等因素。这里主要讨论可实现的节能潜力。

要准确计算节能潜力是比较困难的。但通过调研，对节能潜力进行分析估算则是可能的。通过粗略地分析中国化学工业的节能潜力主要表现在以下几个方面：①从单位产值能耗角度看，中国化工行业生产能耗，除个别行业外（如炼油行业较先进），一般只相当于工业先进国家 20 世纪 70 年代末的耗能水平，以至中国的化工万元产值能耗为工业发达国家的 2.5～6.0 倍，因此，节能的潜力仍很大。另外，各行业之间的万元产值能耗相差也很大，如氮肥行业为全化工系统的两倍，而橡胶制品行业仅为六分之一；②从提高能源利用率来看，中国工业能源利用率仅为美国和日本的一半左右。即使中国化学工业的能源利用率提高

1%，也能节省150万吨标准煤；③从主要产品单位能耗的差距分析，中国大多数化工产品都比国外同类产品高出许多，例如，中国合成氨平均单耗比国际先进水平高出近一倍，乙烯平均单耗比国外约高出一倍多，烧碱吨产品能耗比国际先进水平高40%以上，每吨电石的耗电量比国外高20%，每吨黄磷的耗电量比国外高30%，因此，可挖掘的潜力很可观；④从主要耗能设备的技术水平分析，中国工业锅炉的平均热效率为55%～60%，而工业发达国家（主要烧油）多在80%以上。氯碱生产中的蒸发工序、蒸煮工序与国外相比，能耗高出一倍以上。其他如风机、水泵、电动机等通用设备的效率也比工业发达国家的水平低。总之，中国化学工业的节能潜力是很大的。

一个企业、一个行业、乃至一个国家的能耗水平是由错综复杂的多种因素决定的，如自然条件、经济体制、管理水平、社会因素、技术水平等，从这些因素出发，可将节能归为三个方面：①结构节能，包括产业结构、产品结构、企业结构和地区结构等的优化配置；②管理节能，包括宏观调控和企业经营管理两个层次；③技术节能，包括工艺节能、化工单元操作设备节能、化工过程系统节能和控制节能等。具体说来，节能的技术工作可分为三个阶段：第一阶段是加强日常的能量管理工作，堵塞跑冒滴漏之类的浪费现象；第二阶段是对设备进行小规模的节能改进，以挖掘现有设备的潜力；第三阶段则是通过对设备的彻底改造和新工艺的开发实现节能。

1.5. 本课程的性质、任务和内容

1.5.1. 本课程的性质和任务

化工厂节能知识是将热力学的基本原理与化工厂生产的节能实践相结合的一门课程。它是化学工艺类专业的学生在具备了物理化学、化工原理等技术基础知识和一定的专业知识与生产实践经验之后的一门选修课。同时也是化工企业工程技术人员必备的知识。

本课程的主要任务是以热力学第一、第二定律为基础，采用有效能的概念，研究化工生产过程中各种能量的相互转化及其有效利用，建立化工过程能量分析的原理和方法，以期达到节约用能、合理用能的目的。通过学习，要使学生获得化工生产过程能量分析的基础知识、基本理论、基本方法和基本计算技能，为将来从事相关的工程技术工作打好基础。本课程注重培养学生分析和解决工程实际问题的能力。

1.5.2. 本课程的内容和研究方法

（1）课程的内容　本课程的内容以有效能分析法为主体，主要分为四个部分：一是化工节能技术的理论基础，主要包括稳流体系的能量平衡，阐述热力学第一定律及其在稳流体系中的应用，同时包含真实气体热力学性质计算方法；二是化工节能的基本原理，主要包括热力学第二定律及其应用，将热力学第一、第二定律结合起来研究化工过程的能量转换及其效率，引出了有效能的概念，建立现代用能理论；三是化工过程节能的热力学分析方法及其应用，主要包括三种热力学分析的基本方法及其在典型化工单元过程及生产装置中的具体运用，并指出节能的基本途径；四是化工企业的节能技术简介，主要包括能量的合理利用、充分利用、综合利用及当代化工企业的节能新技术与发展动向。

第一、二部分是全书的基础和核心，对理论的介绍，注意循序渐进的认识规律。每一个重要概念的引出都力求通俗易懂，注意与物理化学和化工原理的知识衔接，但又不过多重复并不失热力学的严格性。第三、四部分着眼于化工节能基本原理在化工节能实践中的应用，既着重热力学分析基本方法（尤其是有效能分析法）的论述，又特别注意了理论联系实际。

在阐述基本方法的同时，都辅以化工过程和生产装置的具体实例，对方法的应用进行深入的探讨，以帮助学生掌握基本概念、基本理论和方法，提高知识应用的能力。第四部分中还阐述了合理用能的基本原则，介绍现代化工企业节能新技术及发展动向。所以第三、四部分是本书的落脚点。

(2) 课程的研究方法　本课程基本上采用了热力学的宏观研究方法。它是研究大量分子中发生的平均变化，而不是单个分子的微观变化。它把由大量粒子组成的物质视为一个整体，用宏观物理量来描述它的状态，以宏观观点考察物质间的相互作用。宏观研究方法的特点是：通过对大量宏观现象的直接观察与实验，总结出具有普遍性的规律，也即从热力学的基本定律出发，将其运用于化工节能实践，通过比较严密地逻辑推理而得到化工节能原理。因而不管是原理本身或结论，均具有普遍性与可靠性。

宏观研究方法的优点是简单、可靠，解决工程实际问题比较容易。

(3) 课程的学习方法　由于本课程的基础是物理化学、化工原理及工艺学等知识，其任务是获得化工生产过程能量分析的基本理论、基本方法与技能，所以要求读者能正确理解化工节能热力学的基本概念和基本原理，掌握化工节能的基本计算和分析方法，能查阅和使用常用的热力学图表与资料，并了解化工企业的有关节能技术。

为此，在学习该课程时应树立经济观点、工程技术观点、理论密切联系实际的观点。对概念的引出、理论的阐述，既要注意与前序课程的联系，又要注意全书的知识体系和研究方法。对理论的应用，要特别注意与工艺学知识的衔接和工程实例分析的结合，使理论与实践密切结合，并通过作业、课堂讨论、实习和设计等实践环节加深对概念的理解，提高对理论的应用能力。

思 考 题

1-1. 什么是能量？能量的二重性指什么？讨论其有何意义？

1-2. 试述能量开发利用的现状及水平。

1-3. 什么是能量的开发利用技术？目前有哪些新能源？试述其开发利用的前景。

1-4. 什么叫节能，其意义何在？试述节能在国民经济建设中的作用。

1-5. 工业企业的节能一般分哪几个阶段，试述各阶段的价值。

1-6. 试述化工厂节能的理论依据及其研究方法。

2. 稳流体系的能量平衡

自然界随时都发生能量的变化。人类在长期的实践中发现自然界的能量既不能被创造也不能被消灭。只能相互转化或传递。在转化或传递过程中，能量的数量是守恒的。这就是热力学第一定律即能量的转化和守恒定律。

通常，能量可以区分为两类。一类是体系蓄积的能量，如热力学能、动能和位能。热力学能代表体系微观基准上的各种能量，习惯上称为内能，在后面的章节中，本教材仍按照习惯将其称为内能。动能和位能则代表体系宏观状态的能量。内能、动能和位能都是体系的状态函数。另一类是在各种过程中体系与环境通过边界传递的能量，它们不是体系的状态函数而是过程函数。后者在热力学范畴内又可分为热量和功。热量是体系与环境之间因温度的差别而引起的能量传递。除温差外，由其他位势差引起的能量传递就是作功。因此，传热和作功是两种不同的能量传递方式。

在化工生产过程中，无论是流体流动过程、传热和传质过程，还是化学反应过程都同时伴随着能量的变化，或消耗能量，或释放能量。因此，研究化工过程能量变化的规律，对于降低生产中的能量消耗，合理地利用能量就显得十分重要。

物理化学中已对封闭体系热力学第一定律做了详述，其数学表达式为：

$$\Delta U = Q + W \tag{2-1}$$

此式的物理意义是：体系的内能变化 ΔU 就等于体系与环境交换的热量 Q 和功 W 的代数和。规定体系从环境吸热为正值，体系向环境放热为负值；体系得功 W 为正值，而体系对环境作功 W 为负值。然而，实际的化工生产过程中遇到的体系，很少能作为封闭体系处理，绝大多数为连续流动的敞开体系。与封闭体系不同的是，敞开体系所处理的对象已不是针对一定的物质而是一定的空间范围，可以是一个设备，也可以是一个过程。在敞开体系中最简单且最有代表性的为稳定流动体系，简称稳流体系。稳流体系的主要特点是：

(1) 体系中任一点的状态不随时间的变化而变化，但可随位置的不同而不同；

(2) 每股物流的质量流量不随时间而变；

(3) 每股能流的流速不随时间而变；

(4) 整个体系内的总质量和总能量均不随时间而变，体系中没有物质和能量的积累。

严格来说，真正的稳流体系是不存在的，但除了开、停车和不正常生产时，在稳定生产时实际的连续生产过程均可以作为稳流体系来处理。

2.1. 稳流体系热力学第一定律

2.1.1. 稳流体系热力学第一定律表达式

稳流体系仍然服从能量守恒定律。但是与封闭体系相比，稳流体系与环境间除了有能量的交换外，还存在物质的交换，因而要复杂得多。下面对稳流体系进行讨论。

图 2-1 为稳流体系的一个例子。物料由截面 1—1 流入，由截面 2—2 流出，体系通过热交换器从环境吸收热量 Q，并通过透平机对外输出轴功 W_S。以管壁和截面 1—1 与截面 2—2 为界面来研究体系能量的变化情况。

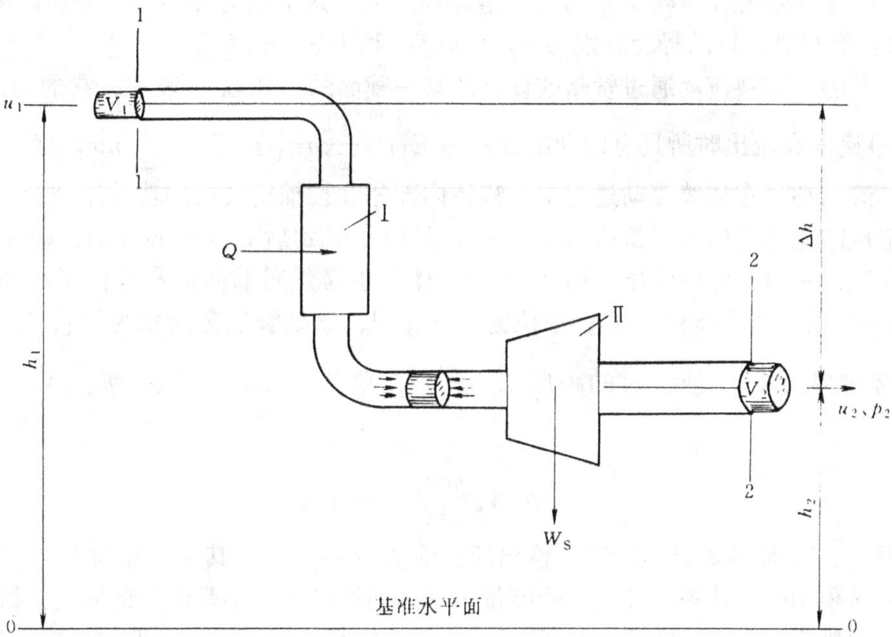

图 2-1　稳定流动过程

Ⅰ—换热器；Ⅱ—透平机

取体系中 1 kg 流体作为计算基准。设其流入 1—1 界面时，单位质量物质的内能、比体积分别为 U_1、v_1，压力为 p_1，位高为 Z_1，流速为 u_1。流出 2—2 界面时，相应的参数变为 U_2、v_2、p_2、Z_2 及 u_2。按照能量守恒原理，必有

流入体系的能量之和＝流出体系的能量之和

设 E_1、E_2 分别代表流入和流出体系时 1 kg 流体所具有的总能量；Q 和 W_S 分别代表 1 kg 流体与环境所交换的热和轴功，敞开体系与环境之间所交换的功是通过旋转轴进行传递的，称为轴功。

则上式可表达为：

$$E_1 + Q = E_2 - W_S \tag{2-2}$$

或

$$E_2 - E_1 = Q + W_S \tag{2-2a}$$

流体流入和流出体系时，其总能量应包括以下各项。

(1) 内能　即热力学能，是反映分子内部微观粒子运动能量的总和。它是区别于因整体的位置改变或运动所具有的宏观位能与宏观动能而言的。它包括分子运动的动能、分子间相互作用所具有的势能以及原子、电子运动的能量等等。供热与作功均可以使物质的内能发生改变。

目前还无法测定物质内能的绝对值，但体系与环境之间发生热和功的传递时，体系内能会发生相应的改变，我们只需计算其变化值。

m kg 物质流入和流出体系时所具有的总内能值分别为 mU_1 和 mU_2，其单位为 J。

(2) 势能　亦称位能。物料受重力场的作用在不同的高度位置，具有不同的重力势能，等于物料自某选定的基准面举高到此高度时所需的功。图 2-1 中以 0—0 平面作计算高度的基准面（水平面），管路中或设备中的任何一点的高度，以该点所在的与基准面平行的面至基准面的垂直距离 h 表示。基准面以上 h 值为正，以下为负。质量 m kg 的物料在高度为

h m 时所具有的势能为 mgh。g 为自由落体加速度，其单位为 $m \cdot s^{-2}$，势能以 E_p 表示，其单位为 J。物料进出口的势能分别为 $E_{p1}=mgh_1$ 和 $E_{p2}=mgh_2$。

(3) 动能　物料流动通过管路或设备的某一截面的流速以 u 表示，它的单位为 $m \cdot s^{-1}$，m kg 物料流入和流出时所具有的动能分别为 $E_{k1}=\frac{1}{2}mu_1^2$ 及 $E_{k2}=\frac{1}{2}mu_2^2$，其单位为 J。

(4) 流动功　在连续流动过程中，流体内部相互推动所交换的功是流动功，也称为体积能。一定量的流体之所以能挤进界面 1—1，是由于受到后面流体的推动，即体系获得了流动功。同理，一定量流体流出界面 2—2 时，体系也必然对前面的流体作了流动功。已知进口界面 1—1 处流体比体积为 v_1，单位为 $m^3 \cdot kg^{-1}$，该处管道截面积为 A_1，单位为 m^2；则 m kg 流体进界面 1—1 所流过的距离 $L=\frac{mv_1}{A_1}$，单位为 m，推动力为 p_1A_1。故输入流动功为：

$$p_1A_1\frac{mv_1}{A_1}=mp_1v_1$$

同理，m kg 流体离开体系时，输出的流动功为 mp_2v_2，其单位亦为 J。

至于热和功则是体系和环境之间能量传递的两种形式，不是体系的属性。因此不能说体系具有多少热或多少功。因此，对于 1 kg 流体，体系在进出口界面处的总能量分别为：

$$E_1=U_1+gh_1+\frac{1}{2}u_1^2+p_1v_1$$

$$E_2=U_2+gh_2+\frac{1}{2}u_2^2+p_2v_2$$

代入总能量平衡关系式 (1-2) 中，可得：

$$U_1+gh_1+\frac{1}{2}u_1^2+p_1v_1+Q=U_2+gh_2+\frac{1}{2}u_2^2+p_2v_2-W_S \tag{2-3}$$

或

$$U_2+gh_2+\frac{1}{2}u_2^2+p_2v_2-U_1-gh_1-\frac{1}{2}u_1^2-p_1v_1=Q+W_S \tag{2-3a}$$

式(2-3)和(2-3a)即为稳流体系总能量平衡式，也是稳流体系热力学第一定律表达式。

上式也可以写成如下的简化形式：

$$\Delta U+g\Delta h+\frac{1}{2}\Delta u^2+\Delta(pv)=Q+W_S \tag{2-4}$$

Δ 表示带下标“2”的项减去带下标“1”的项，即出口状态的值减去进口状态的值。

根据焓的定义：

$$H=U+pv$$

有

$$\Delta H=\Delta U+\Delta(pv)$$

则上式可写成

$$\Delta H+g\Delta h+\frac{1}{2}\Delta u^2=Q+W_S \tag{2-5}$$

式 (2-3) 至 (2-5) 都是稳流体系热力学第一定律的数学表达式，也称稳流体系总能量平衡式。式中每一项都代表单位质量流体的能量，其单位为 $J \cdot kg^{-1}$。

2.1.2. 稳流体系热力学第一定律的特殊形式

在上面导出的稳流体系总能量平衡式中，包括的能量项目比较多，实际应用中，多数情况下可以把其中一项甚至几项略去不计，从而使得其形式大为简化。

(1) 流体流过管道、阀门、换热器、吸收塔、混合器、反应器等设备时，不作轴功，而且一般情况下，流体流经这些设备时宏观动能和宏观位能的变化值相对其他各项都很小，可忽略不计，即

$$W_S=0 \qquad g\Delta h=0 \qquad \frac{1}{2}\Delta u^2=0$$

于是方程式（2-5）可简化为：

$$\Delta H=Q \tag{2-6}$$

这表明在忽略宏观的位能与动能变化及无轴功交换时，体系的焓变等于体系与环境所交换的热量。此式是稳流体系热量衡算的基本关系式，应用很广，后面在热量衡算中将比较详细地讨论此式的应用。

（2）一般情况下，气体的密度很小，而管道的位高变化不大。因此气体的宏观势能变化很小，可以忽略不计。若在流动过程中，气体不作轴功，而且与外界没有热量的交换，则有

$$W_S=0 \qquad g\Delta h=0 \qquad Q=0$$

方程式（2-5）可以写作

$$\frac{1}{2}\Delta u^2=-\Delta H \tag{2-7}$$

由此可见，工作流体在绝热不作轴功的流动过程中，动能的增加等于流体焓值的减少。上式称为绝热稳定流动过程方程式。

（3）当体系与外界既无轴功又无热的交换时，例如在绝热情况下通过混合器、反应器（设保温良好），或高压流体通过节流阀，则有：

$$g\Delta h=0 \qquad \frac{1}{2}\Delta u^2=0$$

$$Q=0 \qquad W_S=0$$

可得

$$\Delta H=0$$

或

$$H_1=H_2 \tag{2-8}$$

即进入设备时流体的焓值等于流体离开设备时的焓值，或者将这一类过程称为等焓过程，节流过程为一典型的等焓过程。

（4）当体系与外界在绝热情况下进行轴功交换时，例如，流体通过散热很慢的压缩机、鼓风机、泵等设备时，$Q=0$，忽略宏观动能和宏观位能的变化，可得：

$$\Delta H=W_S \tag{2-9}$$

此式说明在绝热及忽略宏观的动能差和位能差的条件下，体系的焓变等于体系与外界交换的轴功。利用这一关系，只要知道工作流体通过设备时进、出口状态下的焓值，即可求出设备与外界所交换的轴功。

例 2-1 已知蒸汽进入汽轮机时焓值为 $H_1=3230\ \mathrm{kJ\cdot kg^{-1}}$，流速 $u_1=50\ \mathrm{m\cdot s^{-1}}$，乏汽流出汽轮机时的焓值 $H_2=2300\ \mathrm{kJ\cdot kg^{-1}}$，流速 $u_2=120\ \mathrm{m\cdot s^{-1}}$，蒸汽出口管比进口管低 3 m，设散热损失可忽略不计，求：

（1）每公斤蒸汽流经汽轮机时对环境所做轴功 W_S；

（2）若蒸汽量为 $10^4\ \mathrm{kg\cdot h^{-1}}$，求汽轮机功率；

（3）若忽略进出口动能差项和位能差项，其结果如何？由此引起的误差有多大？

解 作出示意图如例 2-1 图所示。

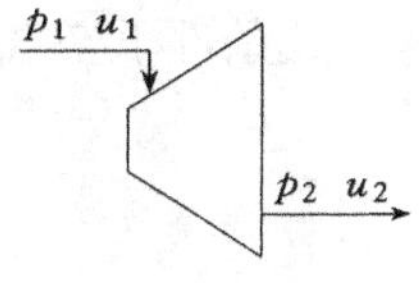

例 2-1 图

（1）取 1kg 蒸汽为计算基准，写出汽轮机能量平衡式：

$$\Delta H+g\Delta h+\frac{1}{2}\Delta u^2=Q+W_S$$

由已知，散热损失忽略不计，$Q=0$

$$
\begin{aligned}
W_S &= \Delta H + \frac{1}{2}\Delta u^2 + g\Delta h \\
&= (2300-3230) + \frac{1}{2}\times(120^2-50^2)\times10^{-3} + 9.81\times(-3)\times10^{-3} \\
&= -930 + 5.95 - 0.029 \\
&= -924.08\ \mathrm{kJ\cdot kg^{-1}}
\end{aligned}
$$

(2)

$$
\begin{aligned}
10^4\ \mathrm{kg\cdot h^{-1}} &= 2.78\ \mathrm{kg\cdot s^{-1}} \\
P &= -924.08\times2.78 \\
&= -2568.9\ \mathrm{kJ\cdot s^{-1}} \\
&= -2568.9\ \mathrm{kW}
\end{aligned}
$$

(3) 当忽略动能差项和位能差项时，原式变为：

$$
\begin{aligned}
W_S &= \Delta H \\
&= (2300-3230) \\
&= -930\ \mathrm{kJ\cdot kg^{-1}}
\end{aligned}
$$

由此而引起的误差为：

$$
\frac{-930-(-924.08)}{-924.08}\times100\% = 0.64\%
$$

从计算结果可见，由于忽略动能差项和位能差项而引起的误差很小，在工程计算中允许将其忽略。

(4) 如果不考虑过程宏观动能和宏观势能的变化值，即：

$$
g\Delta h = 0 \qquad \frac{1}{2}\Delta u^2 = 0
$$

则稳流体系热力学第一定律表达式成为：

$$
\Delta H = Q + W_S \tag{2-10}
$$

该式在能量分析和计算中应用很广。与封闭体系热力学第一定律表达式

$$
\Delta U = Q + W \tag{2-1}
$$

相比较，不难看出焓这一参数在稳流体系中的物理意义。

例 2-2 有一水平放置的热交换器，其进出口的截面积相等。空气进入时的温度和压力分别为30℃、0.105 MPa，流速为 10 m·s^{-1}，离开时的温度和压力分别为 130℃、0.104 MPa。试计算当空气的质量流量为 100 kg·h^{-1}时，从热交换器吸收多少热量。已知空气的定压平均比热容为 1.005 kJ·kg^{-1}·K^{-1}。

解 以 1 kg 空气为物料的计算基准

因热交换器无轴功交换且水平放置，故有：

$$
W_S = 0 \qquad g\Delta h = 0
$$

总能量平衡式可简化为：

$$
\Delta H + \frac{1}{2}\Delta u^2 = Q
$$

此条件下空气可视为理想气体，由于进出口截面积相等，所以

$$
u_2 = u_1\frac{p_1T_2}{p_2T_1} = 10\times\frac{0.105\times(130+273)}{0.104\times(30+273)} = 13.43\ \mathrm{m\cdot s^{-1}}
$$

$$
\frac{1}{2}\Delta u^2 = \frac{1}{2}\times(13.43^2-10^2) = 40.18\ \mathrm{J\cdot kg^{-1}}
$$

$$\Delta H = C_p \Delta T = 1 \times 1.005 \times (130-30) = 100.5\ \mathrm{kJ \cdot kg^{-1}}$$

所以 $$Q = \Delta H + \frac{1}{2}\Delta u^2 = 100.5 + 40.18 \times 10^{-3} = 100.54\ \mathrm{kJ \cdot kg^{-1}}$$

热交换器吸收的总热量为 $$mQ = 100 \times 100.54 = 1.005 \times 10^4\ \mathrm{kJ \cdot h^{-1}}$$

计算表明，气体流经传热设备时所吸收的热，绝大部分用于提高它本身的焓，仅有极少部分用于提高动能，在计算中完全可以将其忽略。

通过以上的例子可知，在相当多的情况下，宏观动能差项与宏观位能差项的忽略不会对计算结果产生多大的影响。实际上，通常其他各能量项的数值常在 10～100 $\mathrm{kJ \cdot kg^{-1}}$的数量级甚至更大，而通过计算可知，要使宏观动能或宏观位能达到 1 $\mathrm{kJ \cdot kg^{-1}}$的数值时，其流速要达到45 $\mathrm{m \cdot s^{-1}}$，高度需要达到102 m。实际生产中绝大多数情况下远达不到如此的高度和速度变化，因此，除特殊情况外，一般可以将此二项予以忽略。

2.2. 轴功

2.2.1. 稳流过程的可逆轴功

在化工生产中，常用的动力设备，包括耗功设备和产功设备，如泵、鼓风机、透平机等都是通过机轴的旋转实现体系与环境之间的功的交换，这种通过机轴的旋转所传递的功称为轴功。若轴功交换过程没有任何摩擦和推动力无限小，则为可逆轴功。

下面，以单位质量气体通过透平机作功的情况来讨论理想轴功的计算公式。

如图 2-1 所示，单位质量气体通过透平机时，气体的体积发生变化，在理想条件（没有摩擦及过程推动力无限小）下，气体所作的体积功为：

$$W = -\int_{V_1}^{V_2} p\mathrm{d}V$$

气体与环境所交换的功应该包括以下三部分：

(1) 气体与环境交换的轴功 W_S；

(2) 气体进入管道时，从后面的流体获得的流动功 p_1V_1；

(3) 气体流出管道时，对前面的流体所作流动功 $-p_2V_2$。

因此，必有

$$W = -\int_{V_1}^{V_2} p\mathrm{d}V = W_S - p_2V_2 + p_1V_1$$

移项，得

$$W_S = -\int_{V_1}^{V_2} p\mathrm{d}V + p_2V_2 - p_1V_1$$

$$W_S = -\int_{V_1}^{V_2} p\mathrm{d}V + (p_2V_2 - p_1V_1)$$

$$= -\int_{V_1}^{V_2} p\mathrm{d}V + \Delta(pV)$$

而

$$\mathrm{d}(pV) = p\mathrm{d}V + V\mathrm{d}p$$

$$\Delta(pV) = \int_{p_1V_1}^{p_2V_2} \mathrm{d}(pV) = \int_{V_1}^{V_2} p\mathrm{d}V + \int_{p_1}^{p_2} V\mathrm{d}p$$

代入

$$W_S = -\int_{V_1}^{V_2} p\mathrm{d}V + \Delta(pV)$$

$$= -\int_{V_1}^{V_2} p\mathrm{d}V + \int_{V_1}^{V_2} p\mathrm{d}V + \int_{p_1}^{p_2} V\mathrm{d}p$$

$$= \int_{p_1}^{p_2} V \mathrm{d}p$$

即 $$W_S = \int_{p_1}^{p_2} V \mathrm{d}p \qquad (2\text{-}11)$$

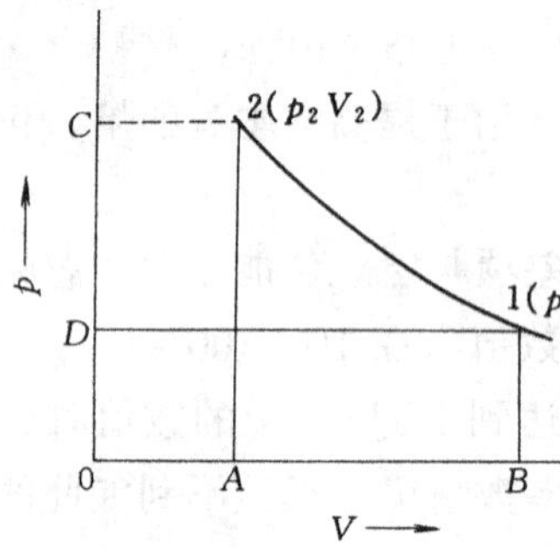

图 2-2 p-V 图

由于在前面的推导中引用了可逆的条件，故此式即为可逆轴功的计算式。对于耗功过程，可逆轴功是过程消耗的最小功；对于产功过程，可逆轴功是过程可能产出的最大功（以上均是指的绝对值）。

可逆轴功也可以在 p-V 图中表达出来，如图 2-2 所示，曲线 1—2 为压缩过程物质的变化过程曲线，由数学关系可知，图中面积 $12CD1$ 即为可逆轴功的值。

通过此图还可以表达出可逆体积功与可逆轴功的相互关系。图中面积 $12AB1$ 为该过程的可逆体积功 W，$12CD1$ 为可逆过程轴功 W_S，而面积 $C2A0$ 为 p_2V_2，面积 $D1B0$ 为 p_1V_1。由图可见

$$W_S = W + (p_2V_2 - p_1V_1) = W + \Delta(pV)$$

2.2.2. 气体压缩功

化工生产过程中，气体的压缩过程应用极为广泛。例如气体的输送、制冷、空气分离及气动仪表所需的压缩空气等。某些特定的化学反应需要在高压下进行，如甲醇和尿素的合成等。特别是合成氨的生产过程中，压缩气体所须能量消耗占去了总能量消耗的绝大部分。因此，化工生产中，气体压缩功的分析和计算很重要。压缩气体的设备称为压缩机，气体压缩机按其结构来分，主要有往复式（活塞式）及叶轮式两大类。目前国内的企业中使用的以前者居多，叶轮式中最常见的是离心式。压缩机的运行，要靠原动机（如电动机、柴油机等）来带动它工作。

（1）气体单级压缩功　单级压缩，就是指气体通过压缩机一次压缩到所需压力的压缩过程。下面，利用 p-V 图来分析单级压缩过程。为简单起见，先讨论理想气体的理想压缩过程，即可逆的压缩过程。该过程不存在任何摩擦损耗及过程推动力无限小。对于往复式压缩机，还假定在排气时汽缸里的气体全部排出，不留余隙容积。即如图中所示的活塞向左运动到最左端时活塞的端面与汽缸底面紧贴，二者之间不留任何空隙。

如图 2-3 所示，汽缸左端有两个单向阀门，1 为吸气阀，对应的进气压力为 p_1；2 为排

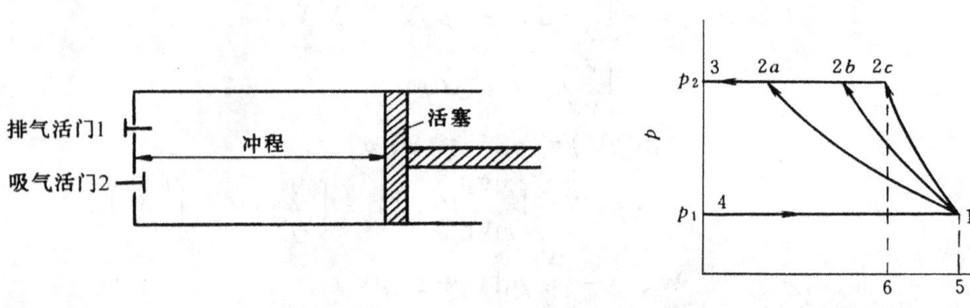

图 2-3　往复式压缩机压缩过程示意图

气阀，对应的排气压力为 p_2。设开始时，活塞处于汽缸最右端，气体体积为 V_1，压力为 p_1，对应于 p-V 图中的点 1；活塞向左运动时，进气阀和排气阀都关闭，气体被压缩，压力升高，体积缩小，直至压缩到排气压力 p_2，此过程称为压缩过程。若压缩过程所产生的热能全部及时的移走，整个压缩过程维持气体温度不变，则称为恒温压缩过程。于 p-V 图中为曲线 1—2a 所示，此曲线应符合 $pV=$常数的关系；达到排气压力 p_2 后活塞继续向左运动，此时排气阀打开，气体从排气阀排出，直至活塞达到最左边活塞端面紧贴汽缸端面，汽缸内体积为零时停止，理想条件下全过程维持在 p_2 不变，此过程称为排气过程。在 p-V 图中为直线 2a—3 所示；当活塞向右返回时的一瞬间，压力立刻从 p_2 降至 p_1，p-V 图中以直线 3—4 表示；然后进气阀打开，气体在 p_1 压力下等压进入汽缸，此为吸气过程，图中以直线 4—1 表示。至此完成一个循环。

若压缩过程中体系与外界环境绝热，此为另一种极限过程，称为绝热压缩过程。过程中由于环境对体系作功所产生的热全部积蓄于体系内，显然压缩后的气体温度要高于恒温压缩，在图中以曲线 1—2c 表示。

实际压缩过程既不可能做到恒温，也不可能是绝热过程，而是介于两者之间的一种过程，称为多变压缩过程。在图中以曲线 1—2b 所示。

从图中面积的相对大小可以看出，三种压缩过程以恒温压缩功耗最小，多变压缩次之，绝热压缩功耗最大。

a. 理想气体等温压缩功　对于理想气体的恒温过程，有 $pV_m=RT=$常数，则 $V_m=RT/p$，将其代入轴功计算式，可得：

$$W_S=\int_{p_1}^{p_2}V\mathrm{d}p=\int_{p_1}^{p_2}\frac{RT}{p}\mathrm{d}p=RT\ln\frac{p_2}{p_1} \tag{2-12}$$

式中$\frac{p_2}{p_1}$称为压缩比，常以 r 表示，$r=\frac{p_2}{p_1}$。由式可知，轴功 W_S 由初温 T 和压缩比 r 决定。压缩前气体的初温 T 愈高，压缩比 r 愈大，则压缩功耗愈大。

b. 理想气体绝热压缩功　对于理想气体的绝热过程，有 $pV_m^\gamma=$常数，式中 γ 为热容比，亦称绝热指数，将其代入轴功计算式并积分，可得：

$$W_S=\int_{p_1}^{p_2}V_m\mathrm{d}p=\frac{\gamma}{\gamma-1}RT_1\left[\left(\frac{p_2}{p_1}\right)^{\frac{\gamma}{\gamma-1}}-1\right] \tag{2-13}$$

绝热指数 γ 与气体的性质有关，严格说来与温度也有关，可以通过有关手册查出。粗略计算时，理想气体的 γ 值可取：

单原子气体　　$\gamma=1.667$

双原子气体　　$\gamma=1.40$

三原子气体　　$\gamma=1.333$

常压下一些气体的 γ 值见表 2-1。

混合气体的绝热指数 γ_m 可按下式计算：

$$\frac{1}{\gamma_m-1}=\sum\frac{y_i}{\gamma_i-1} \tag{2-14}$$

式中　γ_m——混合气体的绝热指数；

γ_i——混合气体中 i 组分的绝热指数；

y_i——混合气体中 i 组分的摩尔分数。

表 2-1　某些气体的绝热指数

名　称	γ	名　称	γ	名　称	γ
氩	1.66	二氧化碳	1.30	空气	1.40
氢	1.407	二氧化硫	1.25	甲烷	1.308
氧	1.40	饱和水蒸气	1.135	乙烷	1.193
氮	1.40	过热水蒸气	1.30	丙烷	1.133
一氧化碳	1.40	氨	1.29		

c. 理想气体多变压缩功　理想气体多变压缩过程符合 pV_m^m = 常数的关系，m 称为多变指数。与绝热压缩形式相似，有

$$W_S = \int_{p_1}^{p_2} V_m dp = \frac{m}{m-1} RT_1 \left[\left(\frac{p_2}{p_1} \right)^{\frac{m-1}{m}} - 1 \right] \tag{2-15}$$

如果所取的物料基准为 1 kg 气体，则可将上三式中 R 处理成 $R' = R/M$，M 为气体的分子量。

例 2-3　设空气的初压为 0.10814 MPa，温度为 15.6℃，现将 1 kg 空气压缩至终压为 1.8424 MPa（绝压）。试比较可逆等温压缩、可逆绝热压缩和可逆多变压缩（$m = 1.25$）的功耗和终点温度。

解　空气在压力较低时可视为理想气体，按题意，取 1 kg 空气为计算基准，$R' = R/M_{空气}$，$M_{空气} = 29\ \text{kg·kmol}^{-1}$。

(a) 可逆等温压缩过程　根据式 (2-12)，有：

$$W_S = R'T\ln\frac{p_2}{p_1} = \left(\frac{8.314}{29}\right) \times (273 + 15.6) \ln\frac{1.8424}{0.10814} = 234.60\ \text{kJ·kg}^{-1}$$

(b) 可逆绝热压缩过程　查得 $\gamma = 1.40$，根据式 (2-15)，有：

$$W_S = \frac{1.4}{1.4-1} \times \frac{8.314}{29} \times (273 + 15.6) \times \left[\left(\frac{1.8424}{0.10814} \right)^{\frac{1.4-1}{1.4}} - 1 \right] = 361.44\ \text{kJ·kg}^{-1}$$

(c) 可逆多变压缩过程　根据式 (2-16)，有：

$$W_S = \frac{1.25}{1.25-1} \times \frac{8.314}{29} \times (273 + 15.6) \times \left[\left(\frac{1.8424}{0.10814} \right)^{\frac{1.25-1}{1.25}} - 1 \right] = 315.69\ \text{kJ·kg}^{-1}$$

压缩过程的终温为：

绝热压缩　$T_2 = T_1 \left(\frac{p_2}{p_1} \right)^{\frac{\gamma-1}{\gamma}} = 288.6 \times \left(\frac{1.8424}{0.10814} \right)^{\frac{1.4-1}{1.4}} = 648.82\ \text{K} = 375.82\ ℃$

多变压缩　$T_2 = T_1 \left(\frac{p_2}{p_1} \right)^{\frac{m-1}{m}} = 288.6 \times \left(\frac{1.8424}{0.10814} \right)^{\frac{1.25-1}{1.25}} = 508.83\ \text{K} = 235.83\ ℃$

将计算结果列于表 2-2。

表 2-2　计算结果

压缩过程	终温 t_2/℃	功耗 W_S/kJ·kg^{-1}	压缩过程	终温 t_2/℃	功耗 W_S/kJ·kg^{-1}
等温压缩	15.6	234.6	绝热压缩	375.82	361.44
多变压缩	235.83	315.7			

从表中数据可以看出，在 $1 < m < \gamma$ 的条件下，当压缩比不变时，等温压缩功耗最小，终温最低；绝热压缩功耗最大，终温最高；多变压缩的功耗和终温则介于二者之间。因此，

在实际生产中，总是采用各种手段例如水冷却或是风冷却的方式来设法将热量移去，以使压缩过程尽量接近等温压缩过程。

d. 真实气体压缩功　在实际生产中，常常要将气体压缩到很高的压力（例如合成氨厂氢氮气压缩机的高压段），或者对较易液化的气体进行压缩（如氨压缩机）时，由于在高压下真实气体的性质相对理想气体有较大的偏差，若采用理想气体压缩功计算式计算其压缩功，将会带来较大的误差，必须按真实气体处理。工程上计算真实气体压缩功通常采用两种方法：热力学图表法与压缩因子法。

热力学图表是将真实物质的各种热力学性质采用图形或表格的形式将其列出，需要时可直接通过图表查出物质的各种热力学性质。对于所要计算的气体如果已有热力学图表，则采用热力学图表计算比较方便。根据稳流体系热力学第一定律表达式

$$\Delta H = Q + W_S \tag{2-10}$$

对于绝热压缩过程，有

$$\Delta H = W_S \tag{2-9}$$

可通过压缩机的进出口温度和压力，应用热力学图表（如 T-S 图，H-S 图等）直接查出相应的焓值按照式（2-9）直接进行计算。如果是多变压缩，还必须求出压缩机汽缸夹套带走的热量 Q，按（2-10）式进行计算。

当所需计算的真实气体缺乏热力学图表时，工程上常采用计算比较简单的压缩因子法。如果压缩机进出口气体的压缩因子 Z 变化不太大，可取其平均值 $Z_m = \dfrac{Z_{进} + Z_{出}}{Z}$。积分时 Z_m 可视为常数，则可导出下列近似计算式：

等温压缩
$$W_S \approx Z_m RT \ln \frac{p_2}{p_1} \tag{2-16}$$

绝热压缩
$$W_S \approx \frac{\gamma}{\gamma - 1} Z_m RT_1 \left[\left(\frac{p_2}{p_1}\right)^{\frac{\gamma-1}{\gamma}} - 1\right] \tag{2-17}$$

多变压缩
$$W_S \approx \frac{m}{m-1} Z_m RT_1 \left[\left(\frac{p_2}{p_1}\right)^{\frac{m-1}{m}} - 1\right] \tag{2-18}$$

(2) 多级压缩功　若要求将气体从较低的压力压缩到很高的压力，则不能采用单级压缩，必须采用多级压缩，也称多段压缩。这是由于以下原因的需要。

a. 实际压缩过程由于过程进行很快，受传热速率的限制，热量不可能很快的散发出去，因而过程基本接近绝热压缩，出口温度随压缩比的增大而升高。气体出口温度的过高会超出润滑油所能承受的温度；同时可能造成被压缩气体的分解或聚合；还会加剧设备、管道的腐蚀和损坏。

b. 采用多级压缩可以节省压缩功耗。前已讨论，在等温压缩、绝热压缩、多变压缩三者中，以等温压缩功耗最小，使压缩过程接近等温压缩可以有效的降低压缩功耗。多级压缩的具体做法是先将气体压缩到某一中间压力，然后通过一个中间冷却器，使其等压冷却至气体进压缩机的初始温度，再进入下一段压缩。依此进行多次压缩和冷却，使气体压力升高，而温度不至于升得过高。这样，整个过程就比较的接近等温压缩，从而使得压缩功耗减少。如图 2-4 所示，气体从初压 p_1 压缩至终压 p_2，若进行单级等温压缩，其功耗在 p-V 图上

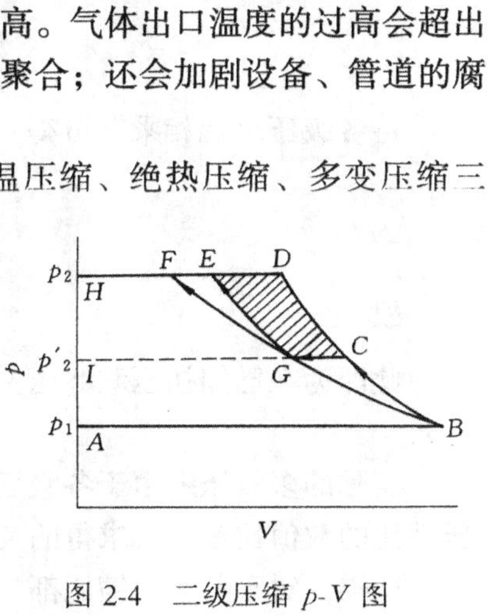

图 2-4　二级压缩 p-V 图

可以用曲线*ABGFHA*所包围的面积表示，而面积*ABCDHA*所包围的面积则表示相同压缩比时的绝热压缩功耗。设实际压缩过程为绝热压缩。若采用二级压缩，如图所示，先将气体绝热压缩至中间压力p_2'，此为第一级压缩，压缩过程以曲线*BC*表示，过程所耗的功为曲线*ABCIA*所包围的面积。然后将气体导入中间冷却器等压冷却至初温，此冷却过程以直线*CG*表示。再进行第二级绝热压缩，过程沿曲线*GE*进行，所耗功为*GEHIG*所包围的面积。因此，过程总功耗为*ABCGEHA*所包围的面积。显然，比原绝热压缩节省的功耗等于*CDEGC*所包围的面积。而且压缩过程的级数越多，过程越接近等温压缩，所耗的功也越少，但随之而来的是流程也越复杂。

c. 某些工艺过程的需要。例如以煤为原料的合成氨厂的各工序需要在不同的压力下进行，采用多级压缩就非常方便。

气体进行多级压缩，压缩比的选择是一个重要的问题。压缩比的确定应从节能和工艺要求两个方面进行考虑。各种生产过程均有不同的要求，只能从具体的工艺要求进行考虑。从节能的角度考虑，要求压缩过程的总功耗最小。以此为目标进行分析，可得出结论：多级压缩中，当各级压缩比都相同时，压缩总功耗最小，对应的中间压力称为最佳中间压力。下面以二级压缩予以证明。

若某理想气体由初压p_1压缩至终压p_3，采用二级压缩，设中间压力为p_2，且两级的气体进口温度相同，都为T_1。过程按可逆多变压缩进行计算，两级压缩功之和应为：

$$W_S=\frac{m}{m-1}RT_1\left[\left(\frac{p_2}{p_1}\right)^{\frac{m-1}{m}}-1\right]+\frac{m}{m-1}RT_1\left[\left(\frac{p_3}{p_2}\right)^{\frac{m-1}{m}}-1\right]$$

使W_S最小的条件是其对中间压力p_2的一阶偏导数等于零，即：

$$\left[\frac{\partial W_S}{\partial p_2}\right]_{p_1,p_3}=0$$

以此为条件对上式求偏导数并令其等于零，整理后可得：

$$\frac{p_2}{p_1}=\frac{p_3}{p_2}$$

上式说明当两级压缩的压缩比相同时，过程的压缩功最小。此结论可以推广至任意多级压缩过程，对于S级压缩，总功耗最小时：

$$\frac{p_2}{p_1}=\frac{p_3}{p_2}=\frac{p_4}{p_3}=\cdots\cdots=\frac{p_{S+1}}{p_S}=r$$

将各级压缩比相乘，可得：

$$\frac{p_2}{p_1}\cdot\frac{p_3}{p_2}\cdot\frac{p_4}{p_3}\cdots\cdots\frac{p_{S+1}}{p_S}=r^S$$

故
$$r=\sqrt[S]{\frac{p_{S+1}}{p_1}}\tag{2-19}$$

此即为在已知初压和终压并确定了压缩级数S的条件下，总功耗最小时压缩比的计算公式。

实际的多级压缩由于各级后均有水冷却器及油水分离器，它们都存在压力降，因而实际压缩比的数值比按上式求得的要稍大。

这样，对于各级压缩比都相等，且各级气体进口温度都相同时，多级压缩总功耗为：

$$W_S=\frac{m}{m-1}RT_1\left[\left(\frac{p_2}{p_1}\right)^{\frac{m-1}{m}}-1\right]+\frac{m}{m-1}RT_1\left[\left(\frac{p_3}{p_2}\right)^{\frac{m-1}{m}}-1\right]$$

$$+\cdots\cdots+\frac{m}{m-1}RT_1\left[\left(\frac{p_{S+1}}{p_S}\right)^{\frac{m-1}{m}}-1\right]$$

$$=\frac{m}{m-1}RT_1\left[\left(\frac{p_2}{p_1}\right)^{\frac{m-1}{m}}+\left(\frac{p_3}{p_2}\right)^{\frac{m-1}{m}}+\cdots+\left(\frac{p_{S+1}}{p_S}\right)^{\frac{m-1}{m}}-S\right]$$

$$=\frac{Sm}{m-1}RT_1\left[\left(\frac{p_{S+1}}{p_1}\right)^{\frac{m-1}{Sm}}-1\right] \tag{2-20}$$

例 2-4 某三级压缩机，每小时吸入 100 m^3 空气，一级进气压力为 0.09807 MPa，温度为 27℃，空气的多变指数为 1.25，试计算将此空气压缩至排气压力为 6.276 MPa 时所需总功。如果采用单级压缩，其总功耗又为多少？

解 采用 1 h 为计算基准，将空气视为理想气体。由式（2-21)，三级压缩功耗为：

$$W_S=\frac{Sm}{m-1}nRT_1\left[\left(\frac{p_{S+1}}{p_1}\right)^{\frac{m-1}{Sm}}-1\right]=\frac{Sm}{m-1}p_1V_1\left[\left(\frac{p_{S+1}}{p_1}\right)^{\frac{m-1}{Sm}}-1\right]$$

$$=\frac{3\times1.25}{1.25-1}\times0.09807\times10^6\times100\times\left[\left(\frac{6.276\times10^6}{0.09807\times10^6}\right)^{\frac{1.25-1}{3\times1.25}}-1\right]$$

$$=4.7\times10^7\ \mathrm{J\cdot h^{-1}}$$

如果采用单级压缩，其功耗为：

$$W_S=\frac{m}{m-1}nRT_1\left[\left(\frac{p_2}{p_1}\right)^{\frac{m-1}{m}}-1\right]=\frac{m}{m-1}p_1V_1\left[\left(\frac{p_2}{p_1}\right)^{\frac{m-1}{m}}-1\right]$$

$$=\frac{1.25}{1.25-1}\times0.09807\times10^6\times100\times\left[\left(\frac{6.276\times10^6}{0.09807\times10^6}\right)^{\left(\frac{1.25-1}{1.25}\right)}-1\right]$$

$$=6.36\times10^7\ \ \mathrm{J\cdot h^{-1}}$$

由此可见，在其他条件相同的情况下，多级压缩功耗要小于单级压缩功耗。

(3) 实际过程压缩功　以上讨论的功耗为可逆功耗。实际过程中，由于流体分子之间存在内摩擦，流体与管道、设备之间均存在摩擦；轴与轴承之间、汽缸与活塞之间等都存在机械摩擦，原动机与压缩机之间存在传动损失，原动机本身也存在功的损失，因此实际过程中必定有一部分机械功耗散为热能，存在功的损耗。对于产功设备，实际轴功小于可逆轴功(指绝对值)

$$|W_S|<|W_{S,R}|$$

对于耗功设备，实际轴功大于可逆轴功

$$W_S>W_{S,R}$$

实际轴功与可逆轴功相比称机械效率 η_m。对于产功设备

$$\eta_m=\frac{W_S}{W_{S,R}} \tag{2-21}$$

对于耗功设备

$$\eta_m=\frac{W_{S,R}}{W_S} \tag{2-22}$$

从以上的分析可以看出，机械效率实际上包括了过程的一切不可逆因素，因此，从理论上解决机械效率的数值很困难，通常是采用实验测定的方式来解决其数值，其值数在0～1之间，一般在0.6～0.8之间。若已知机械效率 η_m 和可逆轴功 $W_{S,R}$，就可以按上式求出实际轴功。

2.3. 过程的热效应

化工生产的许多过程都伴随有显著的热效应，例如温度变化、相变化、化学反应及混合过程等。前面已经在稳流体系热力学第一定律表达式中讨论过，当体系与环境之间无功的交换且体系的宏观动能、位能可忽略时，有 $\Delta H=Q$，即过程的热效应就等于进出体系物流的焓变。体系发生状态变化及化学反应时与环境交换的显热、相变热、化学反应热和混合热都可以通过物流的焓变来计算。这样就可以将热效应 Q 这一过程函数的计算转变为状态函数变化 ΔH 的计算。因为状态函数只取决于体系的始、终状态，从而使得过程热效应的计算极为方便。因此，在进行能量平衡时必须确定体系由于发生各种过程所伴随的焓变。讨论过程的热效应实质上也就是讨论过程前后体系的焓变。

2.3.1. 显热

物质在不发生化学变化和相变化的条件下，加热或冷却过程中吸收或放出的热量称为显热。计算显热有两种方法：公式计算法和查表法。

(1) 公式计算法　此法是利用物质的热容来进行计算。一定量的物质温度每升高1℃所需要的热量称为热容，若过程在恒定的压力下进行，其热容称定压热容，以 C_p 表示。若过程在恒容条件下进行，则其热容称为定容热容，以 C_V 表示。通常，定压热容要大于定容热容。对于液体和固体，可以认为二者近似相等。而对于气体，二者的差别不能忽略。实际生产过程主要是定压过程，因此，实际生产中主要使用定压热容。定压热容的定义式为：

$$C_p=\frac{\delta Q_p}{\mathrm{d}T}=\left(\frac{\mathrm{d}H}{\mathrm{d}T}\right)_p=f(T)$$

$$\mathrm{d}H=\delta Q_p=C_p\mathrm{d}T$$

$$\Delta H=Q_p=\int_{T_1}^{T_2}C_p\mathrm{d}T \tag{2-23}$$

对于理想气体，C_p 是温度的函数，若物质的量为1 mol，则称为定压摩尔热容，以 $C_{p,\mathrm{m}}$表示。一般用实验数据归纳成经验式：

$$C_{p,\mathrm{m}}=a+bT+cT^2$$

或

$$C_{p,\mathrm{m}}=\alpha+\beta T+\gamma T^{-2}$$

式中的 a、b、c、α、β、γ 是与物质有关的特性常数。该式表达的热容代表温度 T 时的热容值，故称为真热容，使用时应注意单位、物质的状态及适用的温度范围。为方便起见，将二式合并成 $C_{p,\mathrm{m}}/R=A+BT+CT^2+DT^{-2}$。$A$、$B$、$C$、$D$ 值列于附表3。

将 $C_{p,\mathrm{m}}=a+bT+cT^2$ 代入（2-23）式：

则

$$\Delta H=Q_p=\int_{T_1}^{T_2}C_p\mathrm{d}T=\int(a+bT+cT^2)\mathrm{d}T$$

$$=a(T_2-T_1)+\frac{b(T_2^2-T_1^2)}{2}+\frac{c(T_2^3-T_1^3)}{3} \tag{2-24}$$

使用真热容需要进行繁琐的积分，工作量较大。工程上常采用温度 T_1 与 T_2 之间的平均热容$\overline{C}_p$的概念，定义：

$$\overline{C}_p = \frac{\Delta H}{T_2 - T_1} = \frac{\int_{T_1}^{T_2} C_p \mathrm{d}T}{T_2 - T_1}$$

则有
$$\Delta H = \overline{C}_p(T_2 - T_1) \tag{2-25}$$

由于热容是温度的函数，平均热容的数值也与温度有关，为计算便利，一般选择某一参考温度 T_0，规定统一按 T_0 至任一温度 T 的温度区间内的平均热容$\overline{C}_p$来计算。因 ΔH 是状态函数，故物质在恒压下温度由 T_1 变至 T_2 时，不论其途径如何，其 ΔH 一定。选择参考温度 T_0 以后，可按如图 2-5 所示的途径分别求出 ΔH_1 和 ΔH_2，再求出 ΔH

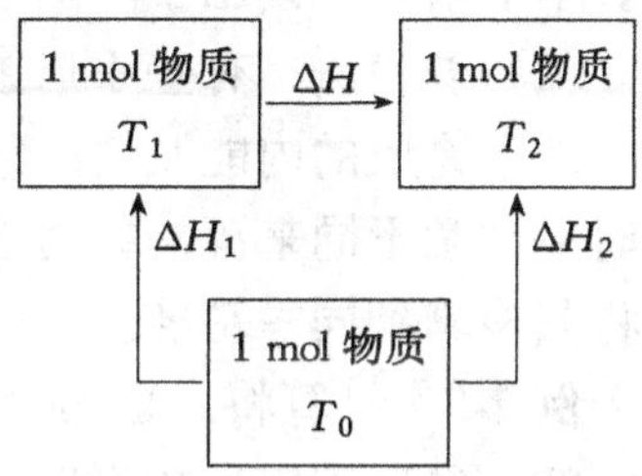

图 2-5 利用平均热容计算焓差

如图示，有 $\Delta H_1 + \Delta H = \Delta H_2$

$$\Delta H = \Delta H_2 - \Delta H_1 = \overline{C}_{p\mathrm{T}_0\to\mathrm{T}_2}(T_2 - T_0) - \overline{C}_{p\mathrm{T}_0\to\mathrm{T}_1}(T_1 - T_0) \tag{2-26}$$

式 (2-26) 即为利用平均定压摩尔热容$\overline{C}_p$计算显热的基本公式。通常采用的参考温度多为 298 K 或 273 K。$\overline{C}_p$值可由手册查出。本书附表 4 列出了部分常见物质的$\overline{C}_p$值。

在工程计算中往往对计算精确度要求不高，常采用更简单的方法进行计算。因为：

$$\overline{C}_p = \frac{\Delta H}{T_2 - T_1} = \frac{\int_{T_1}^{T_2} C_p \mathrm{d}T}{T_2 - T_1}$$

从图 2-6 中可以看出，$\int_{T_1}^{T_2} C_p \mathrm{d}T = \overline{C}_p(T_2 - T_1)$，即为图中的阴影部分的面积，若物质的真热容在 T_1 与 T_2 温度范围内随温度的变化可视为一直线，则此阴影部分为一梯形，其上底为温度 T_1 时的真热容 C_{p1}，下底为温度 T_2 时的真热容 C_{p2}，高为 $T_2 - T_1$，即可得到

$$\overline{C}_p = \frac{\Delta H}{T_2 - T_1} = \frac{\int_{T_1}^{T_2} C_p \mathrm{d}T}{T_2 - T_1} = \frac{\frac{1}{2}(C_{p1} + C_{p2})(T_2 - T_1)}{T_2 - T_1} = \frac{1}{2}(C_{p1} + C_{p2}) \tag{2-27}$$

即当热容与温度的关系呈线性关系时，某温度范围内的平均热容可以用始态和末态温度下真热容的算术平均值来代替。

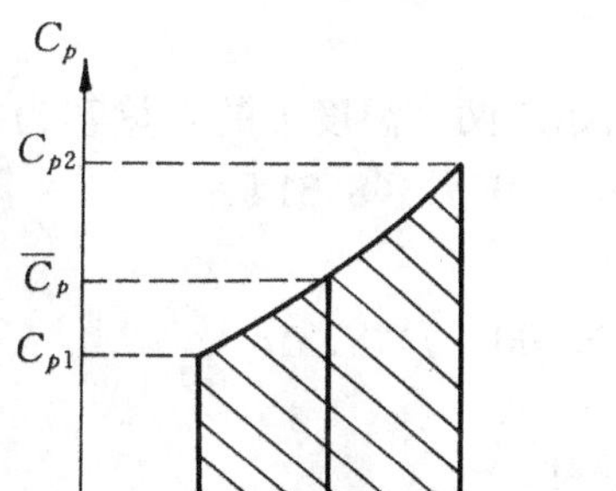

图 2-6 平均热容示意图

同理，梯形面积也可以用中位线乘高表示。图中可以看出梯形的中位线即进出口温度的算术平均值下的真热容值，所以，在此条件下，也可以用平均温度下的真热容来代替该温度范围内的平均热容。

严格说来以上两种简便方法只有在热容与温度的关系呈直线关系时才成立，而实际上这种情况很少见。因此，会带来一定的误差。但是若温度范围不太大时，其误差不大，由此而产生的误差通常在工程上允许范围以内，这样就可以较方便地解决平均热容问题。

真实气体的热容不仅与温度有关，而且与压力有关。对于高压下的真实气体，采用理想气体热容进行计算会带来一定的误差，一些手册中列出了热容与温度和压力的关系图表，可直接查用。另一种方法是对理想气体的热容进行校正：

$$C_p' = C_p + \Delta C_p \tag{2-28}$$

式中　C_p'——真实气体的恒压热容；

C_p——理想气体的恒压热容；

ΔC_p——加压下对气体的恒压热容的校正值，可由气体的对比参数 T_r、p_r 通过图表查得。本书附录中列出了附图 2 供查用。

（2）查表法　有些手册或参考书中列出了一些物质的焓值，使用时可直接查用计算显热。由于物质的内能及焓的绝对值不可测，这些数据都是以某一参考态为基准的相对值。使用时应注意不同来源的数据不要随便混用，以免由于基准的不一致而造成错误。必须要用时应将其换算到同一基准。

例 2-5　计算将 4 kmol N_2 在常压下从 400 K 升温到 600 K 所吸收的热量。

解　（1）利用真热容进行积分计算，从手册中查得 N_2 的真热容表达式为：

$$C_p=(3.28+0.593\times10^{-3}T+0.040\times10^{6}T^{-2})R$$

故 $Q_p=\Delta H=n\int_{T_1}^{T_2}C_p\mathrm{d}T=4\int_{400}^{600}(3.28+0.593\times10^{-3}T-0.040\times10^{5}T^{-2})\times8.314\mathrm{d}T$

$=23751\ \mathrm{kJ}$

（2）用平均热容计算，从手册中查得 N_2 的平均摩尔热容为：

$$\overline{C}_{p(298\to400)}=29.22\ \mathrm{kJ\cdot kmol^{-1}\cdot K^{-1}}$$

$$\overline{C}_{p(298\to600)}=29.52\ \mathrm{kJ\cdot kmol^{-1}\cdot K^{-1}}$$

故　$Q_p=\Delta H=4\times29.52\times(600-298)-4\times29.22\times(400-298)=23738\ \mathrm{kJ}$

与积分法比较，相对误差为：

$$(23738-23751)/23751=-0.05\%$$

（3）用平均温度下的真热容计算。将平均温度（600＋400）/2 ＝500 K 代入真热容计算式，求得该温度下的真热容为：

$$C_{p,500}=29.87\ \mathrm{kJ\cdot kmol^{-1}\cdot K^{-1}}$$

故　$Q_p=\Delta H=4\times29.87\times(600-400)=23896\ \mathrm{kJ}$

相对误差为：　$(23896-23751)/23751=0.61\%$

（4）用始末两个温度下的真热容的平均值计算。分别求出始末两个温度下的真热容为：

$$C_{p,400}=(3.28+0.593\times10^{-3}\times400+0.040\times10^{6}\times400^{-2})\times8.314=29.45\ \mathrm{kJ\cdot kmol^{-1}\cdot K^{-1}}$$

$$C_{p,600}=(3.28+0.593\times10^{-3}\times600+0.040\times10^{6}\times600^{-2})\times8.314=30.32\ \mathrm{kJ\cdot kmol^{-1}\cdot K^{-1}}$$

$$\overline{C}_p=(29.45+30.32)/2=29.89\ \mathrm{kJ\cdot kmol^{-1}\cdot K^{-1}}$$

$$Q_p=\Delta H=4\times29.89\times(600-400)=23908\ \mathrm{kJ}$$

相对误差为：　$(23908-23751)/23751=0.66\%$

（5）利用焓值进行计算。查手册可得：

$$H_{400}=3695.3\ \mathrm{kJ\cdot kmol^{-1}}$$

$$H_{600}=9627.4\ \mathrm{kJ\cdot kmol^{-1}}$$

则　$Q_p=\Delta H=4\times(9627.5-3695.3)=23728.3\ \mathrm{kJ}$

相对误差为：　$(23728-23751)/23751=-0.10\%$

由计算结果可见，在温度变化范围不大时，采用各种近似计算方法计算的误差均很小，完全可以满足工程计算的精度需要。

2.3.2. 潜热

在恒温、恒压下物质由一个相态转变成另一个相态时所放出或吸收的热量称为物质的相变潜热。化工生产中相变过程有以下四类。

$$\text{液相} \underset{\text{熔化}}{\overset{\text{凝固}}{\rightleftharpoons}} \text{固相}$$

$$\text{液相} \underset{\text{冷凝}}{\overset{\text{气化}}{\rightleftharpoons}} \text{气相}$$

$$\text{固相} \underset{\text{凝华}}{\overset{\text{升华}}{\rightleftharpoons}} \text{气相}$$

$$\text{固相 I} \underset{\text{晶型转变}}{\overset{\text{晶型转变}}{\rightleftharpoons}} \text{固相 II}$$

相应的相变潜热称为凝固（或熔化）热、气化（或冷凝）热、升华（或凝华）热及晶型转变热。

许多物质在某些条件下相变热的实验测定值数据可以从化学和化工手册上查到。而对于一些研究得较多的物质（如水蒸气等）则几乎可以查到所有使用范围内的相变热数据。相变热随温度的变化会有显著的不同，但随压力的变化很微小。因此通过图表查取相变热时要注意温度的一致，而压力即使有中等程度的变化也可不必考虑。

如果查到的数据与使用条件不相符，可根据焓是状态函数的特征设计一定的计算途径求算。例如已知 T_1、p_1 条件下某物质的气化潜热为 ΔH_1，可用图 2-7 所示的方法求得在 T_2、p_2 条件下的气化潜热 ΔH_2。

ΔH_3 是液体的焓变，忽略压力对焓的影响：

$$\Delta H_3 = \int_{T_1}^{T_2} C_{p,l} \mathrm{d}T$$

ΔH_4 是气体的焓变，如将气体视为理想气体可忽略压力的影响：

$$\Delta H_4 = \int_{T_1}^{T_2} C_{p,g} \mathrm{d}T$$

由图

$$\Delta H_1 + \Delta H_4 = \Delta H_2 + \Delta H_3$$

$$\begin{aligned}\Delta H_2 &= \Delta H_1 + \Delta H_4 - \Delta H_3 \\ &= \Delta H_1 + \int_{T_1}^{T_2} C_{p,g} \mathrm{d}T - \int_{T_1}^{T_2} C_{p,l} \mathrm{d}T \\ &= \Delta H_1 + \int_{T_1}^{T_2} (C_{p,g} - C_{p,l}) \mathrm{d}T \end{aligned} \tag{2-29}$$

式中 $C_{p,g}$和 $C_{p,l}$分别为物质在气态和液态条件下的热容。

另外，相变潜热还可以采用经验公式进行计算，这在手册中查不到现成数据时很有用处。在工程上用得较多的是汽化潜热，下面介绍几个计算汽化潜热的常用公式。

(1) 正常沸点下的汽化潜热的计算　正常沸点下的汽化潜热可用下式估算：

$$\Delta H_V = 1.093 \frac{R T_c T_{br} (1.2897 + \ln p_c)}{0.930 - T_{br}} \tag{2-30}$$

式中　ΔH_V——摩尔汽化潜热，$\mathrm{J \cdot mol^{-1}}$；

T_c——物质的临界温度，K，可从附表中查出；

T_{br}——正常沸点时的对比温度，$T_{br} = T_b / T_c$；

p_c——临界压力，MPa，可从附表中查出；

T_b——物质的正常沸点，K。

此式的误差一般不超过3%。

例 2-6 计算丙醛在正常沸点下的蒸发潜热，其实验值为28303 $J \cdot mol^{-1}$。

解 查得丙醛的 $T_b = 321$ K，$T_c = 496$ K，$p_c = 4.761$ MPa

$$\begin{aligned}\Delta H_V &= 1.093RT_cT_{br}(1.2897+\ln p_c)/(0.930-T_{br})\\&=1.093\times8.314\times496\times0.647\times(1.2897+\ln4.761)/(0.930-0.647)\\&=29370\ J\cdot mol^{-1}\end{aligned}$$

其对实验值的误差为： $(29370-28303)/28303=3.8\%$

(2) 其他温度下汽化潜热的计算　其他温度下的汽化潜热可用下式计算：

$$\frac{\Delta H_{V2}}{\Delta H_{V1}}=\left(\frac{1-T_{r2}}{1-T_{r1}}\right)^{0.38} \tag{2-31}$$

ΔH_V——汽化潜热；

T_r——对比温度，$T_r = T/T_c$。

上式适用于已知一个温度下的汽化潜热估算另一温度下的汽化潜热，下标1与2分别指两种温度下的汽化潜热与相应的对比温度 T_r。此式比较简单又相当准确，在离临界温度10 K以外，平均误差仅1.8%，适于工程上计算汽化热随温度的变化。

例 2-7 计算水在150℃时的蒸发潜热，已知在其正常沸点100℃下的实验值为40626 $J \cdot mol^{-1}$。

解 水在不同温度下的摩尔蒸发潜热可按以下方法计算。

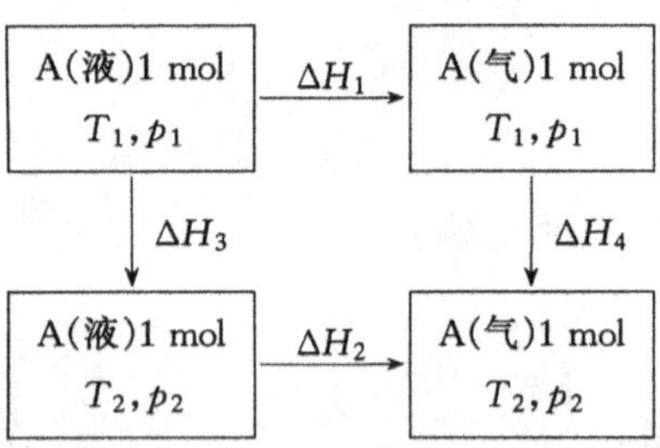

图 2-7　计算不同条件下的潜热示意图

(1) 设计如图2-7所示的途径计算。忽略压力的影响，则有：

$$\begin{aligned}\Delta H_2 &= \Delta H_1+\Delta H_4-\Delta H_3\\&=\Delta H_1+\int_{T_1}^{T_2}(C_{p,g}-C_{p,l})dT\\&=\Delta H_1+(\overline{C}_{p,g}-\overline{C}_{p,l})(T_2-T_1)\end{aligned}$$

查得100～150℃间水的平均摩尔热容：

$$\overline{C}_{p,l}=76.57\ J\cdot mol^{-1}$$
$$\overline{C}_{p,g}=39.94\ J\cdot mol^{-1}$$

故
$$\begin{aligned}\Delta H_2 &= 40626+(39.94-76.57)\times(150-100)\\&=38795\ J\cdot mol^{-1}\end{aligned}$$

查水蒸气表，$\Delta H_V = 38052\ J\cdot mol^{-1}$

其相对误差为：
$$\frac{38795-38052}{38052}\times100\%=1.95\%$$

(2) 按经验公式计算

$$\Delta H_{V2}=\Delta H_{V1}\left(\frac{1-T_{r2}}{1-T_{r1}}\right)^{0.38}$$

查得　$T_c = 647.1$ K

$T_{r1}=373/647.1=0.577$　　$T_{r2}=423/647.1=0.654$

故得
$$\Delta H_{V2}=\Delta H_{V1}\left(\frac{1-T_{r2}}{1-T_{r1}}\right)^{0.38}$$

$$=40626\times\left(\frac{1-0.654}{1-0.577}\right)^{0.38}$$
$$=37639\ \mathrm{J\cdot mol^{-1}}$$

其相对误差为： $\dfrac{37639-38052}{38052}\times100\%=-1.085\%$

两种计算方法的误差均在工程所允许的误差范围之内。

2.3.3. 化学反应热

化学反应中，由于分子、原子间化学键的断裂及重新组合，发生化学能的变化，因而产生热效应。化学反应热就是在恒温恒压下，物质间因化学反应所释放或吸收的热量。若反应于标准状态下进行，其热效应称标准反应热。物理化学中已经讨论过利用物质的标准生成热 $\Delta H_f^{\ominus}$ 及标准燃烧热 $\Delta H_c^{\ominus}$ 来计算反应热：

$$\Delta H_{R,298}^{\ominus}=\sum(\gamma_i\Delta H_{f,i}^{\ominus})_{产物}-\sum(\gamma_i\Delta H_{f,i}^{\ominus})_{反应物} \tag{2-32}$$

$$\Delta H_{R,298}^{\ominus}=\sum(\gamma_i\Delta H_{c,i}^{\ominus})_{反应物}-\sum(\gamma_i\Delta H_{c,i}^{\ominus})_{产物} \tag{2-33}$$

当反应不在 298 K 下进行时，要知道任意温度条件下的反应热，有两种方法。对于一些研究得比较多的反应，例如一氧化碳的变换反应，二氧化硫的转化反应等，有关手册已经列出了反应热与温度之间的关系图表，可直接查用，而对于大多数的反应，则需应用基尔霍夫公式通过 298 K 下的反应热数据求取任意温度下的反应热：

$$\Delta H_{R,T}^{\ominus}=\Delta H_{R,298}^{\ominus}+\int_{T_0}^{T}\Delta C_p\mathrm{d}T \tag{2-34}$$

式中 ΔC_p 为产物的热容之和减去反应物的热容之和。

$$\Delta C_p=\sum(\gamma_i C_{pi})_{产物}-\sum(\gamma_i C_{pi})_{反应物} \tag{2-35}$$

如果某一化学反应在所讨论的温度范围内，参加反应的物质存在相变，则不能直接套用基尔霍夫公式。应按状态函数的特征，设计计算途径，分步计算 $\Delta H_{R,T}^{\ominus}$。

例 2-8 反应$SO_2(g)+(1/2)O_2\rightarrow SO_3(g)$在 550℃下进行，试求在 550℃时这一反应的反应热。

解 查得各反应组分的标准摩尔生成焓 $\Delta H_f^{\ominus}$ 和 25～550℃间的定压平均摩尔热容 $\overline{C}_{p,m}$ 如下：

组　分	SO_2	O_2	SO_3
$\Delta H_f^{\ominus}/\mathrm{kJ\cdot mol^{-1}}$	−297	0	−395.1
$\overline{C}_{p,m}/\mathrm{kJ\cdot mol^{-1}\cdot K^{-1}}$	47.43×10^{-3}	31.66×10^{-3}	67.26×10^{-3}

$$\Delta H_{R,298}^{\ominus}=\Delta H_{f,SO_3}^{\ominus}-\Delta H_{f,SO_2}^{\ominus}-(1/2)\Delta H_{f,O_2}^{\ominus}$$
$$=-395.1-(-297)-0=-98.1\ \mathrm{kJ\cdot mol^{-1}}$$
$$\Delta\overline{C}_p=\overline{C}_{p,SO_3}-\overline{C}_{p,SO_2}-(1/2)\overline{C}_{p,O_2}$$
$$=[67.26-47.43-(1/2)\times31.66]\times10^{-3}$$
$$=4.00\times10^{-3}\ \mathrm{kJ\cdot mol^{-1}\cdot K^{-1}}$$

所以

$$\Delta H_{R,823}^{\ominus}=\Delta H_{R,298}^{\ominus}+\int_{298}^{823}\Delta C_p\mathrm{d}T$$
$$=\Delta H_{R,298}^{\ominus}+\Delta\overline{C}_p(T_2-T_1)$$
$$=-98.1+4.00\times10^{-3}\times(823-298)$$
$$=-96.0\ \mathrm{kJ\cdot mol^{-1}}$$

2.3.4. 混合热

两种或两种以上的物质混合时常伴有热效应，这种热效应称为混合热。物质混合时可能放热，如硫酸与水的混合；也可能吸热，如硝酸铵溶于水。

理想气体和理想溶液的分子之间无相互作用力，因而其混合热为零。真实气体的混合热也很小，一般情况下可以忽略不计。而两种液体形成非理想溶液时混合热就比较大，必须考虑；气体溶于液体时和可溶性固体与液体混合时，由于其气体的冷凝潜热和固体的熔化热也带入了溶液，因而混合热很显著。上述气体、液体和可溶性固体物质溶于溶剂中形成各种溶液时产生的热效应称为溶解热。物质的溶解热与溶解时的温度、压力以及溶液的浓度有关。

两种物质形成溶液时，习惯上将其中的一种物质称为溶质，另一种则称为溶剂。液液混合时，通常将溶质加入溶剂的过程称为溶解，而将溶剂加入溶液使其浓度下降的过程称为稀释。因而相对应的混合热也就称为溶解热和稀释热两类。实质上，二者并无本质的区别，都是指的恒温、恒压条件下过程发生时体系与环境间交换的热。即过程前后体系的焓变。

1 mol 溶质溶解于一定量溶剂中，成为一定浓度的溶液时，产生的热效应称为积分溶解热。通常以 ΔH_{sn}表示，其值可以通过实验测定。例如 101.325 kPa、298 K 下，1 摩尔硫酸溶解于 5 mol 水中，可产生 58.03 kJ 的热量。溶剂的量越大，积分溶解热数值也越大。当溶剂的量大到一定的程度时，即使再加入溶剂，其值也不发生变化，此时溶液中溶剂量与溶质量的比值趋于无穷大，其溶解热称为无限稀释积分溶解热，以 ΔH_{∞}表示。有关物质的积分溶解热的值可通过手册或资料查出。本书附录列出几种物质的积分溶解热数值。

溶解过程能采用类似化学反应方程式的形式表述，溶质的相态常须标明。例如对于 1 mol HCl (g)溶于 5 mol 水的过程可写成：

$$HCl(g) + 5H_2O \rightarrow HCl(5H_2O)$$

$$\Delta H_{sn} = -64.049\ J\cdot mol^{-1}$$

说明在等温等压下该溶解过程将放出 64.049 J 的热量。

图 2-8 为硫酸的积分溶解热与溶液组成的关系。

一般指的稀释热，系对原始溶液量含有 1 mol 溶质的溶液而言，未加说明稀释后的浓度，则系指冲淡到无限稀释。若分别用不同量溶剂溶解 1 mol 溶质，这两种积分溶解热之差称为积分稀释热，也等于将一种浓度的溶液稀释成另一种浓度溶液时发生的热效应。积分稀释热常以 ΔH_d 表示。

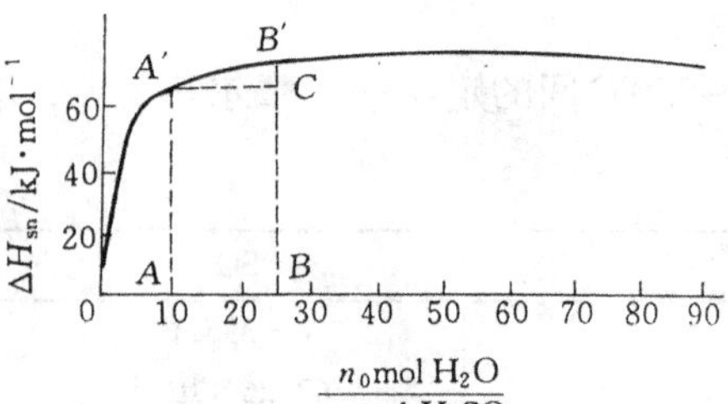

图 2-8 硫酸水溶液的积分溶解热曲线

例 2-9 在 25℃恒温条件下，将纯 H_2SO_4 溶于水配制 10 kg 含量为 78% 的 H_2SO_4，计算该过程的热效应。已知硫酸的积分溶解热与组成的关系为 $\Delta H_{sn} = -74780n/(1.7983+n)(J\cdot mol^{-1})\ H_2SO_4$。

解 所求热效应为水与纯 H_2SO_4 在 25℃下混合形成 78% H_2SO_4 溶液过程的焓变。

78% H_2SO_4 溶液中，水与硫酸的摩尔比为：

$$n = (22/18)/(78/98) = 1.536$$

该浓度下硫酸的积分溶解热为：

$$\Delta H_{sn} = -(74780\times1.536)/(1.536+1.7983) = -34449\ J$$

10 kg 78% H_2SO_4 溶液中 H_2SO_4 的物质的量为：

$$n_B = 10\times10^3\times0.78/98 = 79.59\ mol$$

所以　　　　$\Delta H = -34449 \times 79.59 = -2.742 \times 10^6\ \text{J} = -2742\ \text{kJ}$

即溶解过程放出 2742 kJ 的热量。

例 2-10　在 25℃时，将 20% H_2SO_4 和 80% H_2SO_4 混合以制备 50% H_2SO_4，求该过程的热效应。

解　以 100 kg 50% H_2SO_4 为计算基准，设需 20% H_2SO_4 为 G_1 kg，80% H_2SO_4 为 G_2 kg。

(1) 物料平衡

总物料平衡：　　$G_1 + G_2 = 100$

H_2SO_4 平衡：　　$0.20G_1 + 0.80G_2 = 0.50 \times 100$

解得　　$G_1 = 50\ \text{kg}$　　$G_2 = 50\ \text{kg}$

(2) 热量平衡

将溶液的浓度换算成溶剂水与溶质硫酸的摩尔比，

$$n_1 = (80/18)/(20/98) = 21.78$$

$$n_2 = (20/18)/(80/98) = 1.36$$

$$n_3 = (50/18)/(50/98) = 5.44$$

查附表 5 得各股溶液的积分溶解热为：

$$\Delta H_{sn,1} = -71.20\ \text{kJ} \cdot \text{mol}^{-1}\ H_2SO_4$$

$$\Delta H_{sn,2} = -34.45\ \text{kJ} \cdot \text{mol}^{-1}\ H_2SO_4$$

$$\Delta H_{sn,3} = -58.85\ \text{kJ} \cdot \text{mol}^{-1}\ H_2SO_4$$

混合过程，$W_S = 0$，且不需考虑宏观动能和宏观位能的变化，稳流体系热力学第一定律表达式成为：　　$\Delta H = Q$

即

$$\begin{aligned} Q &= \Delta H = H_3 - (H_2 + H_1) \\ &= n_{B,3}\Delta H_{sn,3} - (n_{B,1}\Delta H_{sn,1} + n_{B,2}\Delta H_{sn,2}) \\ &= (100 \times 0.5 \times 10^3/98) \times (-58.85) - \\ &\quad [(50 \times 0.20 \times 10^3/98) \times (-71.20) + (50 \times 0.80 \times 10^3/98) \times (-34.45)] \\ &= -8700\ \text{kJ} \end{aligned}$$

即混合过程放出 8700 kJ 的热量。

*2.4. 真实气体焓变和熵变的计算

在有关能量的计算中，经常要遇到气体在状态发生变化时物系的焓变及其熵变的计算问题。对于理想气体，这个问题很容易解决。

$$\Delta H^* = \int_{T_1}^{T_2} C_p^* \mathrm{d}T \tag{2-36}$$

$$\Delta S^* = \int_{T_1}^{T_2} C_p^* \frac{\mathrm{d}T}{T} - R\ln\frac{p_2}{p_1} \tag{2-37}$$

然而，生产实际当中所遇到的绝大多数是真实气体，如果采用理想气体的计算式进行处理，往往会造成较大的误差。因此，必须研究真实气体热力学性质的计算方法。

2.4.1. 普遍化法

(1) 剩余性质　为了研究和解决真实气体状态发生变化时过程热力学性质变化的计算，特引入“剩余性质”的概念。所谓剩余性质，就是指在相同的温度和压力条件下，假想的理想气体与真实气体热力学性质之间的差额。

若以 M 代表气体在真实状态下的某一热力学性质，M^* 代表相同温度压力条件下气体在假想的理想状态时的同一热力学性质，$\Delta M'$为剩余性质，则有：

$$\Delta M' = M^* - M \tag{2-38}$$

由上式，可得 $$M = M^* - \Delta M'$$

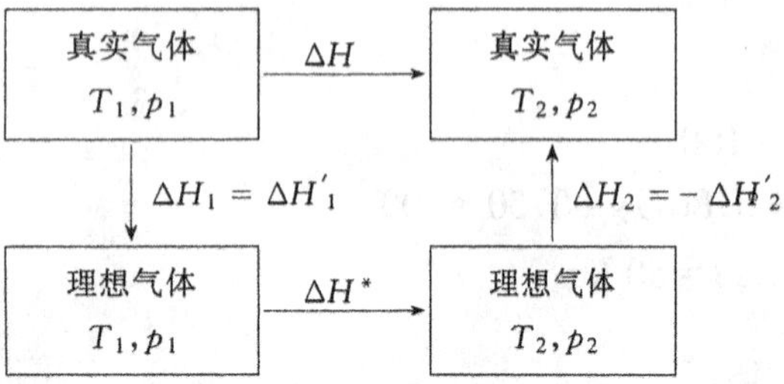

图 2-9　利用剩余性质计算真实气体焓变示意图

可见，已知气体在相同条件下处于理想状态时的热力学性质时，如果能求出其剩余性质，则真实气体的热力学性质计算问题就可以解决了。这样，真实气体热力学性质的计算问题，实际上就转化成为了剩余性质的计算问题。在更多的情况下，并不需要计算真实体系的热力学性质的绝对数值，只需要计算体系在发生状态变化时，过程热力学性质的变化值，这时，可以根据状态函数的特征，设计一个途径进行计算。例如，欲计算真实气体由状态 1（T_1，p_1）变化到状态 2（T_2，p_2）时过程的焓变 ΔH，可以设计如图 2-9 所示的途径，则

$$\Delta H = \Delta H_1 + \Delta H^* + \Delta H_2$$

由剩余性质的定义可知

$$\Delta H_1 = \Delta H'_1$$

$$\Delta H_2 = -\Delta H'_2$$

则 $$\Delta H_1 = \Delta H'_1 + \Delta H^* - \Delta H'_2 \tag{2-39}$$

剩余性质的计算有多种方法，在此只讨论计算简便且能满足生产实际需要的普遍化计算方法。

（2）三参数压缩因子图法　三参数压缩因子图法是建立在对比态原理基础上的一种计算方法。与《物理化学》中所讨论过的两参数压缩因子图法相比，增加了能反映物质特性的第三参数偏心因子 ω，因而比两参数法具有更高的精确度。

在已知物质及温度 T 和压力 p 时，先通过书中附表 1 查出物质的临界温度 T_c，临界压力 p_c 及偏心因子 ω，利用式

$$T_r = T/T_c \qquad p_r = p/p_c$$

计算出其对比温度 T_r 和对比压力 p_r，然后根据 T_r、p_r 在附图 2 中查出以下项：

$$\frac{(\Delta H')^0}{RT_c}, \frac{(\Delta H')^1}{RT_c}, \frac{(\Delta S')^0}{R}, \frac{(\Delta S')^1}{R}$$

再将其代入下式

$$\frac{\Delta H'}{RT_c} = \frac{(\Delta H')^0}{RT_c} + \omega\,\frac{(\Delta H')^1}{RT_c} \tag{2-40}$$

$$\frac{\Delta S'}{R} = \frac{(\Delta S')^0}{R} + \omega\,\frac{(\Delta S')^1}{R} \tag{2-41}$$

即可由以上二式计算出剩余焓 $\Delta H'$及剩余熵 $\Delta S'$。

（3）普遍化第二维里系数法　普遍化第二维里系数法来自于截项维里方程。维里方程用于计算剩余焓和剩余熵时其表达式为：

$$\frac{\Delta H'}{RT} = p_r\left[\frac{dB^0}{dT_r} - \frac{B^0}{T_r} + \omega\left(\frac{dB^1}{dT_r} - \frac{B^1}{T_r}\right)\right] \tag{2-42}$$

$$\frac{\Delta S'}{R}=p_r\left(\frac{dB^0}{dT_r}+\omega\frac{dB^1}{dT_r}\right) \tag{2-43}$$

式中　ω——偏心因子；

p_r——对比压力，$p_r=p/p_c$；

T_r——对比温度，$T_r=T/T_c$。

$$B^0=0.083-\frac{0.422}{T_r^{1.6}} \tag{2-44}$$

$$B^1=0.139-\frac{0.172}{T_r^{4.2}} \tag{2-45}$$

$$\frac{dB^0}{dT_r}=\frac{0.675}{T_r^{2.6}} \tag{2-46}$$

$$\frac{dB^1}{dT_r}=\frac{0.722}{T_r^{5.2}} \tag{2-47}$$

其计算方法基本同前，先查出该物质的临界温度、临界压力及偏心因子，代入式（2-43）～(2-46）计算出 B^0、B^1、$\frac{dB^0}{dT_r}$、$\frac{dB^1}{dT_r}$，然后再代入式（2-41）、(2-42）即可求出 $\Delta H'$和 $\Delta S'$。

三参数压缩因子图法与普遍化第二维里系数法同属普遍化的方法，二者互为补充。一般当压力较高时采用三参数压缩因子图法，而压力较低时则采用普遍化第二维里系数法。使用时可以用对比体积 V_r（$V_r=\frac{V}{V_c}$）予以判别，当 $V_r\geqslant 2$ 时采用普遍化第二维里系数法，$V_r<2$ 时采用三参数压缩因子图法。通常条件下已知的不是体积，而是温度和压力，可采用图 2-10 进行判断。当体系的 T_r、p_r 值位于图中直线之上时，采用普遍化第二维里系数法，当其位于直线之下时则采用三参数压缩因子图法。

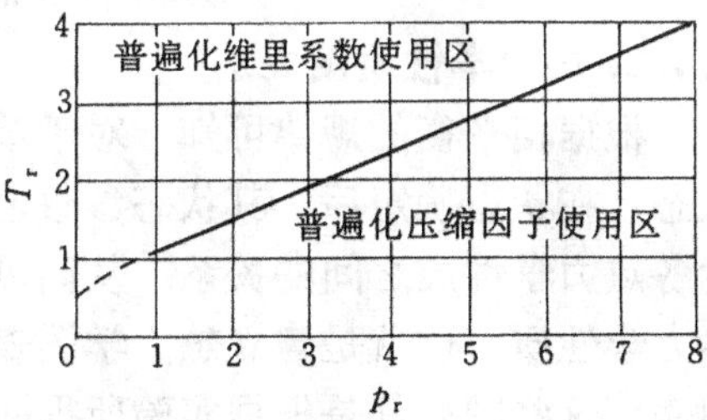

图 2-10　普遍化第二维里系数使用区域，$T_r=1.2$ 以上与 $V_r\approx 2$ 一致

应用普遍化法计算剩余焓和剩余熵，适用于非极性和弱极性气体，而对于强极性和缔合分子误差较大。

例 2-11　离心式二氧化碳压缩机的第四段入口温度为 315.2 K，压力为 8.09 MPa，出口温度为 397.2 K，压力为 15.79 MPa。求压缩过程二氧化碳的焓变。已知二氧化碳理想状态下的定压摩尔热容为：

$$C_p=28.66+35.70\times 10^{-3}T\ \mathrm{J\cdot mol^{-1}\cdot K^{-1}}$$

解　设四段入口处为状态 1；出口处为状态 2。查得 CO_2 的临界压力 $p_c=7.38$ MPa；临界温度 $T_c=304.2$ K；偏心因子 $\omega=0.225$。

则
$$T_{r1}=\frac{315.2}{304.2}=1.04 \qquad p_{r1}=\frac{8.09}{7.38}=1.096$$

$$T_{r2}=\frac{397.2}{304.2}=1.31 \qquad p_{r2}=\frac{15.79}{7.38}=2.14$$

根据计算的 T_{r1}、p_{r1}和 T_{r2}、p_{r2}，按图 2-10 判断，应该采用三参数普遍化压缩因子图法进行计算，查附图 2，得

$$\frac{(\Delta H_1')^0}{RT_c}=1.88 \qquad \frac{(\Delta H_1')^1}{RT_c}=1.30$$

$$\frac{(\Delta H_2')^0}{RT_c}=1.50 \qquad \frac{(\Delta H_2')^1}{RT_c}=0.25$$

由式（2-40）

$$\frac{\Delta H'}{RT_c}=\frac{(\Delta H')^0}{RT_c}+\omega\frac{(\Delta H')^1}{RT_c}$$

得 $\Delta H_1'=RT_c\left[\frac{(\Delta H_1')^0}{RT_c}+\omega\frac{(\Delta H_1')^1}{RT_c}\right]=8.314\times304.2\times(1.88+0.225\times1.30)$

$=5496\ J\cdot mol^{-1}$

$\Delta H_2'=RT_c\left[\frac{(\Delta H_2')^0}{RT_c}+\omega\frac{(\Delta H_2')^1}{RT_c}\right]=8.314\times304.2\times(1.50+0.225\times0.25)$

$=3935\ J\cdot mol^{-1}$

由式（2-39）

$$\begin{aligned}\Delta H&=\Delta H^*-\Delta H_2'+\Delta H_1'\\&=\int_{315.2}^{397.2}(28.66+35.70\times10^{-3}T)\mathrm{d}T-3935+5496\\&=4946\ J\cdot mol^{-1}\end{aligned}$$

2.4.2. 热力学性质图表法

根据相平衡的规律可知，对于单组分的单相体系，只需要给出两个独立变量即可确定其状态，在状态确定后，其状态参数也就被确定了。因此，可以采用建立二维图表的方式来表达各热力学性质之间的关系。从而可以在图表中通过任意已知的两个独立变量来求取其他的热力学性质。这就是建立热力学图表的理论依据。目前，已经建立了很多常用物质的热力学图表，这些图表都是根据实验所得的 pVT 数据、汽化潜热和热容等数据，通过一系列的数学运算和处理得到的。为了列表或绘图，热力学图表中焓和熵的数据都是选择某一基准状态，规定物质在该基准状态下的焓值和熵值为零，然后计算从选定的基准状态改变到其他状态时的焓变和熵变，把这个焓变和熵变的值作为物质在相应状态下的焓值和熵值。因此表上或图中的焓值与熵值均不是绝对值，而是对指定状态而言的相对值。各物质的基准状态不一定相同，即使对同一种物质，不同的作者在绘制热力学图表时，选取的基准也有可能不一样。因此，在使用热力学图表时应注意，不同来源的热力学图表查得的数据在计算时不能轻率的混用。

（1）查表法　对于一些应用非常广泛的物质，已建成了热力学性质表。如水蒸气，氨，氟里昂等等。使用时只需要根据物质的温度和压力进行查取。教材的附录中列出了部分条件下水蒸气和氨的热力学性质表，需要时可直接从表中查取。

（2）查图法　除了采用查表法外，还可以采用热力学性质图来查取物质的热力学性质。数据表格的优点是所查数据精确，但使用时经常需要内插，比较麻烦。热力学性质图虽然读数不如表格精确，但使用却十分方便，而且可以在一定条件下通过图中的曲线走向看出体系在发生各种变化时其状态变化的趋势，并可以在图上直接进行某些典型热力过程的计算。热力学图表的种类较多，常见的有 T-S 图，H-S 图，p-H 图等等。本节仅讨论应用较为广泛的 T-S 图。

a. T-S 图的构成　图 2-11 为 T-S 图的示意图，其纵坐标表示温度，横坐标表示熵值，如前所述，该值为相对值。图的左下方的拱形曲线称为饱和曲线，该曲线的左半部分 $C2'2A$ 为饱和液体曲线，右半部分 $C3'3B$ 为饱和蒸汽线。二曲线之交点 C 为临界点。在相同的温度下，汽相的熵总是比液相的熵要大，因此饱和蒸汽线在饱和液体线的右边。饱和液体线之左，临界温度以下区域为液相区；饱和曲线以下的区域为汽液平衡共存区；饱和蒸汽曲线之右的区域为气相区。在此区域中的蒸汽，其温度高于各个压力时相应的饱和温度，为过热蒸汽。

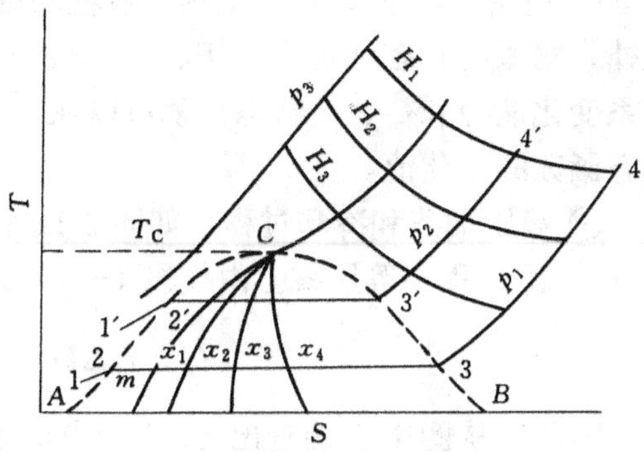

图 2-11　T-S 示意图

汽液共存区也称为湿蒸汽区。其中的水平线与饱和曲线的交点表示互成平衡的两个相，它们的温度，压力均相等，如图中的 $2'3'$，$2'3$ 所示。线上任一点都为汽液混合物。其汽液量之比可以根据杠杆规则求得。例如图中两相区中的 m 点，$\dfrac{\text{蒸汽量}}{\text{液体量}}=\dfrac{\overline{2m}}{\overline{3m}}$，湿蒸汽中所含饱和蒸汽的质量分数称为干度 x。例如干度为 0.75 表示在 1 kg 饱和汽、液混合物中含有 0.75 kg 饱和蒸汽，0.25 kg 饱和水。

在 T-S 图中还标有一系列从左下角往右上方偏斜的近乎平行的曲线，称为等压线。任一等压线上各点具有相同的压力。对于纯物质，在两相区内等压线是水平的。而对于混合物，由于其中各组分的沸点不同，等压线是倾斜的。等压线系列中压力高的线在左上方，压力低的线在右下方。如图中有 $p_2>p_1$。

在等压线之间有一系列等焓线。它们是由各等压线上焓值相等的点联结起来所构成的。和熵值一样，焓值也是一个相对值。湿蒸汽的焓可以根据等焓线直接查出，也可以由湿蒸汽中所含饱和蒸汽与饱和液体的焓值按它们的含量百分数加和求得。即：

$$h_m=h_g x+(1-x)h_l \tag{2-48}$$

式中　h_m——湿蒸汽的比焓（每千克物料所具有的焓）；

h_g、h_l——分别为组成湿蒸汽的饱和蒸汽和饱和液体的比焓；

x——湿蒸汽的干度。

同样，对于湿蒸汽的比熵也有：

$$s_m=s_g x+(1-x)s_l \tag{2-49}$$

式中各项的物理意义同上式。

b. 利用 T-S 图查取数据　T-S 图概括了物质性质的变化规律。当物质状态确定后，其热力学性质也就有了确定的值。其相应的热力学性质就可从 T-S 图上查得。对于单组分物系，根据相律，给定两个参数后，其状态就完全确定。因此，我们可以在图中所表达出来的 T、p、h、s 四个变量中通过任意两个来查取另外两个。最常见的就是通过温度 T 和压力 p 来查得焓 h 及熵 s。对于单组分两相共存物系，由相律可知，其自由度为一，确定状态只需一个参数，它是饱和线上的一个点。如果还需要确定两相共存物系中汽液相对量，即确定其在汽液平衡线上的位置，就需给出一个容量性质的参数。因为该条件下强度性质温度 T 和压力 p 二者之间只有一个是独立的。若已知汽液相对量和另一独立参数，则该物系在 T-S 图中的位置就被确定。反之，若能确定某物系在两相区中的位置，就可以通过 T-S 图求出物系的汽液相对量。

c. 利用 T-S 图计算典型热力过程的焓变和熵变　T-S 图给出了物质热力学性质的变化规律，物系的状态确定后，T、p、h、s 均为定值。因此，无论过程可逆与否，只要已知物系变化途径和初、终状态，就可以在 T-S 图中将过程描述出来并通过 T-S 图直接计算其状态函数的变化值。

① 等压加热和冷却过程　如图 2-12 所示，某物系在压力 p_1 下由温度 T_1 等压加热到温度 T_2，此过程在等压线上由线段 1→2 表示。过程中体系与外界交换的热量 Q_p 为：

$$Q_p = \Delta H = H_2 - H_1 = \int_{S_1}^{S_2} T\mathrm{d}S \tag{2-50}$$

因此，从图中直接查出 1、2 两点的焓值 H_1 和 H_2 根据上式直接计算出来。由上式可知，该热量也可以在图中用面积 12341 表示。若是等压冷却过程，积分也为同一等压线，只是方向相反。可见，利用 T-S 图计算等压过程的热效应是极为方便的。

② 节流膨胀过程　流体的节流过程不作轴功，$W_S=0$；过程进行很快，可以认为来不及与外界交换热量，$Q=0$，因此，由稳流体系热力学第一定律，可得：

$$\Delta H = Q + W_S = 0$$

$$H_1 = H_2$$

故节流过程是等焓过程。所以节流过程在图中可用等焓线来表示。如图 2-13 所示，状态 1（p_1，T_1）的气体自高压 p_1 节流至低压 p_2 时，过程将沿等焓线进行，直到等焓线与 p_2 等压线的相交点 2。其过程由曲线 1→2 表示。膨胀后，气体的温度下降至 T_2，可直接从图中读出。生产中常利用这一特点进行制冷。由图可知，节流过程有 S_2-S_1。而过程绝热，$Q=0$，必有 $\Delta S_{sur}=0$。故有：

$$\Delta S_t = \Delta S_{sys} = S_2 - S_1 > 0$$

即节流过程是一个熵增大的过程。若膨胀前物系温度较低，如图中的 3 点，则等焓膨胀至低压 p_2 后，状态点位于 4，处于两相区内，说明节流后体系部分被液化。其汽液比可按杠杆规则求得，汽量/液量 $=\overline{46}/\overline{54}$。

③ 等熵膨胀或压缩过程　可逆绝热过程是等熵过程，在 T-S 图上可用垂直于横坐标的线段表示。如图 2-14 所示，物系在高压下由状态 1（T_1，p_1）等熵膨胀至低压 p_2，垂直线 12 与等压线 p_2 的交点 2 即为过程的终态。膨胀后物系的温度 T_2 可从图中直接读出。过程绝热，$Q=0$，可逆绝热膨胀功 W_{SR} 为：

$$W_{SR} = (\Delta H)_S = H_2 - H_1$$

实际过程是不可逆的，过程中体系熵值会增大，故实际膨胀过程在图中表示为曲线

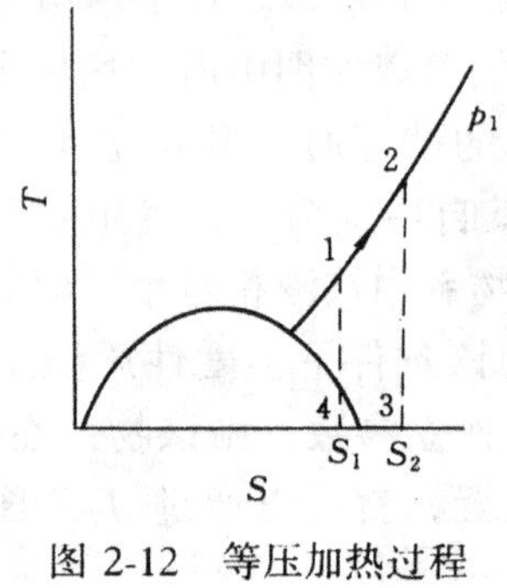

图 2-12　等压加热过程

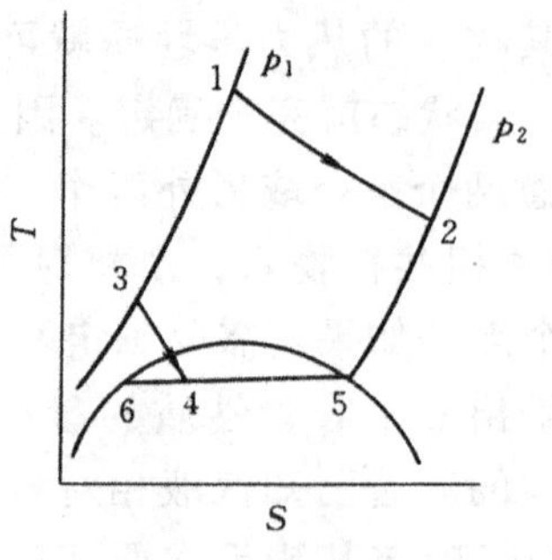

图 2-13　节流膨胀过程

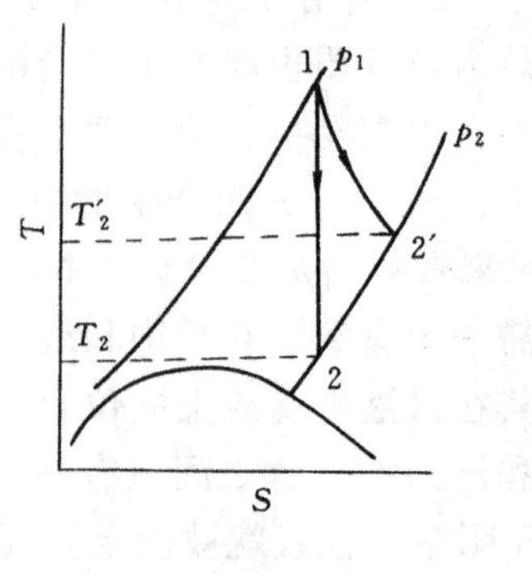

图 2-14　等熵膨胀过程

12′。实际不可逆膨胀功为：

$$W_S = H_{2'} - H_1$$

一般情况下，实际膨胀后的温度是未知的，无法直接用焓差求出不可逆膨胀功。通常利用等熵膨胀效率 η_S 来求取 W_S。η_S 定义式为：

$$\eta_S = \frac{W_S}{W_{SR}} = \frac{H_1 - H_{2'}}{H_1 - H_2} \tag{2-51}$$

η_S 可由实验测定，其值通常在 0.6～0.8 之间。已知 $W_{S(R)}$ 和 η_S 就可以求出 W_S。即：

$$W_S = \eta_S W_{SR}$$

等熵压缩与等熵膨胀是类似的，但其方向相反，如图 2-15 所示，1→2 为可逆压缩过程；1→2′为不可逆压缩过程。压缩过程的等熵效率为：

$$\eta_S = \frac{W_{SR}}{W_S} = \frac{H_1 - H_2}{H_1 - H_{2'}} \tag{2-52}$$

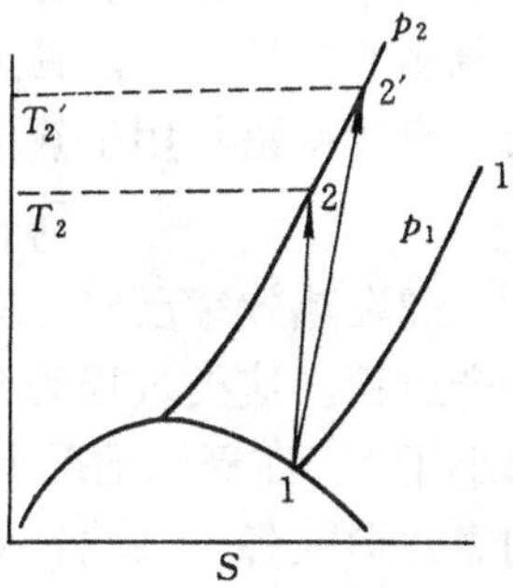

图 2-15　等熵压缩过程

例 2-12　氨气体压缩机入口温度为 −8 ℃，压力为 0.30399 MPa，绝热压缩后终压为 1.4186 MPa。已知压缩机的等熵效率为 0.80，求：(1) 每千克氨气的可逆绝热压缩功；(2) 每千克氨气的不可逆绝热压缩功；(3) 每千克氨气经不可逆绝热压缩过程的熵增加量。

解　查氨 T-S 图，可得：

$$H_1 = 1443.5\ \text{kJ}\cdot\text{kg}^{-1}$$

$$S_1 = 5.5438\ \text{kJ}\cdot\text{kg}^{-1}\cdot\text{K}^{-1}$$

$$H_2 = 1665.2\ \text{kJ}\cdot\text{kg}^{-1}$$

(1) 根据热力学第一定律，可逆绝热压缩功耗为：

$$W_{S,R} = \Delta H_{1\to2} = H_2 - H_1 = 1665.2 - 1443.5 = 221.7\ \text{kJ}\cdot\text{kg}^{-1}$$

(2) 由 $\eta_S = 0.8$，可得：

$$W_S = \frac{W_{S,R}}{\eta_S} = \frac{221.7}{0.8} = 277.1\ \text{kJ}\cdot\text{kg}^{-1}$$

(3) 求熵增加量。先求出不可逆压缩至终态的熵值 $S_{2'}$，由式

$$\eta_S = \frac{H_2 - H_1}{H_{2'} - H_1} \quad 即 \quad 0.8 = \frac{1665.2 - 1443.5}{H_{2'} - 1443.5}$$

可得　$H_{2'} = 1720.6\ \text{kJ}\cdot\text{kg}^{-1}$

由 $H_{2'}$ 和 p_2 即可在 T-S 图中确定实际不可逆压缩过程的终态点 2′。

从图中查得　$S_{2'} = 5.5648\ \text{kJ}\cdot\text{kg}^{-1}$

不可逆绝热压缩过程熵增加量为：

$$\Delta S = S_{2'} - S_2 = 5.5648 - 5.5438 = 0.1046\ \text{kJ}\cdot\text{kg}^{-1}$$

2.5. 稳流体系能量平衡

各种生产过程都会发生能量的传递和不同形式能量间的转化。能量平衡就是按照能量守恒原理研究过程中能量传递和能量转化的数量关系。对化工工艺过程进行能量平衡，可以通过已掌握的已知参数计算出一些未知量，可以了解工艺过程在加热、冷却和动力方面的能量

及损耗情况（如热损失等），从而确定设备尺寸、载热体用量及过程的能量利用效率；也可以考察能量的传递和转化对过程操作条件的影响。因此，能量平衡是一项很重要的化工计算。

在热力学分析和计算中，常要涉及到效率的问题。效率的基本定义是过程的收益量与消耗量之比，常用 η 表示：

$$\eta=\text{收益量}/\text{消耗量}=E_N/E_A \tag{2-53}$$

式中 E_N 为过程所期望的能量；E_A 是达到期望目标所消耗的能量。对于能量平衡而言，应用最多的是热效率。其定义为过程所得到的能量与完成该过程所消耗的热量之比，以 η_T 表示。热效率最早用于热机，故也称为热机效率。是体系输出的净功与输入体系的热量之比。

$$\eta_T=\text{热机所输出的功}/\text{热机所消耗的热}=W_S/Q_H \tag{2-54}$$

现在热效率已广泛应用于各种热力过程，例如热功转化、热量传递、流体输送以及各种生产过程。这类过程的特点是过程期望的能量小于实现期望所消耗的能量。因此，一般热效率小于 1。在极限情况下，当过程没有能量损失时，热效率为 1。对于不同的过程，热效率的表达形式各不相同。如热功转化过程，其表达式为式（2-54）；对于传热过程，表达式为：

$$\eta_T=\text{低温流体得到的热量}/\text{高温流体放出的热量}=|Q_L|/|Q_H| \tag{2-55}$$

式中 $|Q_H|$ 和 $|Q_L|$ 分别表示高温流体放出的热量和低温流体得到的热量。

对于更复杂的生产过程，广义的热效率可表达为：

$$\eta_T=(E_{\text{产品}}+E_{\text{蒸汽(出)}}+E_{\text{电(出)}}+E_{\text{有用物质}})/(E_{\text{原料}}+E_{\text{燃料}}+E_{\text{电(入)}}+E_{\text{蒸汽(入)}}) \tag{2-56}$$

式中分母中的各项表示投入过程的能量，包括原料、燃料、电和蒸汽等的能量；分子中的各项表示过程输出的能量，包括产品、蒸汽、电和有用物料的能量等。也就是过程总能量的利用率。

计算热效率只需进行能量平衡即可，但热效率只能考虑能量在数量上的利用情况，即只能计算出各种不同形式的能量在数量上的等量关系，而不考虑其他方面的因素。这是热力学第一定律的局限性。

化工生产中最具代表性的就是稳流过程，其能量平衡的基本依据就是稳流体系热力学第一定律表达式，见式（2-5）：

$$\Delta H+g\Delta h+\frac{1}{2}\Delta u^2=Q+W_S$$

若体系与环境之间无轴功交换，体系的宏观动能和宏观位能可以忽略不计，则上式变成式（2-6）：

$$\Delta H=Q$$

此式即为热量衡算式，在化工过程能量平衡中应用很广。

能量平衡的一般步骤如下。

（1）画出流程示意图并根据计算要求确定衡算体系　在流程图上用带箭头的实线表示所有的物流、能流及其流向。用符号表示各物流变量和能流变量，并标出其已知值，必要时还应注明其相态。然后用闭合虚线框出所确定体系的边界线。出入衡算体系的物流和能流的实线应与体系的边界线相交。若能流的方向未知，可先进行假设，如果计算结果为负，则说明实际流向与假设方向相反。

（2）选择适当的物料计算基准和能量衡算的基准态　在能量平衡之前应首先进行物料衡算，因而首先要确定物料衡算的计算基准。基准的选择并不影响计算结果的正确性，但合适的基准会使计算工作量大为减少。选择基准的原则是尽量使计算简化，通常可选用未知变量最少的物流作为物料衡算基准。能量平衡基准态的选择包括确定物系各组分焓值或内能值的基准态（相态、温度和压力）以及位能的基准面，动能的计算通常以地球表面作为静止参照系。

(3) 根据具体计算要求收集有关数据　计算所需数据通常包括物料的组成、流量、温度、压力、物性和相平衡数据、反应计量关系及物质的热力学数据等。计算数据的获得渠道主要是设计要求给定、现场测定和通过文献或手册查出。在使用热力学数据时应注意文献上的数据的基准态应与选择的能量平衡基准态一致，若基准态不一致应进行换算。

(4) 列出物料平衡方程和能量平衡方程并求解　根据质量守恒原则列出物料平衡方程；根据稳流体系热力学第一定律表达式列出能量平衡方程。按照体系的实际情况进行必要的化简，即在工程计算所允许的范围内可略去一些数值相对很小的项，但一般应予以说明。求解过程一般是先进行物料平衡，然后在此基础上进行能量平衡。若过程比较复杂，则可能要进行物料平衡和能量平衡联解，方能求出结果。

(5) 校核检验　通常情况下是将计算结果列成物料及能量平衡表，以便于按表进行校核检验，同时也便于上级主管部门进行审核。根据质量守恒定律和能量守恒定律，进入体系的物料总量和总能量，应分别等于流出体系的物料总量及总能量。也可以采用另一种算法或选取另一基准进行计算，比较其结果。计算结果不应因方法不同而异。在很多情况下，还应求出单元设备或全过程的热效率。

例 2-13　某化肥厂生产的半水煤气，经分析知其成分为 9% CO_2；33% CO；36% H_2；21.5% N_2；0.5% CH_4。进变换炉前湿半水煤气中 $H_2O/CO=6$（摩尔比），温度为 380℃，设在变换炉一段中 CO 的转化率为 85%，计算变换炉一段出口气体温度。热损失忽略不计。

解　先进行物料衡算，取 100 kmol 干半水煤气为计算基准。按题设，添加的水蒸气为：

$$33\times 6=198\ \text{kmol}$$

进料组成如下表：

组分	CO_2	CO	H_2	N_2	CH_4	H_2O	合计
数量/kmol	9	33	36	21.5	0.5	198	298
质量/kg	396	924	72	602	8	3564	5566

变换炉中的反应为：　$CO+H_2O \longrightarrow CO_2+H_2$

反应掉的 CO 量为：　$33\times 0.85=28.05\ \text{kmol}$

此数据也就是水蒸气的消耗量及 CO_2 和 H_2 的生成量。

由此计算出反应后各组分的量列于下表：

组分	CO_2	CO	H_2	N_2	CH_4	H_2O	合计
数量/kmol	37.05	4.95	64.05	21.5	0.5	169.95	298
质量/kg	1630.2	138.6	128.1	602	8	3095.1	5566

计算结果表示收支质量平衡，计算无误。

按题设，忽略热损失，则热量衡算式为 $\Delta H=0$，取 25℃ 为计算基准温度，设计假想途径如下：

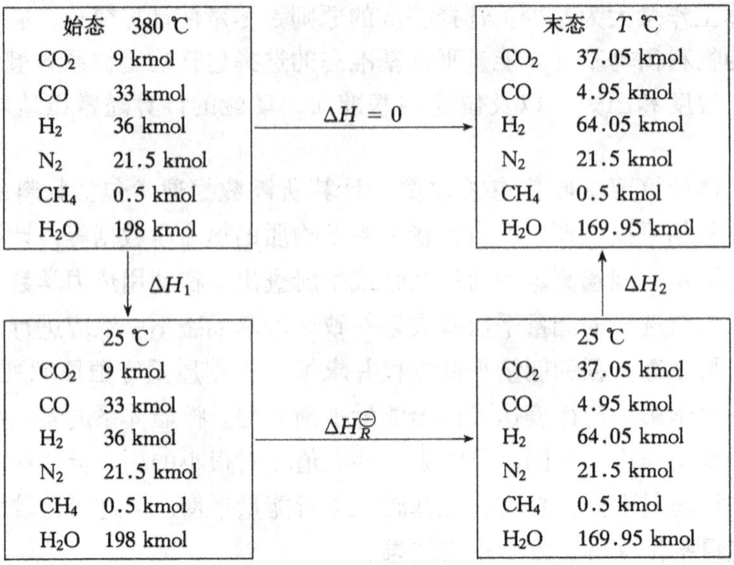

(1) 求 ΔH_1

查出 25～380℃各物质的平均摩尔热容：

气　体	CO_2	CO	H_2	N_2	H_2O	CH_4
$\overline{C}_p$/kJ·kmol^{-1}·K^{-1}	43.49	29.80	29.22	29.64	35.04	45.33

则 $\Delta H_1 = n\,\overline{C}_{p,\mathrm{m}}\Delta T = \sum n_i \overline{C}_{p,i}\Delta T$

$= (9\times43.49+33\times29.80+36\times29.22+21.5\times29.64+198\times35.04+0.5\times45.33)$

$\times(25-380) = -3.559\times10^6$ kJ

(2) 求 $\Delta H_R^\ominus$

查得各物质的标准生成热数据如下：

组　分	CO	$H_2O(g)$	CO_2	H_2
$\Delta H_f^\ominus$/kJ·mol^{-1}	−110.52	−241.82	−393.51	0

$\Delta H_{R,298}^\ominus = \sum(\gamma_i \Delta H_{f,i}^\ominus)_{产物} - \sum(\gamma_i \Delta H_{f,i}^\ominus)_{反应物}$

$= (-393.51)-(-110.52)-(-241.82) = -41.17$ kJ·mol^{-1} $= -41170$ kJ·kmol^{-1}

则 $\Delta H_R^\ominus = 28.05\times(-41170) = -1.156\times10^6$ kJ

(3) ΔH_2

因变换炉出口温度 T 为待求值，暂设出口温度为 480℃。查得 25～480℃温度范围内各物质的平均摩尔热容于下表：

气　体	CO_2	CO	H_2	N_2	H_2O	CH_4
$\overline{C}_p$/kJ·kmol^{-1}·K^{-1}	44.71	30.10	29.26	29.84	35.58	48.18

$\Delta H_2 = (37.05\times44.71+4.95\times30.10+64.05\times29.26+21.50\times29.89+169.95\times35.58$

$+0.5\times48.18)\times(T-25) = 10392.74\times(T-25)$ kJ

代入 $\Delta H = \Delta H_1 + \Delta H_R^\ominus + \Delta H_2 = 0$

$-3.559\times10^6 - 1.156\times10^6 + 10392.74\times(T-25) = 0$

解得　$T=478.6℃$
与原设温度为480℃基本相符，不必重设。即变换炉一段出口温度为478.6℃。

例 2-14　在常压和高温条件下，甲烷与水蒸气催化转化制合成气，在转化炉内主要发生如下化学反应：

$$CH_4+H_2O(g)=\!=\!=CO+3H_2 \qquad (A)$$
$$\Delta H_A^{\ominus}=206.24\ kJ$$
$$CH_4+H_2O(g)=\!=\!=CO_2+4H_2 \qquad (B)$$
$$\Delta H_B^{\ominus}=165.05\ kJ$$

若反应物按 $H_2O/CH_4=2/1$（摩尔比）进料，并供热给转化炉，使气体生成物的温度达到1300 K，此时甲烷将100%转化。气体生成物中含有17.4%（mol）的CO。设反应物加热到600 K后入炉，计算转化炉所需供热量。

解　先作物料衡算

设反应（A）所转化掉的甲烷为 x mol，则由反应（B）转化掉的甲烷为（$1-x$）mol。由反应式可得出产物中各气体的量为：

CO　　x mol
H_2　　$3x+4(1-x)=(4-x)$ mol
CO_2　　$(1-x)$ mol
H_2O　　$2-x-2(1-x)=x$ mol

转化后气体总量为：

$$x+(4-x)+(1-x)+x=5\ mol$$

转化后气体中CO的摩尔分数为：

$$x_{CO}=x/5=0.174$$

解之，$x=0.87$ mol

故各物质的量分别为：

CO　　0.87 mol
H_2　　3.13 mol
CO_2　　0.13 mol
H_2O　　0.87 mol

转化全过程可设计下列途径进行热量衡算。取25℃为温度计算基准。

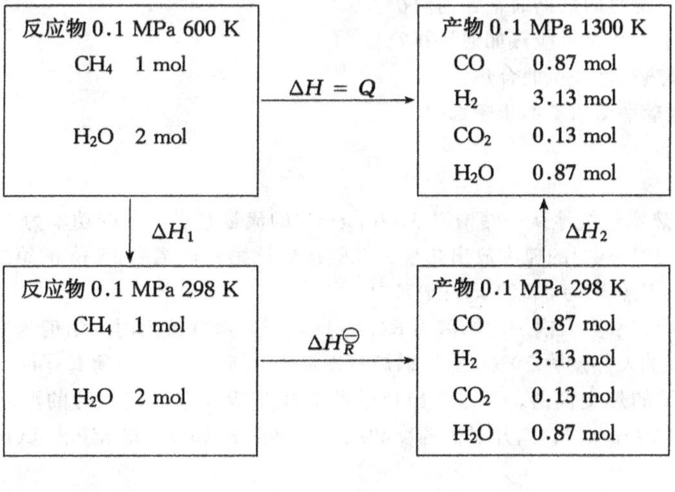

由图示，有 $$\Delta H=\Delta H_1+\Delta H_R^{\ominus}+\Delta H_2$$

而由热量衡算式，有 $$\Delta H=Q$$

即 $$Q=\Delta H_1+\Delta H_R^{\ominus}+\Delta H_2$$

（1）求 ΔH_1　查得 298～600 K 温度范围内的平均热容如下：

气　　体	CH_4	H_2O
$\overline{C}_p/J\cdot mol^{-1}\cdot K^{-1}$	43.78	33.91

$$\Delta H_1=(1\times43.78+2\times33.91)\times(298-600)\times10^{-3}=-33.7\ kJ$$

（2）求 $\Delta H_R^{\ominus}$

$$\Delta H_R^{\ominus}=0.87\times206.24+0.13\times165.05=200.85\ kJ$$

（3）求 ΔH_2

查得 298～1300K 温度范围内各气体的平均热容如下：

气　　体	CO	H_2	CO_2	H_2O
$\overline{C}_p/J\cdot mol^{-1}\cdot K^{-1}$	31.81	29.80	50.11	38.85

$$\Delta H_2=(0.87\times31.81+3.13\times29.80+0.13\times50.11+0.87\times38.85)\times(1300-298)=161.59\times10^3J=161.59\ kJ$$

故 $$Q=\Delta H_1+\Delta H_R^{\ominus}+\Delta H_2=-33.7+200.85+161.59=328.74\ kJ$$

即每输入 1 mol 甲烷需对转化炉提供 328.74 kJ 的热量。

思　考　题

2-1. 什么是稳流过程？稳流过程有什么特点？

2-2. 在敞开体系中，焓具有怎样的物理意义？

2-3. 为什么在稳流体系的能量平衡计算中通常将宏观动能和宏观位能项忽略不计？

2-4. 什么是轴功？如何计算轴功？

2-5. 气体的压缩有哪几种方式？各种方式的压缩功如何计算？哪种压缩方式的功耗最小？实际生产中的压缩过程是哪一种形式？为什么？

2-6. 什么是多级压缩？多级压缩常应用在何种场合？多级压缩具有什么优点？其压缩功如何计算？

2-7. 什么是热容？什么是平均热容？平均热容应如何计算？

2-8. 什么是潜热？潜热的数据通常如何解决？

2-9. 非标准条件下的化学反应热如何计算？

2-10. 什么是溶解热？什么是混合热？

2-11. 稳流系统能量平衡的基本步骤如何？

习　　题

2-1. 今有 94℃ 的热水连续地从一储槽以 $3.66\ kg\cdot s^{-1}$的流量泵送，泵的功率为 1.5 kW，热水在途中流经一换热器，以 $7.0\times10^5\ J\cdot s^{-1}$的速度放出热量，并输送到比第一储槽高 15 m 的第二储槽中，计算第二储槽的水温。设水的定压比热容为 $4.184\ kJ\cdot kg\cdot K^{-1}$。

2-2. 设有一台锅炉，水流入锅炉时焓值为 $62.7\ kJ\cdot kg^{-1}$，蒸气流出时的焓值为 $2717\ kJ\cdot kg^{-1}$，锅炉热效率为 70%，每 kg 煤的发热量为 29260 kJ，锅炉蒸发量为 $4.5\ t\cdot h^{-1}$，计算每小时的煤消耗量。

2-3. 有一水平敷设的热交换器，其进、出口的截面积相等，空气进入时的温度、压力和流速分别为 303 K、0.103 MPa 和 $10\ m\cdot s^{-1}$，离开时的温度和压力为 403 K 和 0.102 MPa。试计算当空气的质量流量为 80 kg·h^{-1}时从热交换器吸收多少热量？若热交换器为垂直安装，高 6 m，空气自下而上流动，则空气离开热交换器时吸收的热量为多少？已知空气的定压平均比热容为 1.005 kJ·kg·K^{-1}。

2-4. 一台透平机每小时消耗水蒸气 4540 kg。水蒸气在 4.482 MPa、728 K 下以 61 m·s^{-1}的速度进入机内，出口管道比进口管道低 3 m，排气速度为 366 m·s^{-1}透平机产生的轴功为 703.2 kW，热损失为 1.055×10^5 kJ·h^{-1}，计算乏气的焓值。若此乏气的一小部分经节流阀降压至大气压力，节流阀前后的流速变化可以忽略不计，求经节流阀后水蒸气的温度及过热度。

2-5. 1 kg 空气在压缩机内由 0.10133 MPa、299.7 K 可逆绝热压缩到 0.517 MPa。设过程为稳定流动，且宏观动能和位能的变化可以忽略不计。空气是理想气体，其绝热指数 γ 为 1.40，试计算其压缩功。

2-6. 某一空气压缩机每小时将压力为 1.013×10^5 Pa、温度为 20℃ 的空气 120 kg 压缩到 40×10^5 Pa，设空气可视为理想气体，压缩过程为多变压缩，其多变指数为 $m=1.20$。试分别计算单级压缩和两级压缩、中间冷却两种压缩过程所需功率及压缩后气体的终温。

2-7. 某化肥厂用一种六段压缩机，生产能力为 16000 m^3·h^{-1}（以一段进口状态计），已知给定条件如下表所示。三段压缩后气体送吸收塔除去 CO_2，总气体量减少 28%。试计算此压缩机所需理论功耗。

压缩机段数	压力/MPa		进口温度/℃	多变指数 m	压缩机段数	压力/MPa		进口温度/℃	多变指数 m
	进口	出口				进口	出口		
Ⅰ	0.1	0.3	35	1.35	Ⅳ	2.5	5.75	35	1.40
Ⅱ	0.3	0.9			Ⅴ	5.75	13.23		
Ⅲ	0.9	2.7			Ⅵ	13.23	32.0		

2-8. 设水在正常沸点下的汽化潜热为 2256 kJ·kg^{-1}，求水在 142.9℃时的汽化潜热。

2-9. 将 2 mol 25℃ 100%的 H_2SO_4 与 25℃的水配制成摩尔分数为 30%的 H_2SO_4 水溶液。(1) 求过程的积分溶解热；(2) 设盛溶液的烧瓶质量为 150 g，烧瓶及内部溶液的热容为 3.3 J·g^{-1}·K^{-1}，烧瓶绝热良好，求系统的最终温度。

2-10. 计算 5%的浓硫酸与 10 kg 20%稀硫酸（均为质量分数）混合过程的热效应。

2-11. 已知CH_3OH(l)的完全氧化反应

$$CH_3OH(l)+\frac{3}{2}O_2(g)\longrightarrow CO_2(g)+2H_2O(l)$$

在 25℃时的反应焓变 $\Delta H_R^{\ominus}=-726.6$ kJ·mol^{-1}，试求CH_3OH(g)的完全氧化反应

$$CH_3OH(g)+\frac{3}{2}O_2(g)\longrightarrow CO_2(g)+2H_2O(g)$$

在 450℃时的反应焓变。

2-12. 硫酸厂 SO_2 转化工序将 SO_2 氧化成 SO_3。转化器进气量（标准状态）为 10000 m^3·h^{-1}，入口气体组成（体积分数）为 $y_{SO_2}=8.5\%$，$y_{O_2}=12.5\%$，$y_{N_2}=79\%$，温度为 460℃。反应后气体的温度为 570℃，SO_2 的转化率为 92%。进、出转化器气体的平均摩尔热容近似取为 45.92 kJ·mol^{-1}·K^{-1}。25℃、101.3 kPa 下反应的热化学方程为：

$$SO_2(g)+\frac{1}{2}O_2(g)\longrightarrow SO_3(g),\ \Delta H_R^{\ominus}=-98700\ \text{kJ}\cdot\text{kmol}^{-1}$$

试求需从反应器排出的热流量是多少？

2-13. 氨氧化反应的热化学方程式为：

$$4NH_3(g)+5O_2(g)\longrightarrow 4NO(g)+6H_2O(g)$$
$$\Delta H_R^{\ominus}=-904.6\ \text{kJ}\cdot\text{mol}^{-1}$$

25℃的氨气和 250℃ 的空气于常压下在反应器内反应，氨的转化率为 96%，反应器出口的气体温度为 820℃，进入反应器的氨与空气中的氧气的摩尔比为 1:1.8。若进入反应器的氨流量为 100 kmol·h^{-1}，求反应器与环境传递的热量。

2-14. 甲烷与过剩空气系数为 20%的空气在 25℃、101.3 kPa 下于燃烧炉中完全燃烧，计算产物可能

达到的最高温度。

2-15．接触法制硫酸，系以 SO_2 和空气的混合物通入装有催化剂的转化炉内生成 SO_3，混合气体于 653 K 通入炉内，催化剂层的温度因为反应放热而升高，为避免 SO_2 大量离解，需通入过量空气以控制温度升高值不得超过 100 K。试计算每 1 体积的 SO_2 应与多少体积的空气混合？

3. 化工节能的基本原理

3.1. 能量降级原理

化工生产过程离不开能量的传递和能量之间的相互转化。根据能量守衡原理，各种形式的能量都可以等量齐观，相互完全转化，而且在传递、转换过程中，总能量是守恒的，别无其他任何限制。因此，从热力学第一定律来看，各种不同形式的能量是等价的，热和功似乎并无质的差别，它们可以无条件地等当量转化。在不引起其他变化时，功全部转化为热或热全部转化为功的过程都应同样能够实现。那么，各种不同形式的能量是否都可以无条件地相互转换呢？事实并非如此。长期以来，人们对热机的研究和改进已证实热转化为功是有条件的，转化的效率也是有一定限度的（通常热机效率最高为 40％左右）。另一方面根据实践经验知道，功可以全部转化为热，如机械功通过摩擦可以全部转变为热；电流通过电阻时，电功也可全部转化为热。至于不同种类的功，例如电功和机械功之间，理论上也是可以完全转化的。由此可见，热力学第一定律只确定了热和功相互转化的等当量关系，但没有反映热和功的不等价性及其相互转化的限制。

众所周知，热量只能从高温物体自动传向低温物体，并且可以利用这一过程通过热机对外做功。而热量却不能从低温物体自动地传向高温物体，若要将热由低温传至高温，则必须付出代价，即消耗外功。以上例子说明，功与热、高温热与低温热两者都不能无方向性地相互转换。而且，高温热可用来产生动力，温度越高，做功的本领越大。可见，热量因其所处的温度不同，其利用价值是不同的。这是由于能量非但有数量多少之分，还有质量高低之别。功与热、高温热与低温热即使数量相等，但由于它们的质量不相当，因此不能无方向性地相互转换。但根据热力学第一定律进行能量平衡计算时，既没有能量传递方向的限制，也不涉及做功本领的差异。对于一个传热过程的热量衡算，只能表明热量的收支是否平衡，然而从能量有效利用的角度来说，则必须确定过程前后做功本领的变化，才能衡量其效率。

综上所述，热力学第一定律存在着明显的局限性，主要表现在它没有阐明能量传递和能量转化过程中有关传递方向、转化条件和限度的问题，而这些与能量利用密切相关的问题又普遍存在于实际的化工生产中。无数的经验事实告诉我们：能量在使用过程中虽然其数量是守恒的，但其质量却是下降的。能量在使用过程中不断地贬值、变废是目前能源危机的真正原因。这样，单用热力学第一定律还不能解释能量消耗的真正原因。这也使节能工作受到限制。因此，要解决节能问题，就要从能量降级的角度研究热力学第二定律，来解决能量传递和转化过程中有关传递的方向、转化的条件和限度问题，讨论能量的利用效率。如，当体系发生一定的状态变化时，理论消耗的最小功（对需要功的过程）或得到的最大功（对产生功的过程）是多少？实际过程有何损耗？损耗有多大？化工生产过程中产生的热能，不论是用作获得动力的能源（如蒸汽动力过程）或是作为工艺加热之用的能源，应该在什么样的条件下才能合理而有效地利用？这些与提高能量利用效率有关的问题，需要把热力学第一定律和热力学第二定律结合起来，通过本章的分析研究，形成化工节能的基本理论，从而解决节能问题。本章介绍了熵和熵增原理，阐明理想功、损耗功及有效能等概念，导出它们与熵变的关系式，并通过理想功计算及有效能衡算来具体说明能量利用效率的计算和评价方法。

3.1.1. 可逆过程与不可逆过程

（1）基本概念　体系经历某一过程后，如果在外界不发生任何变化的情况下能够沿原途径恢复到初态，则此过程称为可逆过程。如果在外界不发生变化的情况下不能沿原途径恢复到体系的初态，则此过程称为不可逆过程。

由上述定义可知，对于不可逆过程，并不是说状态变化后不能恢复到初态，而是当状态恢复到初态时外界必然发生变化。例如，有一阀门分别连接着装有高压气体与低压气体的两个密闭容器。打开阀门，高压容器内的气体必然流向低压容器，直到两个容器的压力相等为止。像这样的气体流动过程显然是不可逆过程，因为没有外界的作用，低压容器的气体不可能回到高压容器，使它们各自的压力回复到初态。只有在外界的作用下，回复才能实现。这就意味着外界必定出现变化。

自然界中的许多过程，如不同气体的混合、气体向真空或低压区膨胀、热从高温物体传给低温物体、铁在空气中生锈等等，这些过程都不需要借助于外力就能自动发生，称为自发过程。它们总是向一定的方向进行，而绝不会自动地逆向进行。如果借助外力使它们逆向进行，最后必定在环境中留下变化。因此，自发过程虽然各不相同，但有一共性，即自发过程都是热力学的不可逆过程，而且实际生产中进行的过程也都是不可逆过程。

（2）可逆过程与不可逆过程分析　以气体的膨胀为例。如图 3-1 所示，加压气体置于绝热的汽缸中，活塞上面加若干砝码与气体的压力平衡，假设活塞移动时没有摩擦，而且活塞本身无重量。每次从活塞上水平地移走一个砝码，放在近旁相同高度的平台上，让气体膨胀，使活塞上升。此时活塞将未被取走的砝码升举到一定高度后，又重新建立平衡。

如果将砝码突然全部移走，由于内外压力差很大，则气体急速膨胀，即图 3-1（a）。当

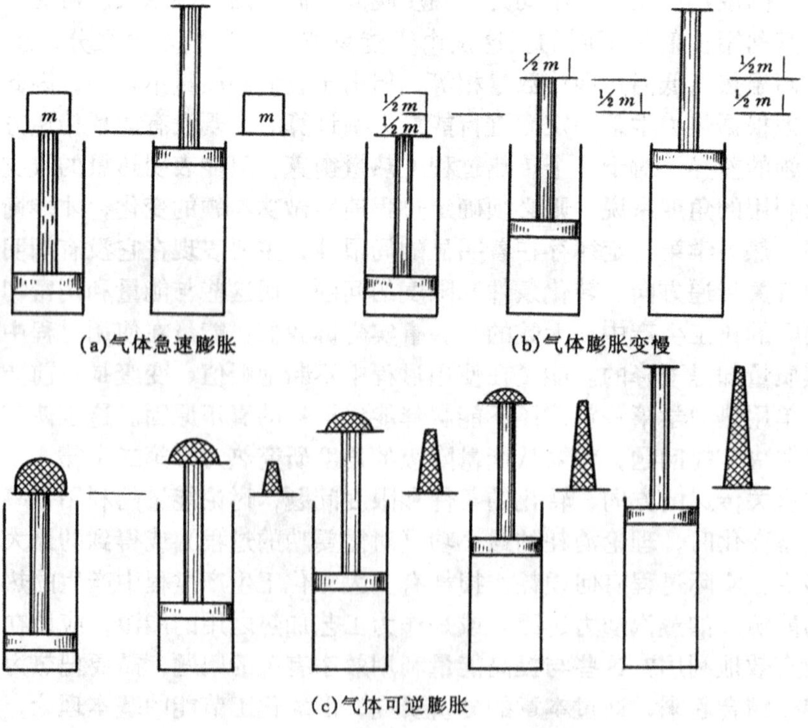

图 3-1　气体的可逆膨胀和不可逆膨胀

气体的压力和活塞的重量及外部大气压力平衡时，活塞便停止上升。显然在此过程中除活塞上升和对抗大气压力做功外，并没有做出其他有用的功。欲将体系还原时，需外界作功，将原先移走的砝码提升加到活塞顶部，使活塞下降到原位置。此时，虽然体系被还原，但环境却损失了功。设气体膨胀前的压力和体积分别为 p_1、V_1，膨胀后压力和体积分别为 p_2、V_2。将膨胀过程和压缩还原过程示于图 3-2 的 p-V 图中。可直观地看出过程的膨胀功为零。因为过程并没有作其他有用功。而环境所损失的功为图中面积 $aba'2'c'1a$。

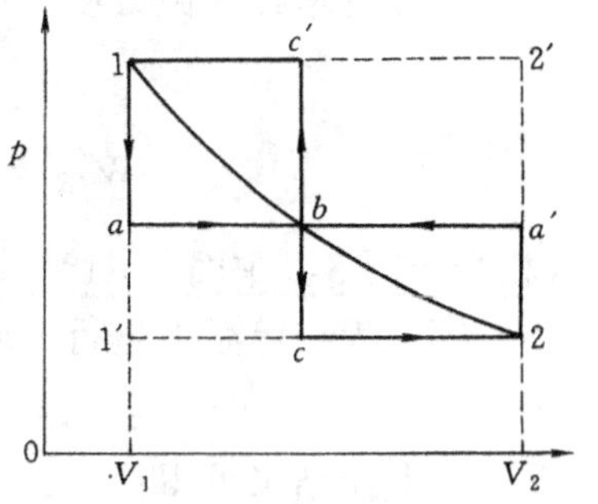

图 3-2　等温膨胀 p-V 图

若将砝码分两次等量移走，由于每次膨胀时内外压差减少则膨胀变慢，每次膨胀的体积约为图 3-1（a）中的 1/2，即图 3-1（b）。可见，最后移走的砝码随活塞升高了一定的距离。与图（a）相比，显然多作了部分有用的功。将体系还原时，环境也要少付出一部分功。将此二过程作于图 3-2 中，即为 $1\rightarrow a\rightarrow b\rightarrow c\rightarrow 2$ 及 $2\rightarrow a'\rightarrow b\rightarrow c'\rightarrow 1$。可见，与图（a）过程相比，体系对外多作了功，环境也少付出了功。气体所作的膨胀功 Wac 相当于图 3-2 中面积 $abc2V_2V_1a$；压缩过程所需的环境功 Wac' 相当于图 3-2 中面积 $V_2a'bc'1V_1V_2$。显然，压缩过程中功的数值要比膨胀过程多出面积 $2a'bc2$ 和 $bc'1ab$。

在图 3-1（a）、（b）两种情况下，由于气体膨胀都较快，因此不同程度地使气体内部产生压力和温度不均的现象。另一方面，要使体系恢复其始态，必须升举砝码才能放回到活塞上去，而将气体压缩。因此都需要消耗外功，这样就必定在环境中留下变化。

假设活塞上放置的砝码小得像细砂粒一样，即图 3-1（c）。在极限的情况下，可设想它们的重量无限小，因而每移走一个这样小的砝码，所引起的内外压力差是微分量 $\mathrm{d}p$。在如此微小的压差推动下，气体每膨胀一次只增加无限小的体积。这时，气体内部当然不会形成压力和温度不均匀的情况。因此，过程进行中体系随时都处于或接近于平衡态。即：

$$p_{外}=p_{内}-\mathrm{d}p$$

$$\delta W_{\mathrm{R}}=-p_{外}\mathrm{d}V=-(p_{内}-\mathrm{d}p)\mathrm{d}V$$

$$=-p_{内}\mathrm{d}V+\mathrm{d}p\cdot\mathrm{d}V$$

忽略二次微分项，可得：

$$\delta W_{\mathrm{R}}=-p_{内}\mathrm{d}V$$

如该膨胀过程是理想气体在等温下进行，则过程的膨胀功为：

$$W_{\mathrm{R}}=-\int_1^2 p_{内}\mathrm{d}V=-p_1V_1\ln\frac{V_2}{V_1}$$

如将该功表示在 p-V 图上，相当于图 3-2 中面积 $12V_2V_11$。

因理想气体等温膨胀 $\Delta U=0$

所以　　$Q_{\mathrm{R}}=-W_{\mathrm{R}}$

当过程逆向进行气体压缩时，只要在相当高度将无限小的砝码再一一平移放回到活塞上，并不需要另外消耗外功。即：

$$p_{外}=p_{内}+\mathrm{d}p$$

$$\delta W'_{\mathrm{R}}=-p_{外}\mathrm{d}V=-(p_{内}+\mathrm{d}p)\mathrm{d}V$$

$$=-p_{内}\mathrm{d}V-\mathrm{d}p\mathrm{d}V$$

同样忽略二次微分项，可得：

$$\delta W'_{R}=-p_{内}\,dV$$

$$W'_{R}=-\int_{2}^{1}p_{内}\,dV=-p_{1}V_{1}\ln\frac{V_{1}}{V_{2}}=p_{1}V_{1}\ln\frac{V_{2}}{V_{1}}$$

（相当于图 3-2 中面积 $21V_1V_22$）

因过程在等温下进行，同样可得：

$$Q'_{R}=-W'_{R}$$

由上述结果可得：

$$W_{R}=-W'_{R}$$

$$Q_{R}=-Q'_{R}$$

可见，体系膨胀所作功与压缩所消耗功二者在数值上是相等的。在 p-V 图上也可看到。当过程逆向进行终了时，体系和环境同时都各自回复到原来的状态。图 3-1（c）所示的过程（在极限的情况下）为可逆过程。因为这种过程逆向进行时，能使体系原先所经历的变化重新回复，直至最后完全恢复其始态，而在环境中没有留下任何变化。

综上分析，可以得到结论，在作为极限的可逆膨胀过程中，体系所做功是最大功；相反，在可逆压缩过程中，环境对体系所做功是最小功。可逆膨胀后又可逆压缩到始态时，二者功的数值是相等的。可见，可逆过程中，不存在能量质量的降低。

（3）可逆过程的条件　可逆过程的条件是很严格的。一要没有任何能量损耗效应，如摩擦、电阻等；二要过程推动力无限小，过程中的每一状态都无限接近于热力学的平衡状态。当过程逆向进行终了时，体系和环境同时都能各自恢复到原来的状态。如果过程进行时，不能具备上述条件，那就是不可逆过程。当不可逆过程发生后，其再逆向进行时，虽然最终体系也能恢复到始态，但是环境中总是要留下一定的变化。图 3-1（a）、（b）是符合第一个条件，但不符合第二个条件的不可逆过程的例子。若在图 3-1（c）中，活塞与汽缸间有摩擦，则活塞上升时要克服一定的摩擦阻力，所以必须从活塞上移去相当重量的砝码后，气体才能开始膨胀。这样第二个条件也就无法满足了。显然，这时体系不能做最大功。由此可见，存在摩擦的过程必定是不可逆过程。

气体膨胀和压缩过程如此，其他过程，如传热、充电、化学反应等情况也很类似。可逆过程的推动力在理论上必须无限小。每一过程实际进行时都有一个相应的推动力，对气体膨胀或压缩，推动力是压力差；对于传热，是温度差；对于充电，是电动势差；对于化学反应，是化学位差。如果这些过程可逆，则相应的推动力应为无限小。这时每一步的变化都微乎其微，每一步都处于平衡状态，过程的速度将是极其缓慢的。显然，可逆过程是只能趋近而不能达到的，它是理想的过程。

既然如此，那么研究可逆过程又有什么意义呢？可逆过程把实际过程理想化，这对复杂的实际过程进行简单化的处理是有利的。它忽略了摩擦和体系内部温度、压力、浓度不均匀等因素，因而在可逆过程中各种能量间的转换和传递均可达到理论上的极限值。通过可逆过程可以突出实际过程的主要矛盾，以便掌握其基本规律。这是热力学上对过程进行分析的重要方法。引入可逆过程的概念，对于分析能量的利用效率，有重要的实际意义。众所周知，功和热不是状态函数，它们因过程的不同而改变，但可逆过程所做的最大功具有一定值，它只决定于状态的变化。因此，可逆过程为衡量实际过程的效率，提供了一个比较的标准，因为它体现了能量利用可能达到的最高效率。所以，它为如何创造条件，使实际过程趋近于可逆过程，从而改进生产、提高技术经济效果提供了理论上的依据。

虽然自然界中进行的自发过程和任何实际生产中进行的过程都是不可逆过程，但它们往往偏离可逆过程的程度是不相同的，如前面讨论过的（a）、（b）两例，显然（a）偏离可逆过程的程度要大一些。通常以不可逆程度来衡量实际过程偏离可逆过程的程度。

既然不可逆过程不能做最大功，那么本来可以做功的能势有一部分消耗到何处了？在有摩擦的情况下，显然因克服摩擦阻力，有部分机械能转变成了分子的内能或者变为热量传到环境中去。总能量虽然尚未减少，却损失了做功的本领，而发生了功的损耗。在没有摩擦但有相当推动力的情况下，由于过程的每一步不能接近平衡态，体系内部会存在显著的压差或温差等，因而产生内摩擦、混合、涡流等骚动现象，同样地会使机械能转变成内能或热能，导致功的损耗。

例 3-1 1 mol 理想气体，其压力为 1 MPa，体积为 $2.5\times10^{-3}\ m^3$。①进行等温可逆膨胀，体积增加 1 倍；②突然减压膨胀，使体积增加 1 倍，温度维持恒温；③向真空膨胀，温度不变，体积增加 1 倍。试求体系（气体）与环境所交换的功和热。如将气体等温可逆压缩恢复其始态，环境中将发生什么变化？

解 等温可逆膨胀功

$$W_R = -\int_{V_1}^{V_2} p\mathrm{d}V = -\int_{V_1}^{V_2} \frac{p_1V_1}{V}\mathrm{d}V = -p_1V_1\ln\frac{V_2}{V_1}$$
$$= -1\times10^6\times2.5\times10^{-3}\times\ln\frac{2\times10^{-2}}{10^{-2}}$$
$$= -1732.9\ \mathrm{J\cdot mol^{-1}}$$

因为气体是理想气体，$\Delta T=0$，所以 $\Delta U=0$，由热力学第一定律 $\Delta U=Q+W$ 得：

$$Q_1 = -W_R = 1732.9\ \mathrm{J\cdot mol^{-1}}$$

即膨胀时需从环境中吸收 $1732.9\ \mathrm{J\cdot mol^{-1}}$ 的热量，所产生的功是最大功，因为是可逆膨胀。

突然减压，使体积膨胀 1 倍。

因为 $p_1V_1=p_2V_2$，$V_2=2V_1$

所以 $p_2=\frac{V_1}{V_2}p_1=\frac{1}{2}p_1=0.5\ \mathrm{MPa}$

$$W_2 = -p_2(V_2-V_1) = -0.5\times10^6(5\times10^{-3}-2.5\times10^{-3})$$
$$= -1250\ \mathrm{J\cdot mol^{-1}}$$
$$Q_2 = -W_2 = 1250\ \mathrm{J\cdot mol^{-1}}$$

由计算可知，因过程为不可逆膨胀，所以产生的膨胀功在数值上要小于可逆功，与可逆过程相比所做的功只为可逆时的 72.13%。

$$\frac{1250}{1732.9}\times100\% = 72.13\%$$

向真空膨胀，体积增大 1 倍。

因为 $p_2=0$，所以 $W_3=0$，$Q_3=-W_3=0$

由此可知，这是一个高度不可逆的过程。

若将膨胀后的气体等温可逆压缩以恢复其始态，则

对于可逆膨胀①，可逆压缩所需的功和向环境排放的热刚好等于膨胀过程气体对环境所作出的功和由环境供给气体的热。所以，经可逆压缩可使体系与环境同时复原。

对于过程②，用可逆压缩恢复始态时，需由环境补加的功为：$1732.9-1250=482.9\ \mathrm{J}\cdot$

mol^{-1}，相应地环境中增加的热也为 482.9 $J \cdot mol^{-1}$。

对于过程③，用可逆压缩恢复始态时，环境消耗的功和增加的热均为 1732.9 $J \cdot mol^{-1}$。

由此可知，对于过程②和③，膨胀气体虽经可逆压缩可以完全恢复始态，但在环境中总是留下功变为热的净结果，这本身就是不可逆过程，所以环境也就无法复原了。这就是实际过程中体系能量发生质降的本质，过程愈不可逆，能量的质降就愈大，过程的效率也就愈低。

3.1.2. 热力学第二定律的表述

如前所述，自发过程具有一定的方向性，这是一个自然规律。但是，这个规律的意义直到 19 世纪，在研究如何提高热机效率的过程中才被人们认识，并且制定为热力学第二定律。在审查卡诺于 1820 年提出的有关热机最高效率的原理时，1850 年由克劳修斯（R.Clausius)、1851 年由开尔文（Lord.KelVin）分别提出了热力学第二定律的两种表述。

(1) 克劳修斯说法　“热不可能自动从低温物体传给高温物体。”即热只能自动地从高温物体传向低温物体。可见，它指出了热传导过程的不可逆性，表明了热传递过程进行的方向。

(2) 开尔文说法　“不可能从单一热源吸热使之完全变为有用的功，而不引起其他变化。”即从单一热源取出热，只能部分做功。该说法指出了热转化为功过程的不可逆性，说明了热转换为功的条件和限度。

除了以上两种通常的说法外，热力学第二定律还有其他不同的表达方法，但实际上都是一致的，因为说的都是同一问题，即“自发过程都是不可逆的。”

在克劳修斯的说法中，“自动”两字包含着无需消耗外功就能实现的意思。开尔文的说法是利用热为能源来获得功的经验总结，它并没有说热不能完全变为有用功，而是强调从单一热源和不引起其他变化的条件下不可能。如例 3-1②，气体（体系）等温膨胀过程中作出的功，正好和从环境中吸收的热完全等当量。即气体从环境吸收的热量全部用来对环境作功。乍一看，这似乎与第二种说法相矛盾，但事实上，在环境中虽然产生由热全部转变为功的效果，而气体的体积却增加了；当使体系复原时，则在环境中又留下功变为热的变化。所以要想不引起其他变化（在体系或环境中)，而使从单一热源吸取的热完全变为功是不可能的。再如，例 3-1①理想气体的等温可逆膨胀过程，气体所吸收的热量全部转变为膨胀功 $-\int p\mathrm{d}V$；而当可逆压缩使体系复原时，没有在环境中留下变化。那么能不能利用可逆的膨胀与压缩构成循环过程来不断地做功呢？这也是不行的，因为膨胀阶段作出的功，正好在压缩阶段全部用去，循环的净功仍等于零。因此，从开尔文的说法可以引伸出热力学第二定律的另一种说法即“不可能制造出一种循环操作的机器，它的作用只是从单一热源吸取热量，使之完全变为有用的功。”

热力学第二定律说明热能与机械能之间有质的差别。它的各种说法是等效的。从大量实践经验得到的结论是：要想利用热为能源，用以不断地将热转化为功，必须利用热机在两个不同的温度之间，进行循环过程，才能达到目的。

3.1.3. 卡诺定理

(1) 卡诺循环及热机效率　热力学第二定律是为了解决如何提高热机的效率问题，即使热更多地转变为功的问题而进行研究的基础上发展起来的。对于热机效率问题，也是能量的有效利用问题。它是通过卡诺循环获得解决的。

目前，人类尽管能通过各种途径获取动力，如利用燃料的化学能、太阳能、地热能及核能等。但主要还是从燃料燃烧产生热量，再由热机把热变成机械功。虽然人们在生产实践中不断总结提高、改进设计，可是通过热机来获取机械功的效率还是比较低的。其原因是受热力学第二定律的制约。然而，对热效率起决定作用的因素是什么？如何提高其热效率？下面通过卡诺热机来讨论。

卡诺热机是工作于两个不同温度的热源之间，进行卡诺循环的一种理想的可逆热机。卡诺循环由四个可逆过程组成：①等温膨胀；②绝热膨胀；③等温压缩；④绝热压缩。体系（工质）经过这四个过程完成一个循环时，回复到它的始态。假定高温热源和低温热源都是恒温热源。对于循环过程中的稳流体系，假设其动能和位能不改变（即可忽略其微小变化）。为计算方便，采用 1 mol 理想气体作为工质，卡诺循环可以在 p-V 图上表示出来。如图 3-3 所示。

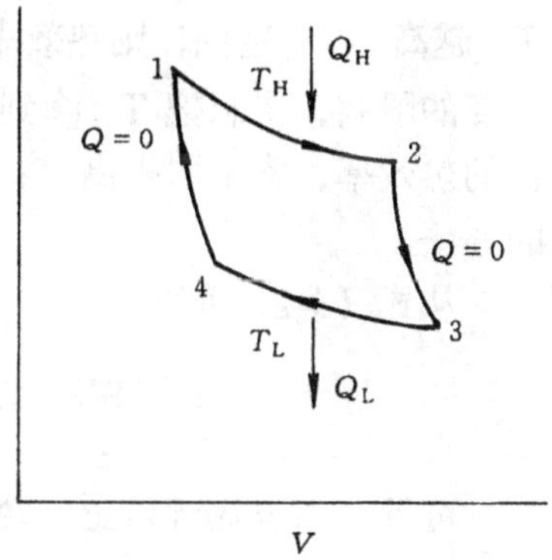

图 3-3　理想气体的卡诺循环

1→2 为等温（T_H）可逆膨胀，体系由高温热源（T_H）吸热 Q_H。在等温过程中，理想气体的焓值不变。由稳流体系热力学第一定律可得：

$$Q_H = -W_{S(1)} = -\int_{p_1}^{p_2} V\mathrm{d}p = -RT_H\int_{p_1}^{p_2}\frac{\mathrm{d}p}{p} = RT_H\ln\frac{p_1}{p_2}$$

2→3 为绝热可逆膨胀，温度由 T_H 降至 T_L。同样由稳流体系热力学第一定律可得：

$$W_{S(2)} = \Delta H_{2\to3} = C_p(T_L - T_H) = -C_p(T_H - T_L)$$

3→4 为等温（T_L）可逆压缩，体系向低温热源（T_L）排出热量 Q_L。因理想气体的焓值不变，所以排出的热必等于所接受的轴功。

$$Q_L = -W_{S(3)} = -\int_{p_3}^{p_4} V\mathrm{d}p = -RT_L\int_{p_3}^{p_4}\frac{\mathrm{d}p}{p} = -RT_L\ln\frac{p_4}{p_3}$$

4→1 为绝热可逆压缩，温度由 T_L 升至 T_H，因系绝热过程，故得：

$$W_{S(4)} = \Delta H_{4\to1} = C_p(T_H - T_L)$$

整个循环过程 $\oint \mathrm{d}H = 0$，故 $\sum Q = \sum W_S$。体系所吸收的净热为 Q_H 和 Q_L 的代数和，即 $\sum Q = Q_H + Q_L$。体系所作出的净功 $\sum W_S$ 为 $W_{S(1)}$、$W_{S(2)}$、$W_{S(3)}$、$W_{S(4)}$ 的代数和，

$$\begin{aligned}\sum W_S &= W_{S(1)} + W_{S(2)} + W_{S(3)} + W_{S(4)}\\ &= -RT_H\ln\frac{p_1}{p_2} - C_p(T_H - T_L) + RT_L\ln\frac{p_4}{p_3} + C_p(T_H - T_L)\\ &= -RT_H\ln\frac{p_1}{p_2} + RT_L\ln\frac{p_4}{p_3}\end{aligned}$$

对于理想气体，在 2→3 绝热过程中，$\frac{T_H}{T_L} = \left(\frac{p_3}{p_2}\right)^{\frac{1-\gamma}{\gamma}}$，在 4→1 绝热过程中，$\frac{T_H}{T_L} = \left(\frac{p_4}{p_1}\right)^{\frac{1-\gamma}{\gamma}}$。所以 $\frac{p_3}{p_2} = \frac{p_4}{p_1}$，即 $\frac{p_1}{p_2} = \frac{p_4}{p_3}$。代入 $\sum W_S$ 式中可得：

$$\sum W_S = -RT_H\ln\frac{p_1}{p_2} + RT_L\ln\frac{p_4}{p_3}$$

$$=-R(T_H-T_L)\ln\frac{p_1}{p_2}=-(Q_H+Q_L)=-\sum Q$$

所以，卡诺热机的热效率为：

$$\eta_c=\frac{-\sum W_S}{Q_H}=\frac{Q_H+Q_L}{Q_H}=\frac{T_H-T_L}{T_H}=1-\frac{T_L}{T_H} \tag{3-1}$$

此式表明，卡诺热机的热效率只与高温和低温热源的热力学温度 T_H 和 T_L 有关。若 T_H 越高，T_L 越低，则热效率愈高。但总小于 1，由于低温热源的温度 T_L 受大气或冷却水温度的限制，要想把 T_L 降到更低的温度，势必要借助于冷冻机，显然不实际。所以提高热机的热效率，常采取提高 T_H 的措施。例如蒸汽动力装置可用提高锅炉压力来提高蒸汽温度的办法。

从式（3-1）可得：

$$-\sum W_S=Q_H\left(\frac{T_H-T_L}{T_H}\right)=Q_H\left(1-\frac{T_L}{T_H}\right)=Q_H-Q_H\cdot\frac{T_L}{T_H}$$

可见，高温热源供给的热量 Q_H 中，总是有相当于 $Q_H\cdot\frac{T_L}{T_H}$ 的部分不能用来做功而排至低温，把这部分不能用来做功而“废弃”的热量被认为是无效的。当 T_L 限定时，只有提高 T_H 才能减少“废弃”的部分。正因如此，高温热量具有较高的利用价值。通过以上分析，便明确了决定热效率的因素，认清了热转化为功所受的限制及热和功的不等价性。

(2) 卡诺定理　式（3-1）虽然是以理想气体为工质，通过卡诺循环得到的，但应指出所有工作于两个一定温度的热源之间的可逆热机，不管是用什么工质或何种可逆循环，它们的热效率都相等且最大，而与工质的性质无关；在两个热源间工作的一切不可逆热机的效率必定低于相应可逆热机的热效率。这就是卡诺定理。

卡诺定理的意义在于：①它揭示了热转化功的极限，即定量表示了功和热在质量上的差异；②它表示了同是热能，其转化为功的能力是因它的温度而异的，温度愈高，热的品位就愈高，其转化为功的能力则越强。该定理是热力学分析的基础和依据。

卡诺定理指出，在热源 T_H 和冷源 T_L 之间工作的一切热机中，以卡诺循环的热效率为最高，这就为提高热机的热效率指明了方向。综上所述，对于热机可得出如下几个结论。

a. 在 T_H 和 T_L 两热源间工作的所有可逆热机，其效率必相等，与工质或变化的种类无关。

b. 热机的热效率必小于 1，最高极限等于卡诺循环的热效率。只有当 $T_H\to\infty$ 或 $T_L=0$ K 时，η_c 才有可能趋于 1。但 $T_H=\infty$ 是不可能的，$T_L=0$ K 是达不到的。

c. 当 $T_H=T_L$ 时，$\eta_c=0$。这种结果再次表明，单一热源的循环发动机是无法实现的。

d. 在实际热机中应尽量减少不可逆性，使实际循环接近效率最高的卡诺循环以提高实际的热效率。

例 3-2　有 1 kJ 的热量，分别从 T_1 为 1000 K 和 T_2 为 900 K 的高温热源传向 T_0 为 300 K 的低温热源，试比较其所作的卡诺功。

解　由式（3-1）得：

$$W_{c1}=-\frac{T_1-T_0}{T_1}\times Q_H=-\frac{1000-300}{1000}\times1000=-700\text{ J}$$

$$W_{c2}=-\frac{T_2-T_0}{T_2}\times Q_H=-\frac{900-300}{900}\times1000=-666.7\text{ J}$$

从上述结果可看出，因 $T_1 > T_2$，所以 $|W_{c1}| > |W_{c2}|$。该例不但说明了热量只能部分转化为功，同时也说明了高温热转化为功的能力比低温热大，即高温热能的质量比低温热能的高。这就是化工厂为什么要对高温的设备和管道采取保温措施的道理。

3.1.4. 克劳修斯不等式

从卡诺循环热效率表达式（3-1）可整理得到：

$$\frac{Q_H}{T_H}+\frac{Q_L}{T_L}=0$$

上式表明：在卡诺循环中可逆热温商之和等于零。这是卡诺循环的一项重要性质，这里 Q 为可逆热，T 为热源温度，也是体系温度。该结论虽然是自卡诺循环得出。可证明对于任意可逆循环也成立。

根据卡诺定理，在 T_H 和 T_L 两热源间工作的所有热机中，可逆热机的效率最大。即对不可逆循环热机，有：

$$\frac{Q_L}{Q_H}<-\frac{T_L}{T_H}$$

或

$$\frac{Q_H}{T_H}+\frac{Q_L}{T_L}<0 \tag{3-2}$$

如可逆热机在高温热源只吸收无限小的热量 δQ_H，而在低温热源只放出无限小的热量 δQ_L，构成一无限小的可逆循环，此时：

$$\frac{\delta Q_H}{T_H}+\frac{\delta Q_L}{T_L}=0$$

同理，对于一个无限小的不可逆循环，则有：

$$\frac{\delta Q_H}{T_H}+\frac{\delta Q_L}{T_L}<0$$

综上可得：

$$\frac{Q_H}{T_H}+\frac{Q_L}{T_L}\leqslant 0 \quad \begin{matrix}\text{不可逆}\\ \text{可逆}\end{matrix} \tag{3-2a}$$

或

$$\frac{\delta Q_H}{T_H}+\frac{\delta Q_L}{T_L}\leqslant 0 \quad \begin{matrix}\text{不可逆}\\ \text{可逆}\end{matrix} \tag{3-2b}$$

由于任何一个可逆循环过程，可以看成由无限多个卡诺循环组合而成。因此，只要将上式沿着某一可逆循环过程作循环积分，就得到此循环的表示式：

$$\oint \frac{\delta Q_R}{T}=0$$

同理，对于任何不可逆循环，有：

$$\oint \frac{\delta Q_{IR}}{T}<0$$

将以上两式合并，得：

$$\oint \frac{\delta Q}{T}\leqslant 0 \tag{3-2c}$$

式中符号 $\oint$ 表示循环过程积分，$\frac{\delta Q}{T}$ 称为微分过程的热温商。T 为热源温度，可逆时等于体系温度。式（3-2）即为克劳修斯不等式。

若工质经历可逆过程时，上式取等号；若经历不可逆过程时，上式取不等号。此式于 1865 年由克劳修斯首先提出。

3.1.5. 熵与熵增原理

（1）熵　设一封闭物系从状态1经历一个可逆过程 A 变化到状态2，再经另一可逆过程 B 从状态2返回到原来状态1，构成一个可逆循环。如图3-4中所示 $1A2B1$。

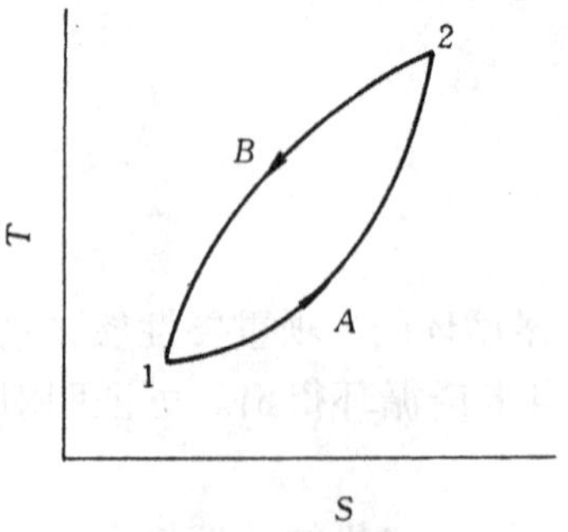

图 3-4　可逆过程循环

根据克劳修斯不等式，对这一可逆循环，有：

$$\int_1^2\left(\frac{\delta Q_R}{T}\right)_A+\int_2^1\left(\frac{\delta Q_R}{T}\right)_B=\oint\frac{\delta Q_R}{T}=0$$

即

$$\int_1^2\left(\frac{\delta Q_R}{T}\right)_A=-\int_2^1\left(\frac{\delta Q_R}{T}\right)_B$$

故

$$\int_1^2\left(\frac{\delta Q_R}{T}\right)_A=\int_1^2\left(\frac{\delta Q_R}{T}\right)_B$$

上式表明 $\int\frac{\delta Q_R}{T}$ 的值只取决于状态1与2，而与过程1－2之间进行的途径无关，即对两个状态相同的任何内部可逆过程，$\frac{\delta Q_R}{T}$ 的积分值都具有相同的值。这一特点与热力学状态函数的特征完全相同，因此变量 $\frac{\delta Q_R}{T}$ 必然是某一状态函数的全微分，克劳修斯将此状态函数定义为熵（entropy），用符号 S 来表示。则：

$$dS=\frac{\delta Q_R}{T} \tag{3-3}$$

式（3-3）是熵变的定义式，适用于任何体系的任何过程。式中 Q_R 为可逆过程的热量；T 为绝对温度，单位为K。

既然熵是状态函数，它只取决于体系的状态。所以，如果体系的状态一定，则其必有一个确定的熵值。由式（3-3）结合热力学第一定律可得：

$$dS=\frac{\delta Q_R}{T}=\frac{dU+p\,dV}{T}$$

式中 U 和 V 都是体系的容量性质，故 S 也是体系的容量性质。

（2）熵变的计算　当体系从状态1变到状态2时，其熵变可由其定义式（3-3）积分得到：

$$\Delta S=S_2-S_1=\int_1^2\frac{\delta Q_R}{T} \tag{3-4}$$

应用此式可以计算体系的熵变。从此式可知，在可逆等温过程中，$T=$ 常数，故 $\Delta S=\frac{Q_R}{T}$ 或 $Q_R=T\Delta S$。在可逆绝热过程中，$\delta Q_R=0$，$\Delta S=0$，故可逆绝热过程即为等熵过程。

值得注意的是，在由式（3-4）计算体系熵变时，必须使用相应的可逆过程的热 Q_R。但这并不影响不可逆过程熵变的计算，因熵是状态函数，熵变 ΔS 只决定于体系的始态和终态，而与体系的具体变化过程无关。如果实际过程是不可逆的，则必须在相同的始、终态间设计一个可逆过程。

下面讨论不可逆过程中熵的变化。

设一封闭体系从状态1经历一个不可逆过程 A 变化到状态2，再取一任意的可逆过程 B 从状态2回到原来状态1，构成一个不可逆循环。如图3-5中所示 $1A2B1$。

根据克劳修斯不等式，对于不可逆循环

$$\oint \frac{\delta Q}{T} < 0$$

则有 $$\int_1^2 \left(\frac{\delta Q}{T}\right)_A + \int_2^1 \left(\frac{\delta Q}{T}\right)_B < 0$$

或 $$\int_1^2 \left(\frac{\delta Q}{T}\right)_A - \int_1^2 \left(\frac{\delta Q}{T}\right)_B < 0$$

因过程 B 是可逆的，根据熵变的定义：

$$\Delta S = \int_1^2 \left(\frac{\delta Q_R}{T}\right)_B \tag{3-5}$$

所以

$$\Delta S > \int_1^2 \left(\frac{\delta Q}{T}\right)_{\text{不可逆}} \tag{3-6}$$

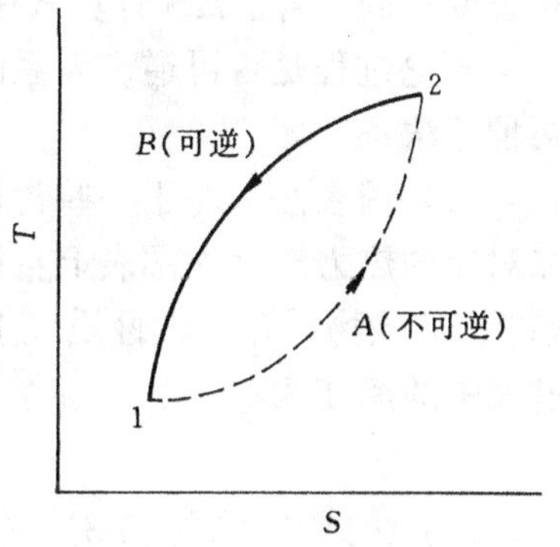

图 3-5 不可逆过程循环

式（3-6）表明，当物系经历一个不可逆过程时，过程的熵变总是大于过程的热温商。

由式（3-5）与式（3-6）知：

$$\mathrm{d}S \geqslant \frac{\delta Q}{T} \quad \begin{matrix}\text{不可逆}\\ \text{可逆}\end{matrix} \tag{3-7}$$

式（3-7）即是热力学第二定律的数学表达式，是克劳修斯不等式的另一表示形式，它给出任何过程的熵变与过程的热温商之间的关系。等号用于可逆过程，而不等号用于不可逆过程。

例 3-3 1 mol 理想气体从状态 1（p_1，V_1，T_1）变化到状态 2（p_2，V_2，T_2），求熵变。

解 $\Delta S = \int_1^2 \frac{\delta Q_R}{T}$，将封闭体系热力学第一定律 $\delta Q_R = \mathrm{d}U - \delta W_R = \mathrm{d}U + p\mathrm{d}V$ 代入上式，得：

$$\Delta S = \int_1^2 \frac{\delta Q_R}{T} = \int_1^2 \frac{C_V\mathrm{d}T + \frac{RT}{V}\mathrm{d}V}{T}$$

$$= \int_1^2 C_V \frac{\mathrm{d}T}{T} + \int_1^2 R\frac{\mathrm{d}V}{V} = C_V \ln\frac{T_2}{T_1} + R\ln\frac{V_2}{V_1} \tag{3-8}$$

将理想气体状态方程 $\frac{p_1V_1}{T_1} = \frac{p_2V_2}{T_2}$ 及 $C_V + R = C_p$ 代入并整理，也可得到：

$$\Delta S = C_p \ln\frac{T_2}{T_1} + R\ln\frac{p_1}{p_2} \tag{3-9}$$

及 $$\Delta S = C_p \ln\frac{V_2}{V_1} + C_V \ln\frac{p_2}{p_1} \tag{3-10}$$

例 3-4 1 mol 理想气体从 1.013×10^6 Pa，333.2 K 不可逆膨胀到 1.013×10^5 Pa，293.2 K，$C_p = 29.3\ \mathrm{J\cdot mol^{-1}\cdot K^{-1}}$，求 ΔS。

解 题设为不可逆过程，但不论过程可逆与否必须以可逆过程热求算 ΔS。因为已给出体系的始态和终态，可直接用上例得出的式子计算。

$$\Delta S = C_p \ln\frac{T_2}{T_1} + R\ln\frac{p_1}{p_2} = 29.3\ln\frac{293.2}{333.2} + 8.314\ln\frac{1.013\times10^6}{1.013\times10^5}$$

$$= 15.40\ \mathrm{J\cdot mol^{-1}\cdot K^{-1}}$$

这也可以理解成为将原过程设计成一次可逆等压冷却和一次可逆等温膨胀来完成相同的

状态变化的计算。ΔS 计算式中的两项，就分别是这两个可逆过程的熵变。

不论过程是否可逆，体系的熵变皆可按完成相同状态变化时的可逆过程来计算，主要有两种算法：

（1）图表法　对于一些常用物质在某一变化过程中的熵变，可以根据该过程的始、终态在对应的热力学性质图表上直接查到熵值数据，直接计算。例如，某物质从状态 1 变化到状态 2，从该物质热力学性质表上查得两个状态的熵值分别为 S_1、S_2，则该物质在这一变化过程中的熵变为：

$$\Delta S = S_2 - S_1$$

（2）公式法　式（3-3）、（3-4）是熵变计算的基本公式。将其应用于具体的过程即可。下面讨论化工生产中一些主要过程熵变的计算。

a. 气体膨胀过程的熵变　由式（3-8）可知，n mol 的理想气体等温可逆膨胀时的熵变为 $\Delta S = nR\ln\dfrac{V_2}{V_1}$。所以气体的熵值随体积的膨胀而增大。

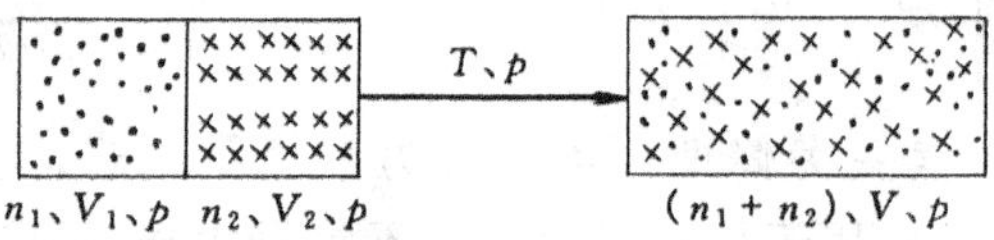

图 3-6　两种气体混合示意图

b. 混合过程的熵变　若有两种不同的气体（假设都是理想气体）在等温下混合为例，如图 3-6 所示。设两种气体分别为 n_1 mol 和 n_2 mol，混合前的体积分别为 V_1 和 V_2，混合后的体积为 $V = V_1 + V_2$。混合过程可用此两种气体分别向左、向右作可逆等温膨胀来代替。因此混合过程的熵变为：

$$\Delta S = n_1R\ln\frac{V}{V_1} + n_2R\ln\frac{V}{V_2} = -n_1R\ln y_1 - n_2R\ln y_2$$

式中 y_1 和 y_2 表示混合后两种气体的摩尔分数。显然，混合过程也是熵增加的过程。

c. 升温过程的熵变　当不发生化学反应和相变时，体系在等压或等容条件下加热，它所吸收的热量决定于体系的热容和温度的变化，即 $\delta Q = nC_p\mathrm{d}T$ 或 $\delta Q = nC_V\mathrm{d}T$，而与传热方式的可逆与否无关。因此体系的熵变仍可用式 $\int\dfrac{\delta Q}{T}$ 计算。故在等压下升温时，体系的熵变为：

$$\Delta S = n\int_{T_1}^{T_2}\frac{C_p\mathrm{d}T}{T}$$

若 C_p 为常数，则 $\Delta S = nC_p\ln\dfrac{T_2}{T_1}$。在等容下升温时，体系的熵变为：

$$\Delta S = n\int_{T_1}^{T_2}\frac{C_V\mathrm{d}T}{T}$$

若 C_V 为常数，则 $\Delta S = nC_V\ln\dfrac{T_2}{T_1}$。因为 C_p 和 C_V 都为正值，所以熵值随温度升高而增加。

d. 相变过程的熵变　在无限接近相平衡的条件下进行的相变，为可逆过程。所以在恒温恒压和相平衡条件下，相变热 $\Delta H_{(相变)}$ 就是可逆热 Q_R。由式（3-4）

$$\Delta S_{(相变)} = \frac{\Delta H_{(相变)}}{T_{(相变)}}\ （可逆）$$

式中 $T_{(相变)}$ 为可逆相变时的温度，比如熔化、气化等就是在一定的温度和压力下发生的可逆过程。因此，熔化时的热效应 ΔH_f 和气化时的热效应 ΔH_V 都是可逆热 Q_R。于是熔化过程中体系的熵变为：

$$\Delta S_f = \frac{\Delta H_f}{T}$$

气化过程中体系的熵变为：

$$\Delta S_V = \frac{\Delta H_V}{T}$$

由于熔化和气化过程都是吸热的，即 ΔH_f 和 ΔH_V 都是正值，所以 ΔS_f 和 ΔS_V 必定为正值。也就是说熔化和气化过程都是熵增加的过程。可见，同一物质气态的熵大于液态的熵，液态的熵大于固态熵。

凡不在无限接近相平衡条件下进行的相变过程，均为不可逆相变过程。对于这类过程，由于 dS 的定义式要用过程可逆热除以可逆过程的温度，故其熵变计算就应在始末态间假设一条任意的可逆途径。该途径往往是由几个可逆过程所组成。按所假设的各可逆过程的热温商 $\frac{\delta Q_R}{T}$ 求和，得出相应的熵变。又因始、末态确定后 ΔS 不随途径而变化，故可用各可逆步骤的熵变相加而得最终结果。

e. 无相变的热传导过程熵变　当两个热源的温度恒定时

$$\Delta S = \Delta S(T_H) + \Delta S(T_L) = Q\left(\frac{1}{T_L} - \frac{1}{T_H}\right)$$

式中 Q 是高温热源 T_H 传给低温热源 T_L 的热量。

若两个热源温度有变化时：

$$\Delta S = \Delta S(T_H) + \Delta S(T_L) = C_H \ln\frac{T}{T_H} + C_L \ln\frac{T}{T_L}$$

其中

$$T = \frac{C_H T_H + C_L T_L}{C_H + C_L}$$

C_H、C_L 分别为高温热源与低温热源的摩尔热容。

f. 环境的熵变　有些情况下除了需要求出体系的熵变，还需求出环境的熵变。由于环境可视作一个热容量极大的热源，有限的热量输入或输出不会引起其温度变化。故其所吸收或放出的热量都可以看成是可逆热

$$\Delta S_{sur} = \frac{Q_{sur}}{T_{sur}} = -\frac{Q_{sys}}{T_{sur}} \tag{3-11}$$

下面再举几个例子说明过程的熵变的计算及熵变的原因。

例 3-5　计算例 3-1 中三种情况下过程的熵变和体系与环境的总熵变。假设体系的温度与环境的温度相等。

解　因气体为理想气体，故气体的温度为：

$$T = \frac{pV}{R} = \frac{1\times10^6\times2.5\times10^{-3}}{8.314} = 300.7\ \text{K}$$

等温下可逆膨胀至体积增加 1 倍。

$$\Delta S_{sys} = \frac{Q_R}{T} = \frac{1732.9}{300.7} = 5.763\ \text{J·mol}^{-1}\text{·K}^{-1}$$

$$\Delta S_{sur} = \frac{-Q_R}{T} = \frac{-1732.9}{300.7} = -5.763\ \text{J·mol}^{-1}\text{·K}^{-1}$$

所以

$$\Delta S_t = \Delta S_{sys} + \Delta S_{sur} = 0$$

突然减压，使体积膨胀 1 倍。

因熵是状态函数，只需过程始、终态相同，熵变就相同。

即 $$\Delta S_{sys}=5.763\ \mathrm{J\cdot mol^{-1}\cdot K^{-1}}$$

而环境的熵变，因其供热量发生了变化，变为：

$$\Delta S_{sur}=\frac{-Q_2}{T}=\frac{-1250}{300.7}=-4.157\ \mathrm{J\cdot mol^{-1}\cdot K^{-1}}$$

所以 $$\Delta S_t=\Delta S_{sys}+\Delta S_{sur}=5.763-4.157=1.606\ \mathrm{J\cdot mol^{-1}\cdot K^{-1}}>0$$

向真空膨胀至体积增加1倍。

体系的熵变仍为： $$\Delta S_{sys}=5.763\ \mathrm{J\cdot mol^{-1}\cdot K^{-1}}$$

因体系与环境无热交换 $\Delta S_{sur}=0$

所以 $$\Delta S_t=\Delta S_{sys}=5.763\ \mathrm{J\cdot mol^{-1}\cdot K^{-1}}>0$$

由该例可看出，引起体系在过程中熵变的原因是体系在有压差（即该过程的推动力）情况下的热交换。压差越大，过程的总熵变越大。只有当压差（即推动力）趋于无限小的可逆膨胀时，过程的总熵变才等于零。

例 3-6 设有两个温度为 T_1、T_2 的储热器（$T_1>T_2$），相互接触一下，有热量 Q 直接从高温储热器传给了低温储热器。因为传热温差不是个微分量，故该传热过程是不可逆的。假设这两个储热器的热容量很大，在传递热量 Q 后，它们的温度都不发生变化，求该过程中高、低温储热器的熵变及过程的总熵变。若要使上述传热过程在可逆条件下进行，需要采取什么措施?

解 把两个储热器看成两个封闭体系，整个看成一个隔离体系。因该过程中无功交换，传递的热量就等于过程的焓变，而焓是状态函数，与过程是否可逆无关，即 $\Delta H_R=\Delta H_{IR}$。因此，对于只有热传递的过程，$Q_R=Q_{IR}$。即在该类过程的熵变计算中，均可用过程的热效应与绝对温度商的积分值来计算。则：

高温储热器的熵变为 $\Delta S_{sys_1}=\dfrac{-|Q|}{T_1}$

低温储热器的熵变为 $\Delta S_{sys_2}=\dfrac{|Q|}{T_2}$

因该过程与环境无热交换，故 $\Delta S_{sur}=0$，所以该过程的总熵变为：

$$\Delta S_t=\Delta S_{sys_1}+\Delta S_{sys_2}+\Delta S_{sur}=\frac{-|Q|}{T_1}+\frac{|Q|}{T_2}$$

因 $T_1>T_2$，故 $\Delta S_t>0$，即该过程熵的总量增加了，并且随 T_1 与 T_2 的差值的增大而增大。

要使上述传热过程在可逆下进行，则可采取下列两种方法。

a. 减小传热温差，即降低 T_1 或提高 T_2，使它们逐渐接近，则传热过程逐渐趋近于可逆，但这样做，传热速度会无限慢。

b. 在两热源 T_1 和 T_2 之间，增加一个卡诺机，且工质在高温热源吸热 Q 和向低温热源排热 Q' 时，工质与热源之间的传热没有温差。通过卡诺机，可向环境做出卡诺功 W_c。

于是由式（3-1）得：

$$1-\frac{|Q'|}{|Q|}=1-\frac{T_2}{T_1}\quad 即\quad \frac{|Q|}{T_1}=\frac{|Q'|}{T_2}$$

而此时 $$\Delta S_{sys_1}=\frac{-|Q|}{T_1};\ \Delta S_{sys_2}=\frac{|Q'|}{T_2};\ \Delta S_{sur}=0$$

所以 $$\Delta S_t=\Delta S_{sys1}+\Delta S_{sys2}+\Delta S_{sur}=\frac{-|Q|}{T_1}+\frac{|Q'|}{T_2}=0$$

即在可逆传热情况下，过程的熵的总量不变，即总熵变为零。

例 3-7 某小型合成氨厂输送至变换工段的 1.4 MPa 的过热蒸汽，由于保温不良，从蒸汽过热器出口的 380℃至变换工段蒸汽混合器时降为 360℃。试计算过热蒸汽在这一输送过程中的熵变和体系与环境的总熵变。大气温度为 298 K。

解 以 1 kg 水蒸气为计算基准

因蒸汽在等压下冷却，查水蒸气表得：

380℃时 $H_1=3212.2\ kJ\cdot kg^{-1}$ $S_1=7.255\ kJ\cdot kg^{-1}\cdot K^{-1}$

360℃时 $H_2=3168.3\ kJ\cdot kg^{-1}$ $S_2=7.184\ kJ\cdot kg^{-1}\cdot K^{-1}$

因此，在上述冷却降温过程中，水蒸气的熵变为：

$$\Delta S_{sys}=S_2-S_1=7.184-7.255=-0.071\ kJ\cdot kg^{-1}\cdot K^{-1}$$

因上述过程中蒸汽不做轴功 $W_S=0$，所以蒸汽对环境散失的热量就等于其焓变。故

$$Q=\Delta H=H_2-H_1=3168.3-3212.2=-43.9\ kJ\cdot kg^{-1}$$

因此环境的熵变为：

$$\Delta S_{sur}=\frac{-Q}{T_0}=\frac{43.9}{298}=0.147\ kJ\cdot kg^{-1}\cdot K^{-1}$$

过程的总熵变为：

$$\Delta S_t=\Delta S_{sys}+\Delta S_{sur}=-0.071+0.147=0.076\ kJ\cdot kg^{-1}\cdot K^{-1}$$

由例 3-6、3-7 可看出，引起体系在过程中熵变的原因是体系与另一体系（或环境）的热交换。在此过程中，体系的熵变以及与体系发生热交换的另一体系（或环境）的熵变可大于零或小于零，但它们的总熵变却总大于零。只有当它们之间的传热是可逆时，它们的总熵变才等于零。

（3）熵增原理及其应用　由前面介绍的过程熵变的计算及熵是状态函数可知，无论过程是否可逆，只要状态变化相同，就体系的熵变来说，它们都是一样的。因此，仅仅根据体系的熵变是无法判断过程是否可逆，但如果将与体系发生热、功交换的另一部分体系或环境加在一起考虑，即把它们看成是隔离体系时，显然，前面介绍的几个不可逆过程的总熵变都大于零。只有当过程可逆进行时，其总熵变才等于零。这一结论也可将克劳修斯不等式用于隔离体系来得到：

$$dS_{隔}\geqslant 0$$

或

$$\Delta S_{隔}\geqslant 0$$

实际上，很多情况下，体系并非隔离体系，但总可以找到一个边界，将体系和与之有关的环境合并在一起，构成一个隔离体系，则上式仍成立，但此时，应将上式写成：

$$\Delta S_t=\Delta S_{sys}+\Delta S_{sur}\geqslant 0$$

以上三式为熵增原理数学表达式。可见，熵只在可逆过程中是守恒的，而在不可逆过程中总是增加的。熵变的这一规律可以表述为：当体系和环境经历任何变化后，熵的总量只会增加，永不减少，这一结论称作熵增原理。它指出了自发的不可逆过程只能朝总熵增加的方向进行。它提供了判断过程方向的准则。任何自发过程，都是由非平衡态趋于平衡态。那时与过程有关的各部分熵的总和达到当时条件下的最大值而不再增加。也即总熵值达到最大是不可逆过程进行的限度，即体系达到平衡的条件。由于可逆过程中，体系保持在平衡态，所以

$\Delta S_t=0$ 既是平衡的条件，也是可逆过程的准则。下面举例来说明熵增原理的作用。

例 3-8 设某体系每升温 1 K 所需的热量$\left(\frac{\delta Q}{\mathrm{d}T}\right)$为 $0.837\ \mathrm{J \cdot K^{-1}}$，若此体系由 300 K 升温至 400 K，试求：①所需的热量全部由环境可逆供给时，体系的熵增加多少？②环境供给所需热量的 1/3，其余由均匀的机械搅动来供给，此时体系的熵增加多少？③试比较①与②过程中体系与环境的总熵变。

解 ① $\Delta S_{\mathrm{sys}}=\int_{300}^{400}\frac{\delta Q}{T}=\int_{300}^{400}\frac{0.837\mathrm{d}T}{T}$

$$=0.837\ln\frac{400}{300}=0.24\ \mathrm{J \cdot K^{-1}}$$

② 不论是由环境可逆加热还是不可逆加热（由搅动产生摩擦热，即由机械能转变为热能），所引起的体系熵变均可按 $\int\frac{\delta Q}{T}$ 计算。所以：

$$\begin{aligned}\Delta S_{\mathrm{sys}} &= \int_{300}^{400}\frac{1}{3}\times\frac{0.837\mathrm{d}T}{T}+\int_{300}^{400}\frac{2}{3}\times\frac{0.837\mathrm{d}T}{T}\\ &=0.279\ln\frac{400}{300}+0.558\ln\frac{400}{300}\\ &=0.08+0.16=0.24\ \mathrm{J \cdot K^{-1}}\end{aligned}$$

③ 因环境对体系以可逆的方式供热，则在①的情况下环境的熵变为：

$$\Delta S_{\mathrm{sur}}=-\int_{300}^{400}\frac{\delta Q}{T}=-\int_{300}^{400}\frac{0.837\mathrm{d}T}{T}=-0.24\ \mathrm{J \cdot K^{-1}}$$

所以总熵变为：

$$\Delta S_t=\Delta S_{\mathrm{sys}}+\Delta S_{\mathrm{sur}}=0.24+(-0.24)=0$$

在②的情况下，环境对体系可逆供热所引起的熵变为：

$$\Delta S_{\mathrm{sur}}=-\int_{300}^{400}\frac{1}{3}\times\frac{0.837\mathrm{d}T}{T}=-0.08\ \mathrm{J \cdot K^{-1}}$$

而环境消耗部分机械能时未发生熵的变化。所以总熵变为：

$$\Delta S_t=\Delta S_{\mathrm{sys}}+\Delta S_{\mathrm{sur}}=0.24-0.08=0.16\ \mathrm{J \cdot K^{-1}}$$

搅动产生摩擦热是不可逆的。因此，$\Delta S_t>0$，所增加的总熵 $0.16\ \mathrm{J \cdot K^{-1}}$ 正好就是由搅动所引起的。

例 3-9 假设有一如附图所示的能量利用装置。使每 1 kg 温度为 100℃ 的饱和水蒸气经过其中一系列步骤后，能连续地向 180℃ 的高温储热器输送 1860 kJ 的热量。为了使蒸汽的热量更有效地加以利用，蒸汽最后在 1.01325×10^5 Pa、0℃ 下冷凝为水离开装置。假设可供利用的冷却水为 0℃，其量不限。试用熵增原理分析该装置是否合理。

解 这是一个设想的能量利用装置，故不论是内部结构如何，如果理论上是合理的，则总的结果必须遵守热力学第一定律和第二定律。

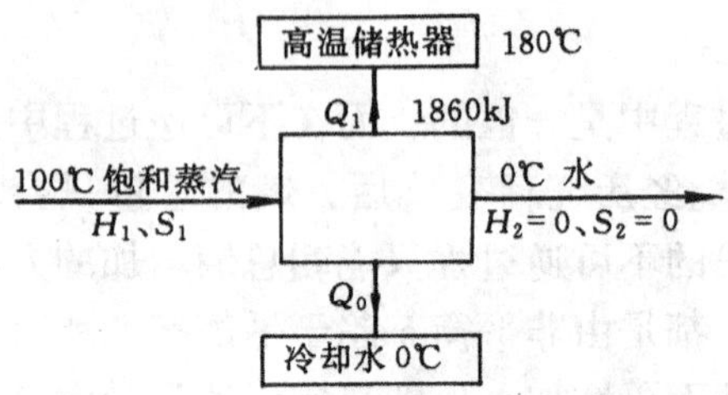

例 3-9 图

蒸汽通过装置后在 1.01325×10^5 Pa、0℃ 时冷凝，因冷凝温度已达环境中可能的最低温度（即冷却水温），所以蒸汽的热量得到了最大限度利用。但此蒸汽的热量也不可能全部传入高温储热器，否则便违背了热力学第二定律，所以必然有 Q_0 的热量传给冷却水。

以 1 kg 蒸汽为计算基准，查水蒸气表得 100℃饱和蒸汽的焓、熵为：

$$H_1=2676\ \text{kJ}\cdot\text{kg}^{-1},\ S_1=7.3547\ \text{kJ}\cdot\text{kg}^{-1}\cdot\text{K}^{-1}$$

由题意，蒸汽流动是个稳流过程，将热力学第一定律 $\Delta H=Q+W_S$ 应用于此装置，因 $W_S=0$，故蒸汽经过此装置所放出的总热量为：

$$Q=\Delta H=H_2-H_1=0-2676=-2676\ \text{kJ}\cdot\text{kg}^{-1}$$

又因为 $Q=Q_1+Q_0$ 而 $Q_1=-1860\ \text{kJ}\cdot\text{kg}^{-1}$

所以 $$Q_0=Q-Q_1=-2676+1860=-816\ \text{kJ}\cdot\text{kg}^{-1}$$

在上述过程中，水蒸气通过此装置发生熵变为：

$$\Delta S_1=S_2-S_1=0-7.3547=-7.3547\ \text{kJ}\cdot\text{kg}^{-1}\cdot\text{K}^{-1}$$

高温储热器的熵变为：

$$\Delta S_2=\frac{-Q_1}{T_1}=\frac{1860}{180+273.15}=4.1046\ \text{kJ}\cdot\text{kg}^{-1}\cdot\text{K}^{-1}$$

冷却水的熵变（冷却水用量不限，故设保持 0℃不变）为：

$$\Delta S_3=\frac{-Q_0}{T_2}=\frac{816}{273.15}=2.9874\ \text{kJ}\cdot\text{kg}^{-1}\cdot\text{K}^{-1}$$

故过程的总熵变为：

$$\begin{aligned}\Delta S_t&=\Delta S_1+\Delta S_2+\Delta S_3=-7.3547+4.1046+2.9874\\&=-0.2627\ \text{kJ}\cdot\text{kg}^{-1}\cdot\text{K}^{-1}<0\end{aligned}$$

根据熵增原理，总熵变 $\Delta S_t\geqslant 0$，而此设想过程 $\Delta S_t<0$。所以，从理论上分析，此种装置是不合理的。

综上计算可知，总熵只在可逆过程中是守恒的，而在不可逆过程中总是增加的。不可逆过程引起总熵的增加，导致作功能力下降（即功的损耗）。因此，我们可以应用熵增原理，对实际过程中功的损耗，能量的利用进行分析，从而找出改进的措施。

那为什么在不可逆过程中总熵会增加呢？

下面来看一个例子，如图 3-7 所示。在温度为 T 的外界环境中，有气体在汽缸内作不可逆膨胀，气体从环境吸热 δQ，对环境作功 $-\delta W$。取气体为体系，由热力学第一定律：

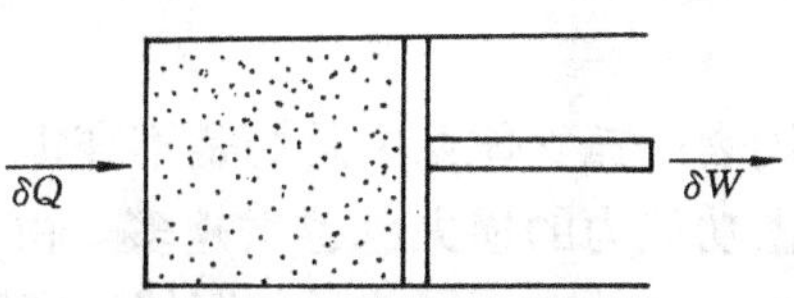

图 3-7 气体的不可逆膨胀

$$\delta Q=\text{d}U-\delta W \tag{A}$$

现设气体在汽缸内进行一个始、终态与原不可逆过程相同的可逆过程，体系从环境吸热 δQ_R，作功 $-\delta W_R$，则：

$$\delta Q=\text{d}U-\delta W_R \tag{B}$$

而可逆过程 $\delta Q_R=T\text{d}S$ 代入（B）式得：

$$T\text{d}S=\text{d}U-\delta W_R \tag{C}$$

(C)－(A)并移项得：

$$T\text{d}S=\delta Q-\delta W_R+\delta W$$

所以 $$\text{d}S=\frac{\delta Q}{T}+\frac{\delta W-\delta W_R}{T} \tag{3-12}$$

式（3-12）表明，对于任何不可逆过程来说，引起体系熵变的原因有两个：

一是由于体系与环境间有热量交换 δQ。把这种由于体系和环境间进行热量交换而引起的熵变称为熵流，用 dS_f 表示。

二是由于过程存在不可逆因素而导致了作功能力的下降，如摩擦损耗了功而变为热，此热量又为体系本身吸收而导致体系熵增大，即式（3-12）中 $\frac{\delta W - \delta W_R}{T}$ 一项，称其为熵产，用 dS_g 表示。它表示因过程的不可逆性（如存在摩擦、传热温差等）对体系所引起的熵变。过程的不可逆性越大，其熵产就越大。

3.1.6. 能量的降级

前已述及，能量具有二重性，能量的质量实际上就指能量作功的能力，若单位能量的做功能力越大，则能量的质量就愈高。这就是说，功源的能量具有最高的质量。由功变为热意味着能量质量的下降，即能量降级。由式（3-1）可见，当 Q_H 与 T_L 恒定时，$-\sum W_S$ 是随 T_H 单调递增的函数，这说明高温热源的能量质量要比低温热源的高。由高温热变成低温热也是能量的降级过程。式（3-1）中的 T_L 通常指的就是周围自然环境，即大气或天然水的温度 T_0。当 T_H 等于 T_0 时，可逆轴功为零。这说明处在环境温度 T_0 下的热量，例如被大气或天然水吸收的热量是没有作功能力的。

自然界的能量按其质量（又称品位）可分为三大类：高级能、低级能与僵态能。理论上可以完全转化为功的能量称为高级能，如机械能、电能、水力能与风力能等；理论上只能部分转化为功的能量称为低级能，如热能、内能和焓等；完全不能转化为功的能量称为僵态能，如大气、大地与天然水所含的内能（不包括化学能）。僵态能虽然不能转化为功，但也并非毫无用处。例如后面要讲到的热泵这种节能设备就利用了一部分僵态能。

关于能量降级的实质，可以通过热力学第一定律和第二定律的比较来认识。

孤立体系热力学第一定律的表达式为：

$$dE = 0$$

这表明孤立体系中所进行的任何过程其总能量在数量上保持守恒。而孤立体系热力学第二定律的表达式

$$dS_t \geqslant 0$$

则表明孤立体系中总熵是不守恒的，随着不可逆过程的进行，孤立体系的总熵会不断增加，做功能力的损失也越来越多。由于能量在数量上守恒，那么能继续利用的可用功就越来越少，这就造成了能量的降级（即贬质）。这种体系的总能量尽管保持不变，但其作功能力却不断减少的规律称为能量的降级原理。

当孤立体系总熵趋于极大值时，其中的过程就无法进行了，一切推动力均已消失，体系便达到平衡状态。

总之，不可逆过程会发生能量降级现象。唯有可逆过程的能量质量不变。由于实际的宏观过程都是不可逆的，因此能量的降级是不可避免的。但可以尽可能减少能量降级造成的作功能力的损失。在使用能量时要注意对能量质量的保护和管理，做到有效合理地用能，避免能量质量不必要的损耗与浪费。

3.2. 理想功和损耗功

3.2.1. 理想功

（1）理想功的概念　在化工生产中，体系的状态变化，有的可以用来作功，有的则需要消耗功才能完成。显然，人们总是希望获得的功要多；损失的功要少。也就是要尽可能充分

地利用能量。就任何产功过程而言，对于确定的状态变化都存在一个最大功，对耗功过程则存在一个最小功。此功在技术上可以利用，因此称其为最大有用功，也称为理想功，用 W_{id} 表示。它是一个理论的极限值，代表一个生产过程可能提供的最大有用功，是一切实际过程产功或耗功大小的比较标准。通过理想功与实际功的比较，可为评定实际过程的能量利用效率和改进生产提供一定的依据。

要获得理想功，体系的状态变化必须在完全可逆的条件下进行。也就是说，必须同时满足两个条件：一是体系内部的一切变化必须可逆；二是体系与环境间的传热也必须可逆。为此，在体系内部必须设置卡诺热机来实现体系中各个不同温度与环境温度 T_0 间的可逆传热。因此，理想功即指体系的状态变化是在一定的环境条件下按完全可逆的过程进行时，理论上可能产生的最大功或者必须消耗的最小功。下面以稳流过程的理想功为例进行讨论。

(2) 稳流过程的理想功　实际生产中经常遇到的是稳流过程，因而讨论稳流过程的理想功具有现实的意义。为了形象地说明稳流过程理想功的概念，设想如图 3-8 所示的一个稳流过程。流体以压力、温度、焓和熵分别为 p_1、T_1、H_1 和 S_1 时进入设备装置，在可逆的稳流过程中推动机器作出可逆轴功 $-W_{S(R)}$，同时排出热量 Q，致使流体温度、压力下降。最后在 p_2、T_2、H_2、S_2 的状态下离开设备装置。

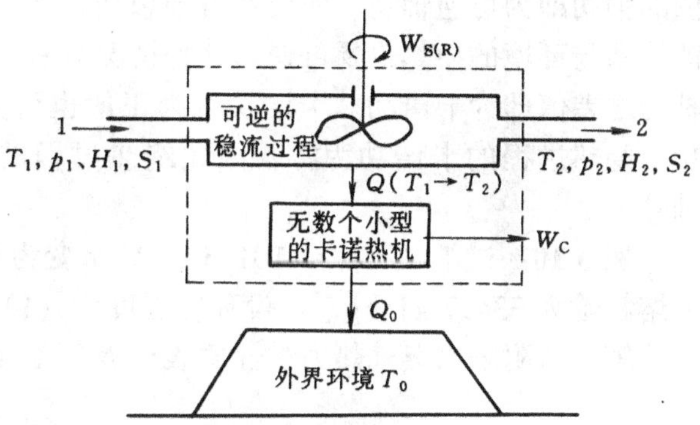

图 3-8　稳流过程的理想功计算示例

为了对排出的热量 Q 进行充分的利用，在体系与环境间设置卡诺热机将一部分热量转化为功，同时实现可逆传热。卡诺机作的功称为卡诺功 W_C。作功后，温度下降到 T_0，然后将温度 T_0 的热量 Q_0 排到自然环境。外界自然环境就是卡诺热机的低温热源。

由于流体在稳流过程中是变温的（温度由 T_1 降到 T_2），排出热量 Q 时流体的温度也是变化的，而卡诺热机则要求恒温热源。为此，可以假想无数个小型卡诺热机相继出现进行连续操作。每一个小卡诺机向高温热源吸收微量热 δQ，作出微量卡诺功 δW_C。由于小卡诺机的高温热源温度变化极小，可以近似视为恒温热源。无数个小卡诺机向高温热源吸收的总热量为 Q，它们作出的总卡诺功为 W_C，向周围自然环境排放的总热量为 Q_0。

根据理想功的定义，在上述稳流过程中，理想功应是可逆轴功与卡诺功之和，即：

$$W_{id} = W_{S(R)} + W_C \tag{3-13}$$

今将所有工质、设备和卡诺机看作一个体系，用图中的虚线框表示。显然这是一个敞开的稳流体系。根据敞开体系稳流过程的热力学第二定律，对于可逆过程应有：

$$\Delta S_{sys} + \Delta S_{sur} = 0，\text{而}\ \Delta S_{sur} = \frac{-Q_0}{T_0}$$

故

$$Q_0 = T_0 \Delta S_{sys} \tag{3-14}$$

由于在卡诺机的循环过程中，工质的状态没有产生净的变化，因此：

$$\Delta S_{sys} = S_2 - S_1，\ \Delta H = H_2 - H_1$$

根据稳流过程热力学第一定律的表达式，对于此敞开体系则有：

$$H_2 - H_1 = Q_0 + (W_{S(R)} + W_C)$$

将式（3-13）、（3-14）代入上式即得：

$$W_{id}=\Delta H-T_0\Delta S_{sys} \tag{3-15}$$

或
$$W_{id}=(H_2-H_1)-T_0(S_2-S_1)=(H_2-T_0S_2)-(H_1-T_0S_1) \tag{3-16}$$

式中 ΔH 是物流通过设备装置的焓变。式（3-15）、式（3-16）即为稳流过程理想功的计算式。可见，它是热力学第一定律和第二定律联合应用的产物。稳流过程的理想功是状态变量，它仅取决于体系的初态和终态及环境的温度 T_0，与具体的变化途径无关。T_0 一般指大气或天然水源的温度。

流体若是对外作功，则理想功为负；反之，外界对流体做功，则理想功为正。

这里，要注意理想功与可逆轴功的区别。在第二章中提到的可逆轴功是指无摩擦损耗的轴功，即流体在通过设备装置时内部所有的变化都是可逆的，无任何耗散效应，此情况下提供的轴功即为可逆轴功。而要获得理想功，不仅要求设备装置内部可逆，还要求外部可逆，即体系与环境的换热也要可逆。这种情况只有借助于卡诺热机才能完成，所以理想功与可逆轴功之差值即为卡诺功。卡诺功可为正值也可为负值，因此理想功可大于也可小于可逆轴功。绝热过程的卡诺功为零，因此绝热过程的理想功与可逆轴功相等，理想功即为可逆轴功。

例 3-10 试求 25℃、0.10133 MPa 水变为 0℃、0.10133 MPa 冰的理想功。已知 0℃冰的熔解焓为 334.7 kJ·kg^{-1}。设环境温度为（1）25℃；（2）−25℃。

解 从附表水蒸气热力学性质表中查得 25℃水的焓 H_1 和熵 S_1 值（忽略压力的影响）为：

$$H_1=104.89\ \text{kJ·kg}^{-1} \qquad S_1=0.3674\ \text{kJ·kg}^{-1}\text{·K}^{-1}$$

根据 0℃冰熔解焓变数据可以推算出 0℃冰的 H_2 与 S_2 为：

$$H_2=-334.7\ \text{kJ·kg}^{-1} \qquad S_2=-1.2260\ \text{kJ·kg}^{-1}\text{·K}^{-1}$$

环境温度为 25℃（高于冰点）时

$$\begin{aligned}W_{id}&=(H_2-H_1)-T_0(S_2-S_1)\\&=(-334.7-104.89)-298(-1.2260-0.3674)\\&=35.24\ \text{kJ·kg}^{-1}\end{aligned}$$

欲使水变为冰，需用制冷机，理论上消耗的最小功为 35.24 kJ·kg^{-1}。

环境温度为 −25℃（低于冰点）时，

$$\begin{aligned}W_{id}&=(H_2-H_1)-T_0(S_2-S_1)\\&=(-334.7-104.89)-248(-1.2260-0.3674)\\&=-44.43\ \text{kJ·kg}^{-1}\end{aligned}$$

当环境温度低于冰点时，W_{id}为负值。当水变成冰时，不仅不需要消耗功，理论上还可以回收功，其最大的功为 44.43 kJ·kg^{-1}。

由此可见，理想功的数值不仅与初、终状态还与环境温度有关。

例 3-11 试求在稳流过程中，1 kmol 温度为 800 K，压力为 4 MPa 的氮气所能给出的最大功。假设环境温度为 298 K，氮气可看成是理想气体，且其恒压摩尔热容为 $27.87+4.268\times10^{-3}T$ kJ·kmol^{-1}·K^{-1}。

解 这里要求计算 1 kmol 氮气由初始状态（800 K、4 MPa），膨胀到终了状态（298 K、101325 Pa）所能给出的最大功，即理想功。可直接用式（3-15）计算。

由于氮气可看成理想气体，故其焓变与压力无关，则：

$$\Delta H = \int_{T_1}^{T_0} Cp\,dT = \int_{800}^{298} (27.87 + 4.268 \times 10^{-3} T)\,dT$$

$$= 27.87(298 - 800) + \frac{1}{2} \times 4.268 \times 10^{-3} \times (298^2 - 800^2)$$

$$= -15167.0\ \text{kJ} \cdot \text{kmol}^{-1}$$

而熵变可用理想气体的非等温等压过程熵变计算式 $\Delta S = n\int_{T_1}^{T_2} \frac{Cp}{T} dT - nR\ln\frac{p_2}{p_1}$ 计算，即

$$\Delta S = \int_{800}^{298} \left(\frac{27.87 + 4.268 \times 10^{-3} T}{T}\right) dT - 8.314\ln\frac{101325}{4 \times 10^6}$$

$$= 27.87\ln\frac{298}{800} + 4.268 \times 10^{-3}(298 - 800) - 8.314\ln\frac{101325}{4 \times 10^6}$$

$$= 0.895\ \text{kJ} \cdot \text{kmol}^{-1} \cdot \text{K}^{-1}$$

把 ΔH 及 ΔS 值代入（3-15）式即得：

$$W_{id} = \Delta H - T_0 \Delta S = -15167.0 - 298 \times 0.895 = -15433.8\ \text{kJ} \cdot \text{kmol}^{-1}$$

即氮气在此稳流过程中所能给出的最大功为 15433.8 kJ·kmol^{-1}

为了明确说明上述计算结果的物理意义，可通过以下两步假想步骤，使氮气由始态变到终态：①先在透平机内可逆绝热膨胀，从初始状态 p_1、T_1 变至状态 p_0、T_2，T_2 是可逆绝热膨胀过程终止时的温度；②在恒压 p_0 下，进行可逆等压冷却，使温度由 T_2 变化到 T_0。

对于第一步，根据稳流过程的热力学第一定律（不计流体动能和位能的变化）

$$\Delta H_1 = Q_1 + W_S$$

由于过程是可逆绝热的，故 $Q_1 = 0$

则
$$W_S = \Delta H_1 = H_2 - H_1$$

其中，H_2 是中间状态（即温度 T_2 及压力 $p_0 = 1.01 \times 10^5$ Pa）下的焓。

为了得到最大功，要求第二步可逆，传热必须在环境温度 T_0 下进行。为此，必须借助于可逆热机，即可逆热机从氮气吸收的热量，在作出卡诺功 $-W_C$ 的同时又把废热在温度 T_0 下排给环境，为了完成这一过程，需用设置卡诺机。对于每一微小变化过程，卡诺机所作的功为：

$$\delta W_C = \frac{T - T_0}{T} \delta Q$$

此处，对氮气（热源）而言，Q 为负值，T 为氮气瞬时温度。

上式积分可得：

$$W_C = Q_2 - T_0 \int_{T}^{T_0} \frac{\delta Q}{T}$$

式中 $\int_{T}^{T_0} \frac{\delta Q}{T}$ 是氮气在第二步过程中的熵变。因氮气在可逆绝热的第一步过程是等熵过程，所以此积分值就是全过程的熵变；而 Q_2 表示氮气与环境之间交换的热量，即等于氮气在冷却过程中的焓变。

$$Q_2 = H_0 - H_2$$

因此
$$W_C = (H_0 - H_2) - T_0 \Delta S$$

显然，整个过程的最大功（即理想功）是 W_S 和 W_C 之和，即：

$$W_{id} = (H_2 - H_1) + (H_0 - H_2) - T_0 \Delta S = \Delta H - T_0 \Delta S$$

可见，此结果正是理想功的计算式。

（3）稳定流动化学反应过程的理想功　在化工过程的开发、设计和实际生产中，总是希望设法使供给耗能反应的能量降到最低限度；尽可能地使伴有能量输出的化学反应所释放的能量得到最大限度的利用。如果某反应的理想功为负值，则说明在可逆条件下实现此反应可以向外供能；若其理想功为正值，则说明实现此反应需要耗能。根据理想功 W_{id}的数值可以知道在可逆条件下提供或消耗能量的最大值或最小值。因此，通过化学反应过程 W_{id}的计算，可以对该过程进行热力学分析，以实现合理用能。

实际的化学反应过程往往是变温变压的，即进入反应器反应物的温度和压力与离开反应器产物的温度和压力是不同的。可以利用理想功是状态变量的特性，采用三个假想过程来计算上述化学反应过程的理想功。首先设想进反应器的反应物的温度与压力变至 298.15 K、0.10133 MPa，即标准状态。然后在标准状态下进行等温等压的化学反应。最后，将产物的温度与压力从标准态变到反应终态（即离开反应器）时的温度与压力。上述三个过程理想功之和即为变温变压过程的理想功。第一与第三假想过程无化学反应，仅是温度与压力的变化，只要分别求出焓变与熵变就可计算理想功。对于第二假想过程，即在标准状态（298.15 K、0.10133 MPa）下，稳定流动化学反应过程理想功为：

$$W_{id}=\Delta H^{\ominus}-T_0\Delta S^{\ominus} \tag{3-17}$$

式中，$\Delta H^{\ominus}$是在标准状态下化学反应过程的焓变，即标准反应热。可以用产物与反应物的标准生成焓 $\Delta H_f^{\ominus}$ 计算：

$$\Delta H^{\ominus}=\sum_P \gamma_P(\Delta H_f^{\ominus})_P-\sum_R \gamma_R(\Delta H_f^{\ominus})_R$$

式中，γ_P 和 γ_R 分别为化学反应方程式中产物和反应物的计量系数；$(\Delta H_f^{\ominus})_P$ 和 $(\Delta H_f^{\ominus})_R$ 分别为产物和反应物的标准生成焓。

式（3-17）中的 $\Delta S^{\ominus}$为在标准状态下化学反应过程的熵变。可以用产物与反应物的标准熵值进行计算

$$\Delta S^{\ominus}=\sum_P \gamma_P S_P^{\ominus}-\sum_R \gamma_R S_R^{\ominus}$$

式中，$S_P^{\ominus}$ 与 $S_R^{\ominus}$ 分别为产物与反应物的标准熵。只要查到标准生成焓与标准熵值，就可以算出标准状态下化学反应过程的理想功。有关物质的标准生成焓与标准熵值列于附表。

根据热力学基本定义式 $G=H-TS$，在标准状态下，恒温 T_0 时，有：

$$\Delta G^{\ominus}=\Delta H^{\ominus}-T_0\Delta S^{\ominus}$$

式中，$\Delta G^{\ominus}$为标准状态下吉布斯自由能变化，由此关系式可知，式（3-17）中理想功即为反应过程物流标准吉布斯自由能的变化量，即：

$$W_{id}=\Delta H^{\ominus}-T_0\Delta S^{\ominus}=\Delta G^{\ominus} \tag{3-18}$$

由式（3-18）可见，在标准状态下进行化学反应，能回收的最大功（$-W_{id}$）是标准吉布斯自由能的减少量，而不是标准反应热，这一点务必注意。

式（3-18）中的 $\Delta G^{\ominus}$可以用反应物与产物的标准生成吉布斯自由能来计算。即：

$$W_{id}=\Delta G^{\ominus}=\sum_P \gamma_P(\Delta G_f^{\ominus})_P-\sum_R \gamma_R(\Delta G_f^{\ominus})_R \tag{3-19}$$

式中，$(\Delta G_f^{\ominus})_R$ 与 $(\Delta G_f^{\ominus})_P$ 分别为反应物与产物的标准生成吉布斯自由能。

化学反应时，若组分的压力不是 0.10133 MPa，则对查得的标准生成焓和标准熵以及标准生成吉布斯自由能之值要进行压力校正。

3.2.2. 损耗功

由于实际过程都是不可逆的，因此必然存在功的损耗，即做功过程，其产生的实际功均比理想功少；耗功过程，其所消耗的实际功均比理想功多。因此，当体系状态变化相同时，实际过程比完全可逆过程少产生的功或多消耗的功，就称为损耗功，用 W_L 表示。故损耗功 W_L 就等于理想功 W_{id} 与实际功 W_{ac}（这里的实际功通常指轴功）的差值。可表示为：

$$W_L = W_{id} - W_{ac} \tag{3-20}$$

由于不可逆过程会引起总熵变的增加，所以损耗功 W_L 与总熵变 ΔS_t 必有一定的关系。假设稳流过程中体系由始态 p_1、T_1、S_1 变至终态 p_2、T_2、S_2，其理想功为：

$$W_{id} = \Delta H - T_0 \Delta S_{sys}$$

由热力学第一定律可知该过程实际的轴功 W_S 为：

$$W_S = \Delta H - Q$$

式中，Q 为体系在实际过程中与温度为 T_0 的环境所交换的热量。故

$$\begin{aligned} W_L &= W_{id} - W_S \\ &= Q - T_0 \Delta S_{sys} \end{aligned} \tag{3-21}$$

由于温度为 T_0 的环境可以视为热容量极大的恒温热源，它并不因为吸入或放出有限的热量而发生变化，所以 Q 虽然是实际过程中所交换的热量，而对环境来说，可视为可逆热量，因此环境的熵变为：

$$\Delta S_{sur} = \frac{Q_{sur}}{T_0} = \frac{-Q}{T_0}$$

即

$$Q = -T_0 \Delta S_{sur} \tag{3-22}$$

代入（3-21）式可得：

$$W_L = -T_0 \Delta S_{sys} - T_0 \Delta S_{sur} = -T_0 \Delta S_t \tag{3-23}$$

上式在化工过程热力学分析中应用广泛。它表示了损耗功与总熵变的关系。由此式可见，损耗功的大小不仅取决于总熵变 ΔS_t，而且和环境的温度 T_0 有关。

根据熵增原理，对于可逆过程，$\Delta S_t = 0$，因此 $W_L = 0$，即可逆过程无功损耗；对任何不可逆过程，都有 $\Delta S_t > 0$，因此 $W_L < 0$，即不可逆过程都有功损耗。且当 T_0 一定时，不可逆程度越大，则 ΔS_t 值越大，那么功损耗 $-W_L$ 亦越大。所以 ΔS_t 不仅反映了实际过程的不可逆程度，而且说明了过程功损耗的大小，即能量发生降级的程度。

在用式（3-20）求损耗功时，对于非绝热过程，既有功交换又有热交换，实际功 W_{ac} 项中，除轴功外，还应计入热流的作功能力 $-Q(1 - T_0/T)$。

下面以传热过程为例，来进一步说明损耗功的含义。

设有一个可逆热机，在温度为 T_1 的储热器和 T_0 的环境之间工作，从 T_1 的储热器吸取热量 Q，则产生的功为：

$$W_1 = -Q\left(\frac{T_1 - T_0}{T_1}\right) = -Q(1 - T_0/T_1)$$

若先使热量 Q 从 T_1 的储热器直接传给较低温度 T_2 的储热器，然后再用可逆热机在 T_2 的储热器与 T_0 的环境之间工作，从 T_2 的储热器吸取热量 Q，这时可产生的功为：

$$W_2 = -Q\left(\frac{T_2 - T_0}{T_2}\right) = -Q(1 - T_0/T_2)$$

显然，$-W_2$ 小于 $-W_1$，故不可逆传热过程的损耗功为：

$$W_L = -W_1 - (-W_2) = -T_0\left(\frac{Q}{T_2} - \frac{Q}{T_1}\right) = -T_0\Delta S_t$$

两种情况相比，热量 Q 虽然相等，但当由 T_1 的储热器直接传给了 T_2 的储热器时，能量就发生降级，作功本领因而下降，所以在不可逆过程中可以产生的功减少了。

例 3-12 某厂有一输送 92℃ 热水的管道，由于保温不良，致使使用时水温降至 67℃。计算每吨热水输送中由于散热而引起的损耗功。取环境温度 t_0 为 25℃。已知水的定压比热容为 4.1868 $kJ \cdot kg^{-1} \cdot K^{-1}$。

解 以 1 kg 的热水为计算基准

1 kg 水从 91℃ 降温至 67℃，放出热量为：

$$Q_0 = 4.1868 \times 1 \times [(67 + 273.15) - (92 + 273.15)]$$
$$= -104.670 \text{ kJ}$$

此热量传给环境，引起环境的熵变是：

$$\Delta S_{sur} = \frac{-Q_0}{T_0} = \frac{104.670}{298.15}$$
$$= 0.351 \text{ kJ} \cdot \text{kg}^{-1} \cdot \text{K}^{-1}$$

水在等压下冷却，水的熵变为：

$$\Delta S_{sys} = Cp \ln \frac{T_2}{T_1} = 4.1868 \ln \frac{340.15}{365.15}$$
$$= -0.297 \text{ kJ} \cdot \text{kg}^{-1} \cdot \text{K}^{-1}$$

故损耗功：

$$W_L = -T_0(\Delta S_{sys} + \Delta S_{sur})$$
$$= -298 \times (-0.297 + 0.351) = -16.09 \text{ kJ} \cdot \text{kg}^{-1}$$

则每吨热水输送中其损耗功为：

$$-16.09 \times 1000 = -16090 \text{ kJ} \cdot \text{K}^{-1}$$

可见，热损失与功损失是两个不同的概念，此例热损失为 104.67 kJ/kg，而功损失为 16.10 $kJ \cdot kg^{-1}$。工厂要注意保温，尽可能减少热损失引起的功损失。

例 3-13 试计算例 3-7 中蒸汽的损耗功。

解 以 1 kg 水蒸气为计算基准，则

$$W_L = -T_0\Delta S_t = -298 \times 0.076 = -22.65 \text{ kJ} \cdot \text{kg}^{-1}$$

即每输送 1 kg 过热蒸汽，因保温不良造成的损耗功为 22.65 $kJ \cdot kg^{-1}$。它说明了相同压力下的过热蒸汽，做功能力随温度提高而加大。

例 3-14 试求压力为 p_1、温度为 T_1 的高温高压蒸汽节流膨胀到 p_2 的过程中所损耗的功。

解 节流膨胀过程为等焓过程，从水蒸气表上可查得节流前后水蒸气的熵值分别为 S_1 和 S_2，则过程中蒸汽的熵变为：

$$\Delta S_{sys} = S_2 - S_1$$

由于节流膨胀过程蒸汽与外界无热交换，故

$$\Delta S_{sur} = \frac{-Q}{T_0} = 0$$

所以，过程的损耗功为：

$$W_L = -T_0\Delta S_t = -T_0\Delta S_{sys} < 0$$

从以上分析可知，在节流膨胀过程中，虽然蒸汽的焓值不变，但其作功能力却下降了，这是由于流体的部分静压能，在节流过程中被无偿地消耗掉了。因此，在化工装置的设计过程中，除了考虑对设备、管道的散热损失应采取保温措施外，还应尽可能地减少管路中阀门的数量，以免造成流体作功能力不必要的降低。

3.2.3. 热力学效率

理想功是对确定的状态变化时所能提供的最大功或必须消耗的最小功。要获得理想功，过程要在完全可逆的条件下进行，由于一切实际过程都在不可逆的条件下进行，因此实际过程所提供的功 $-W_{ac}$必定少于理想功 $-W_{id}$；实际过程所消耗的功 W_{ac}必定多于理想功 W_{id}。它们两者之比就是热力学效率 η_a。可见，实际过程的能量利用情况除了可通过损耗功来衡量外，还可以由热力学效率来加以评定。

对于做功过程，热力学效率的含义就是实际功对理想功之比值，即：

做功过程热力学效率 $$\eta_a = \frac{W_{ac}}{W_{id}} = \frac{W_{id} - W_L}{W_{id}} \tag{3-24}$$

反之，对于耗功过程，热力学效率的含义应为理想功对实际功之比，即：

耗功过程热力学效率 $$\eta_a = \frac{W_{id}}{W_{ac}} = \frac{W_{id}}{W_{id} - W_L} \tag{3-25}$$

对于换热过程热力学效率 $$\eta_a = \frac{W_{id热} - W_L}{W_{id热}} = \frac{W_{id冷}}{W_{id热}}$$

显然，对于可逆过程，$\eta_a = 1$；对于不可逆过程，η_a 均小于 1。因此热力学效率是过程热力学完善性的量度，它反映了过程的可逆程度，是代表热力学第二定律的效率。过程的不可逆程度越大，即损耗功 $-W_L$ 越大，则热力学效率 η_a 越小；反之，过程不可逆程度越小，即损耗功 $-W_L$ 越小，则热力学效率 η_a 越高。总之，损耗功和热力学效率与过程可逆程度休戚相关，这就是热力学第二定律在节能问题上的指导思想。

在计算热力学效率时，若求实际功较困难时，可通过求损耗功来计算；若实际功与理想功都可求，可直接计算。

例 3-15 1.57 MPa、757 K 的过热蒸汽推动透平机作功，并在 0.0687 MPa 下排出。此透平机既不绝热也不可逆，输出的轴功相当于可逆绝热膨胀功的 85%。由于隔热不好，每 1 kg 的蒸汽有 7.12 kJ 的热量散失于 293 K 的环境。求此过程的理想功、损耗功及热力学效率 η_a。

解 从水蒸气的热力学性质表，查得 1.57 MPa、757 K 时水蒸气的焓、熵值为：

$$H_1 = 3428\ \text{kJ·kg}^{-1} \qquad S_1 = 7.488\ \text{kJ·kg}^{-1}\text{·K}^{-1}$$

若蒸汽在透平机中作可逆绝热膨胀，则熵值不变，当膨胀到 $p_2 = 0.0678$ MPa 时的熵 $S_2' = 7.488\ \text{kJ·kg}^{-1}\text{·K}^{-1}$。从蒸汽表查出这时的焓值 $H_2' = 2659\ \text{kJ·kg}^{-1}$，由此得到可逆绝热功为：

$$W_R = H' - H_1 = 2659 - 3428 = -769\ \text{kJ·kg}^{-1}$$

而透平机既不绝热又不可逆，实际输出的轴功为：

$$W_S = -769 \times 0.85 = -653.7\ \text{kJ·kg}^{-1}$$

根据稳流体系热力学第一定律：

$$\Delta H = Q + W_S$$

求得实际膨胀至终态时的焓值

$$H_2=H_1+Q+W_S=3428-7.12-653.7=2767\ \text{kJ}\cdot\text{kg}^{-1}$$

由 H_2 及 p_2 进而查得 $S_2=7.76\ \text{kJ}\cdot\text{kg}^{-1}\cdot\text{K}^{-1}$

因此蒸汽实际上的终态为：

$$p_2=0.0687\ \text{MPa}$$
$$H_2=2767\ \text{kJ}\cdot\text{kg}^{-1}$$
$$S_2=7.76\ \text{kJ}\cdot\text{kg}^{-1}\cdot\text{K}^{-1}$$

此过程的理想功为：

$$W_{id}=\Delta H-T_0\Delta S=(2767-3428)-293\times(7.76-7.488)=-740.6\ \text{kJ}\cdot\text{kg}^{-1}$$

损耗功为理想功与实际功之差

$$W_L=W_{id}-W_S=-740.6+653.7=-86.9\ \text{kJ}\cdot\text{kg}^{-1}$$

损耗功也可根据总熵变来计算，即

$$W_L=-T_0\Delta S_t=-T_0(\Delta S_{sys}+\Delta S_{sur})$$

而 $\Delta S_{sur}=\dfrac{-Q}{T_0}$，即 $Q=-T_0\Delta S_{sur}$，代入可得：

$$W_L=-293\times(7.76-7.488)-7.12=-86.82\ \text{kJ}\cdot\text{kg}^{-1}$$

实际过程的热力学效率为：

$$\eta_a=\frac{W_{ac}}{W_{id}}=1-\frac{W_L}{W_{id}}=\left(1-\frac{-86.82}{-740.6}\right)\times100\%=88.28\%$$

例 3-16 某化工厂的天然气蒸汽转化工段有转化气量（标准）为 $5160\text{m}^3\cdot(\text{tNH}_3)^{-1}$。因工艺需要，需将其温度从 1273 K 降至 653 K。用废热锅炉机组回收余热。已知通过透平回收到的实际功为 $283\ \text{kW}\cdot\text{h}\cdot(\text{tNH}_3)^{-1}$。试求：

① 转化气降温过程的理想功；

② 余热利用动力装置的热利用率（即热效率）；

③ 此余热利用过程的热力学效率。

已知大气温度为 303 K，假设转化气降温过程压力不变，在 653 K 到 1273 K 之间的平均恒压热容 $\overline{C}_p=36\ \text{kJ}\cdot\text{kmol}^{-1}\cdot\text{K}^{-1}$，废热锅炉和透平的热损失可忽略不计，透平乏汽直接排入大气。

解 以每吨氨为计算基准。

① 求转化气降温过程的理想功。

由式（3-15）可知，转化气降温过程的理想功为：

$$W_{id}=\Delta H-T_0\Delta S_{sys}$$

式中，ΔH 指转化气降温过程的焓变；ΔS_{sys} 指转化气降温过程的熵变。生产每吨氨转化气的 kmol N 为：

$$N=\frac{5160}{22.4}=230.4\ \text{kmol}\cdot(\text{tNH}_3)^{-1}$$

而 $$\Delta H=N\overline{C}_p\Delta T=(230.4)\times36\times(653-1273)$$

$$= -5.1425 \times 10^6 \text{ kJ} \cdot (\text{tNH}_3)^{-1}$$
$$= -1428.5 \text{ kWh} \cdot (\text{tNH}_3)^{-1}$$

按题意，废热锅炉的热损失忽略不计，因此转化气降温过程的焓变即为向废热锅炉提供的热量。

$$T_0\Delta S_{\text{sys}} = T_0 N \cdot \overline{C}_p \ln\frac{653}{1273} = 300 \times 230.4 \times 36 \ln\frac{653}{1273}$$
$$= -466.03 \text{ kW} \cdot \text{h} \cdot (\text{tNH}_3)^{-1}。$$

因此
$$W_{\text{id}} = \Delta H - T_0\Delta S_{\text{sys}}$$
$$= (-1428.5) + 466.03 = -962.5 \text{ kW} \cdot \text{h} \cdot (\text{tNH}_3)^{-1}$$

由上述计算可知，转化气降温过程释放的总热量为 1428.5 $\text{kW} \cdot \text{h} \cdot (\text{tNH}_3)^{-1}$，其中 466.03 $\text{kW} \cdot \text{h} \cdot (\text{tNH}_3)^{-1}$。是不能利用而需要排到环境中去的僵态能；余下的 962.5 $\text{kW} \cdot \text{h} \cdot (\text{tNH}_3)^{-1}$是可能提供的最大有用功，即理想功。

② 求余热利用动力装置的热效率 η_T

根据热效率的定义式
$$\eta_T = \frac{-W_{\text{ac}}}{Q}$$

按题意，此过程透平得到的实际功为 283 $\text{kW} \cdot \text{h} \cdot (\text{tNH}_3)^{-1}$，而转化气在降温过程中向废热锅炉提供的热量 $Q = \Delta H = -1428.5 \text{ kW} \cdot \text{h} \cdot (\text{tNH}_3)^{-1}$

因此
$$\eta_T = \frac{-283}{-1428.5} = 0.1981$$

③ 求余热利用动力装置的热力学效率 η_a

根据热力学效率的定义式（3-27）有：

$$\eta_a = \frac{W_{\text{ac}}}{W_{\text{id}}} = \frac{-283}{-926.5} = 0.2940$$

从此例可知，热力学效率是代表高级能量的利用率，分子分母为同类项，即分子分母是相同能级的能量。它可作为衡量过程热力学完善性的尺度。而热效率（即热机效率）为热的利用率，分子分母为非同类项，分子分母是不同能级的能量。它没有区别不同能级能量在作功能力上的差异，它代表总能量的利用率。故它不能作为衡量过程热力学完善性指标。它们之间具有下述关系：

$$\eta_T = \frac{-W_{\text{ac}}}{Q} = \frac{-W_{\text{id}}}{Q} \times \frac{W_{\text{ac}}}{W_{\text{id}}} = \eta_C \times \eta_a$$

式中，η_C 为可逆热机的效率。由式(3-1)可知，它只与热机的高温热源和低温源的温度有关。当高、低温热源温度确定后，由上式可见，提高总能量利用率的关键在于提高热力学效率 η_a。也就是说，如果对僵态能无法利用的话，则热力学效率是决定能量利用率最根本的指标。

3.3. 有效能和无效能

3.3.1. 有效能

由热力学原理可知，自然界中的一切物质都具有能量，而且能量可以有不同的形式。热力学第一定律确定各种形式的能量可以互相转换，在转换过程中能量的总量保持不变。根据热力学第一定律，对某过程或体系的能量进行衡算，确定能量的数量利用率是很重要的；然而它不能全面地评价能量的利用情况。例如，流体通过节流，节流前后流体的焓值并未发生变化，但损失了做功能力；又如冷、热流体进行热交换时，在理想绝热的情况下，热流体放出的热量等于冷流体接受的热量，冷、热两流体的总能量保持不变，但它们总的做功能力却下降了。大量的实例说明物质具有的能量不仅有数量的大小，而且有品位的高低。正好热力学第二定律便进一步确定了能量之间的转换过程具有方向性和限度，这就表明：对不同形式的能量来说，它们的转换能力可能是不相同的，即各种不同形式的能量转换为功的能力是不同的。有的能量如电能、机械能能够全部转变为功；有的能量如热能和以热的形式传递的能量却只能够部分地转变为功；而如天然水、大气等因其处于环境状态，故其内能不能转变为功。再如，体系在一定状态下必然具有一定的能量（内能或焓），体系由始态（p_1、T_1）通过完全可逆过程变至终态（p_2、T_2）时，发生能量变化，而其中有效的部分转变为理想功。由于体系处于围绕大气（环境）之中，其一切变化都是在大气（环境）中进行的，故当体系的状态变到与环境之间没有压力、温度等强度性质的差异，即已达到与环境完全平衡（如有化学反应则应包括化学平衡）时，体系的能量便不能再用于做功。所以理想功是物质体系在状态变化时所能提供的最大功。但在实际节能工作中经常要知道物质体系处于某状态下的最大做功能力。而且从热力学第二定律得知，在一切实际的不可逆过程中，均存在功的损耗，即能量贬质（或称降级），正是这种贬质导致能量变废损耗，故节能中首先要解决的问题是要确定一个衡量能量的质量指标。

因此，选定环境的状态（T_0、p_0）作为基态，则体系从各个状态变化到基态时，过程的理想功即表示体系在不同状态下可用于做功的能量。显然，体系的状态距离基态越远，理想功的数值也就越大，亦即体系具有的能量的利用价值就越高。

（1）有效能的概念　为了比较体系在不同状态下可用于做功的能量多少、确切地评价能量的做功能力，凯南（Keenen）提出了有效能（available energy）的概念。并定义为处于一定热力学状态的物系，通过完全可逆的过程变化到与环境状态处于完全热力学平衡（即温度、压力、化学反应及相均平衡）时所能做出的最大功（理想功）。用符号 E_X 表示。

这里必须强调以下两点。

a. 理想功就是体系变化过程按完全可逆地进行时所作的最大功。

b. 在有效能研究中，选定环境的状态（p_0、T_0）作为基态，即将周围环境当作一个具有热力学平衡的庞大体系，这种状态下的有效能值为零。

（2）有效能的组成　对于没有核、磁、电与表面张力效应的过程，稳定流动的流体（体系）的有效能 E_X 可由下列四个主要成分组成，即动能有效能、位能有效能、物理有效能和化学有效能。

a. 动能有效能 E_{Xk}　流体的动能可以全部转化成有效的功，因此流体的动能即属于有效能。动能项中的线速度为物系与地球表面的相对线速度。

b. 位能有效能 E_{Xp}　流体的位能同样也可以全部转化为有效的功，因此流体的位能也即属于有效能。位能项中的位高是以当地环境海平面为零作基准的。

c. 物理有效能 E_{Xph}　物系由所处的状态到达仅与环境成热平衡和力平衡而未达到化学平衡状态所提供的理想功为该物系的物理有效能。也就是说，物系因温度和压力与环境的温度和压力不同所具有的有效能称为物理有效能。平衡时，体系和环境具有物理界限分隔，两者相互不混和，也不发生化学反应，但此时体系的温度和压力与环境的温度 T_0 和压力 p_0 相等。

d. 化学有效能 E_{Xc}　体系从与环境仅成热平衡和力平衡的状态到达与环境完全平衡的状态时所提供的理想功即为该体系的化学有效能。这也就是说，体系由于组成和环境组成不同所具有的有效能称为化学有效能。所谓完全平衡是指体系和环境既有热平衡、力平衡且又有化学平衡的平衡。此时体系与环境除温度、压力相等外，体系的组成还与环境物质相互混合或者发生化学反应。通常，体系由热平衡且力平衡的状态到达完全平衡的状态，须经化学反应与物理扩散两个过程。化学反应是将原体系的物质转化成环境物质（基准物）。物理扩散指原体系或经化学反应后生成物的浓度变到与环境中基准物浓度相同的过程。

例如，要确定温度为1273 K、压力为1.013 MPa的一氧化碳（CO）气体具有多大的做功能力，其有效能为多少。假定环境温度 T_0 为298 K，压力 p_0 为0.1013 MPa。可先将CO的温度降到298 K。降温过程要放热，此热可以通过卡诺热机对外做功。然后再将298 K、1.013 MPa压力的CO通过可逆膨胀机对外做功，这样CO的压力就降到0.1013 MPa。这时CO的温度为 T_0，压力为 p_0，与环境成热平衡和力平衡。CO降温降压过程所提供的理想功即为1273 K、1.013 MPa CO气体的物理有效能。与环境成热平衡和力平衡的CO是否就没有做功能力了呢？不是的，CO还可以与环境中的氧气（O_2）进行燃烧反应变成二氧化碳（CO_2）。燃烧过程放出的热量也可以通过卡诺热机对外做功，燃烧产物 CO_2 的分压必定大于大气中 CO_2 的平均分压 3×10^{-5} MPa。因此从理论上分析，CO_2 还可以进行等温扩散（膨胀）对外做功，直至分压降至 3×10^{-5} MPa为止。这时，原来的CO物系不再具有做功能力了。原来的CO物系就与环境达到了完全平衡。

由以上讨论可知，稳定流动过程流体的有效能应由四个有效能成分组成，即：

$$E_X = E_{Xk} + E_{Xp} + E_{Xph} + E_{Xc} \tag{3-26}$$

通常计算稳流流体经过敞开体系（指某设备装置）的有效能时，由于一般情况下敞开体系进出口流体的动能与位能变化很小，E_{Xk}和 E_{Xp}之值要比 E_{Xph}和 E_{Xc}小得多，往往可以忽略不计。如果在特定情况下，如蒸汽喷射泵的出口处，蒸汽 E_{Xk}较大，则不能忽略。

3.3.2. 有效能的计算

化工过程中，比较常见的是稳流体系。因此，下面以稳流体系为例，讨论有效能的计算。

对于稳流体系，由状态1变到状态2，其动能、位能变化可略而不计时，则过程的理想功为：

$$\begin{aligned} W_{id} &= (H_2 - T_0S_2) - (H_1 - T_0S_1) \\ &= (H_2 - H_1) - T_0(S_2 - S_1) \end{aligned} \tag{3-27}$$

故当体系由任意状态（p、T）变至基态（p_0、T_0）时，根据有效能的定义，得稳流体系在任意状态时有效能的计算式为：

$$E_X = (H_0 - H) - T_0(S_0 - S) \tag{3-28}$$

式（3-28）是有效能的基本计算公式，它适用于各种物理的、化学的或两者兼而有之的有效能计算。

在基态时 p_0、T_0、H_0、S_0 均可视为常数，故体系的有效能 E_X 仅决定于体系的状态，它是状态函数。

比较式（3-15）与式（3-28），表面上看理想功与有效能的表达式似乎并无二样。值得注意的是在理想功的表达式中，体系的状态变化是从任意状态1变化到任意状态2，变化的途径是假想的，但始、末态则是实际给定的；而有效能的表达式中，末态只能是体系的基准态（或称寂态），体系处于基准状态时，其有效能为零。

根据定义式（3-28）可分别求出体系在始态（p_1、T_1）和终态（p_2、T_2）时的有效能

E_{X1}与E_{X2}，二者之差为：

$$E_{X1}-E_{X2}=(H_2-H_1)-T_0(S_2-S_1)=W_{id}$$

故 $$\Delta E_X=E_{X2}-E_{X1}=-\Delta H+T_0\Delta S=-W_{id}$$

即 $$-\Delta E_X=W_{id} \tag{3-28a}$$

式中 ΔE_X 为有效能的变化。由上式可见，体系由状态 1 可逆变化到状态 2 时，过程的理想功等于体系有效能的减少。当 $\Delta E_X>0$ 时，体系可对外做功，所做的功最大为 $-W_{id}$；当 $\Delta E_X<0$ 时，要实现体系的状态变化就必须消耗外功，所消耗的功最小为 $-W_{id}$。

下面介绍化工过程中几种常见的有效能计算。

（1）物理有效能的计算　按照物理有效能的定义，稳流体系流动过程流体的物理有效能为：

$$E_{Xph}=(H_0-H)-T_0(S_0-S) \tag{3-29}$$

式中，H 和 S 是流体处于某状态的焓和熵；H_0、S_0 是流体在环境态的焓和熵。若有热力学图，如 T-S 图、H-S 图或 p-H 图等，则物质的焓和熵值可直接从图中查得。若无图可查，或者对于混合物，焓和熵要按第二章介绍的普遍化方法计算。

对于理想气体，因：

$$H_0-H=\int_T^{T_0}C_p\mathrm{d}T=\overline{C}_p(T_0-T)$$

$$S_0-S=\int_T^{T_0}\frac{C_p\mathrm{d}T}{T}-R\ln\frac{p_0}{p}$$

$$=\overline{C}_p\ln\frac{T_0}{T}-R\ln\frac{p_0}{p}$$

故 $$E_{Xph}=\overline{C}_p(T_0-T)-T_0\overline{C}_p\ln\frac{T_0}{T}+RT_0\ln\frac{p_0}{p}$$

$$=\overline{C}_p\left[(T_0-T)-T_0\ln\frac{T_0}{T}\right]+RT_0\ln\frac{p_0}{p} \tag{3-30}$$

或 $$E_{Xph}=\overline{C}_p\int_T^{T_0}\left(1-\frac{T_0}{T}\right)\mathrm{d}T+RT_0\ln\frac{p_0}{p}$$

对于理想气体混合物，其摩尔物理有效能为其各组分纯态物理有效能与其摩尔分数的乘积之和。

$$E_{Xph,m}=\sum_i y_iE_{Xph,i} \tag{3-31}$$

式中　$E_{Xph,m}$——理想气体混合物摩尔物理有效能；

$E_{Xph,i}$——纯 i 组分的摩尔物理有效能；

y_i——纯 i 组分的摩尔分数。

设体系的总压为 p，对于理想气体，则 i 组分的压力为：

$$p_i=y_ip$$

将上式和式（3-30）代入式（3-31），得：

$$E_{Xph,m}=\sum_i y_i\left[\overline{C}_{p_i}(T_0-T)-T_0\overline{C}_{p_i}\ln\frac{T_0}{T}-RT_0\ln y_i\right]+RT_0\ln\frac{p_0}{p} \tag{3-32}$$

从此式可知：只要知道各组分的组成 y_i，以及理想气体的恒压热容$\overline{C}_{p_i}$，那么，一定温度、压力下理想气体混合物的物理有效能就可以求出。

事实上，物理有效能的计算比较简单，即求物系从所处状态变到环境状态（1.01325·

10^5 Pa·25℃）的理想功即可。

例 3-17 试计算以下三种状态下稳流过程水蒸气的有效能，设环境温度 T_0 为 25℃。

p/MPa	10.00	5.00	10.00
t/℃	500	500	400

解 一般以 25℃、0.10133 MPa 液态水为基准态，但是为查水蒸气表方便起见，亦可取 25℃、3.169 kPa（饱和蒸汽压）为基准态，本例取后者。查附表 6 所列水蒸气热力学性质，按式（3-32）分别求上述三种状态的焓、熵与有效能值并列于例 3-17 表。

例 3-17 表　焓、熵与有效能的数值

p/MPa	t/℃	H/kJ·kg^{-1}	S/kJ·kg^{-1}·K^{-1}	E_{Xph}/kJ·kg^{-1}
3.169×10^{-3}	25	104.89	0.3674	0
10.00	500	3373.7	6.5966	−1412.52
5.00	500	3433.8	6.9759	−1359.59
10.00	400	3096.4	6.2120	−1249.83

由上表可见，相同温度不同压力下的过热蒸汽，压力高焓值反而略小，但有效能数值较大，所以，单以焓值大小来评价蒸汽的价值是不全面的。压力相同，温度高的蒸汽有效能数值大，故其做功本领也较大。温度相同，高压蒸汽的焓值反而比低压蒸汽小，因此作为工艺加热之用，通常总是用低压蒸汽，以减少设备费用。

例 3-18 计算 1000 K、1.103 MPa 氮气的物理有效能。该气体从 1000 K 至 298.15 K 的 $\overline{C_p}$ 为 29.38 kJ·kmol^{-1}·K^{-1}，按理想气体计算。

解 以 1 kmol 氮气为计算基准

按式（3-30）

$$
\begin{aligned}
E_{Xph} &= \overline{C_p}(T_0-T)-T_0\left(\overline{C_p}\ln\frac{T_0}{T}-R\ln\frac{p_0}{p}\right)\\
&=29.38\times(298.15-1000)-298.15\times\left(29.38\times\ln\frac{298.15}{1000}-8.314\times\ln\frac{1.013\times10^5}{1.013\times10^6}\right)\\
&=-1.573\times10^4\ \text{kJ·kmol}^{-1}
\end{aligned}
$$

例 3-19 求 1.01325×10^5 MPa、373.15 K 的水变为 273.15 K 冰的理想功和该水、冰的有效能。环境温度为 298.15 K。

解 以 1 kg 水为计算基准。

由附表 6 水蒸气表查出各状态水的焓、熵值为：

状 态	温度/K	H/kJ·kg^{-1}	S/kJ·kg^{-1}·K^{-1}
H_2O(l)	373.15	419.10	1.3071
H_2O(l)	298.15	104.80	0.3652
H_2O(s)	273.15	−333.77	−1.2219

过程的理想功为：

$$
\begin{aligned}
W_{id} &= \Delta H - T_0\Delta S\\
&=(-333.77-419.10)-298.15(-1.2219-1.3071)\\
&=1.151\ \text{kJ·kg}^{-1}
\end{aligned}
$$

各状态水的有效能为：

373.1 5 K H_2O(l)的有效能

$$E_{X1}=(104.80-419.10)-298.15(0.3652-1.3071)$$
$$=-33.473\ \text{kJ}\cdot\text{kg}^{-1}$$

273.15 K $H_2O(s)$的有效能

$$E_{X2}=(104.80+333.77)-298.15(-0.3652+1.2219)$$
$$=-34.624\ \text{kJ}\cdot\text{kg}^{-1}$$

所以 $$W_{id}=E_{X1}-E_{X2}=-33.473+34.624=1.151\ \text{kJ}\cdot\text{kg}^{-1}$$

从上述计算结果可以看出：①如果体系所处的状态偏离环境，它的有效能总小于零。因此，只有处于环境状态的有效能才等于零；②计算结果表明，该过程体系有效能的数值是增加的，过程理想功为正值，是需要加入外功才能进行的过程。

例 3-20 如例图所示，裂解气在中冷塔中分离，中冷塔在 34.45 MPa 下操作，液态烃（由 C_2、C_3、C_4 等组成）由塔底进入再沸器，温度为 318 K；在再沸器中用 0.197 MPa 的饱和蒸汽加热，液态烃蒸发回到塔内，再沸器中冷凝水为 318 K。已知大气的温度（T_0）为 298 K，液烃在 318 K 和 34.45 MPa 下的气化热为 293 $\text{kJ}\cdot\text{kg}^{-1}$，汽化熵为 0.921 $\text{kJ}\cdot\text{kg}^{-1}\cdot\text{K}^{-1}$，试计算加热前后液态烃、水蒸气的有效能变化，热力学效率及损耗功。

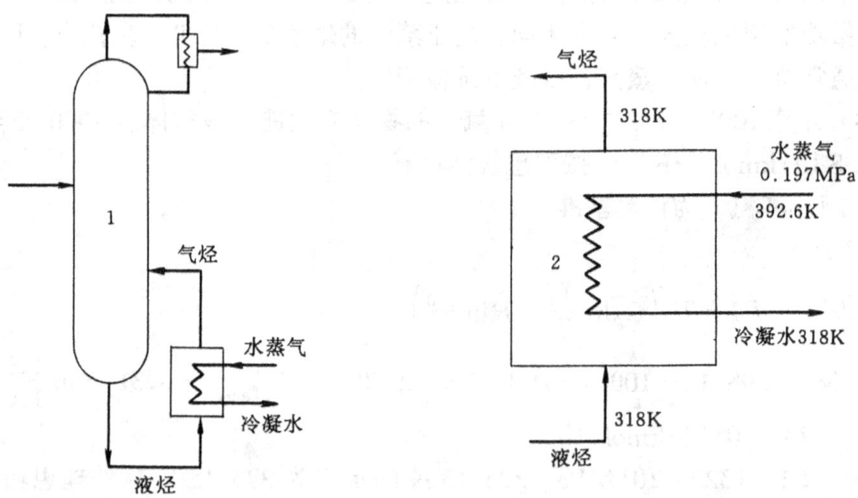

例 3-20 图

1—中冷塔；2—再沸器

解 由附表 6 水蒸气表查得 0.197 MPa 的饱和水蒸气的饱和温度为 392.6 K，$H_{气}=2706\ \text{kJ}\cdot\text{kg}^{-1}$，$S_{气}=7.133\ \text{kJ}\cdot\text{kg}^{-1}\cdot\text{K}^{-1}$。318 K 的饱和水 $H_{水}=188.45\ \text{kJ}\cdot\text{kg}^{-1}$，$S_{水}=0.6387\ \text{kJ}\cdot\text{kg}^{-1}\cdot\text{K}^{-1}$。

假设没有热损失，每消耗 1 kg 水蒸气所蒸发的液态烃应为：

$$\frac{2706-188.45}{293}=8.59\ \text{kg}$$

8.59 kg 液态烃加热汽化时，其有效能增加：

$$\Delta E_{X,液烃}=-\Delta H+T_0\Delta S$$
$$=8.59(-293+298\times0.921)=-159.3\ \text{kJ}$$

1 kg 水蒸气供热后冷凝为水，其有效能降低

$$-\Delta E_{X,蒸汽}=[(H_{水}-H_{蒸汽})-T_0(S_{水}-S_{蒸汽})]$$
$$=[(188.45-2706)-298\times(0.6387-7.133)]=-582.2\ \text{kJ}$$

因此，在再沸器中用水蒸气加热时，热力学效率为$\frac{159.3}{582.2}\times 100\% = 27.36\%$

全过程的损耗功为：

$$W_L = -T_0\Delta S_t - T_0(\Delta S_{液烃} + \Delta S_{蒸汽}) = -298\times[8.59\times 0.92 + (0.6387 - 7.133)]$$
$$= -422.3\ \text{kJ}$$

（2）化学有效能的计算

a. 环境状态的确定　由化学有效能的定义可知，计算物质的化学有效能，首先要确定环境的组成，规定在环境组成下的物质其化学有效能为零，并把它们作为计算其他所有物质化学有效能的基准。环境的组成也称为基准物体系。原则上讲，基准物体系应该是自然界存在的最稳定的物质，人们不可能从基准物之间的任何相互结合中获得有用的功。

但是，迄今为止，环境模型即基准物体系的确定尚未统一，各国学者提出的基准物体系都有一定的人为因素或实际考虑。比较系统和完备、有一定理论基础及影响的主要是两种，一种是由波兰学者斯蔡古特（J·Szargut）建立的，因其比较严格、系统，现已得到国际公认；另一种模型是由日本学者龟山秀雄和吉田邦夫等建立的，因其比较实用也被广泛采用。

斯蔡古特模型的主要内容有：

① 环境温度 $T_0 = 298.15$ K（25℃）、压力 $p_0 = 0.10133$ MPa（1atm）；

② 环境由若干基准物组成。每一种元素都有其对应的基准物和基准反应。基准物的摩尔分数取实际环境物质摩尔分数的平均值。例如碳元素的基准物是二氧化碳；其基准反应为：

$$C + O_2 \rightarrow CO_2$$

环境中基准物的摩尔分数为 0.0003。

龟山——吉田模型的环境温度 T_0 和压力 p_0 与斯蔡古特模型相同。他们提出大气（饱和湿空气）中，气态基准物的摩尔分数为：

$y_{O_2} = 0.2034$；$y_{N_2} = 0.7560$；$y_{CO_2} = 0.0003$；$y_{He} = 0.0000052$

$y_{H_2O} = 0.0312$；$y_{Ar} = 0.0091$；$y_{Ne} = 0.000018$ 等

其他元素均以在 p_0、T_0 下纯态最稳定的物质作为基准物，如氢元素的基准物为环境中的液态。

有了环境模型，物质化学有效能的计算就比较简便了。虽然环境模型与实际环境存在一定的偏差，但是对物质化学有效能计算的结果误差较小，因此可以用环境模型计算化学有效能。

由上述环境模型计算的处在标准状态下物质的化学有效能称之为标准化学有效能 $E^{\ominus}_{Xc,i}$。

b. 单质的化学有效能的计算　前已提到，每一种元素都有其对应的基准物和基准反应。例如，下述元素的基准反应与基准物以及基准物摩尔分数为：

元素	基准反应	基准物	基准物摩尔分数
C	$C + O_2 \rightarrow CO_2(g)$	$CO_2(g)$	0.0003
H	$H_2 + \frac{1}{2}O_2 \rightarrow H_2O(l)$	$H_2O(l)$	1
Fe	$Fe + \frac{3}{4}O_2 \rightarrow \frac{1}{2}Fe_2O_3(s)$	$Fe_2O_3(s)$	1
Si	$Si + O_2 \rightarrow SiO_2(s)$	SiO_2	1
Ti	$Ti + O_2 \rightarrow TiO_2(s)$	$TiO_2(s)$	1

由于规定环境模型中的基准物的化学有效能为零，因此元素和环境物质进行化学反应变成基准物所提供的理想功即为该元素的化学有效能。若上述反应在规定的环境模型中进行，提供的理想功则为该元素的标准化学有效能。

空气中所包含的组分如O_2、CO_2、Ar、He、Ne和N_2等气体其化学有效能的确定是以298.15 K和0.10133 MPa的饱和湿空气作为基准物。也就是说取这些气体在298.15 K下达到饱和湿空气中相应分压p_i时的化学有效能为零，因此，这些气体组分（可视为理想气体）的标准化学有效能就是由0.10133 MPa等温膨胀到p_i时的理想功，即：

$$E^{\ominus}_{Xc,i}=298.15R\ln\frac{p_i}{p_0} \tag{3-33}$$

对于液体和固体的基准物，为方便起见，龟山-吉田模型将其摩尔分数均规定为1；而斯蔡古特模型是取地壳或海水中实际摩尔分数的平均值。

下面举例说明单质的化学有效能计算。

例 3-21 试求碳（石墨）的标准化学有效能（用龟山-吉田模型计算）。

解 根据龟山-吉田环境模型，碳元素在环境中的稳定形式是CO_2，其摩尔分数为0.0003，其基准反应为：

$$C(石墨)+O_2 \rightarrow CO_2$$

根据元素标准化学有效能的定义，碳的标准摩尔化学有效能$E^{\ominus}_{Xc,C}$为：

$$E^{\ominus}_{Xc,C}=\Delta H-T_0\Delta S$$

从附表2一些物质的热力学性质查到的标准生成焓$(\Delta H^{\ominus}_f)_i$与标准熵$S^{\ominus}_i$的数据如下：

	$\Delta H^{\ominus}_f$/kJ·kmol^{-1}	$S^{\ominus}_i$/kJ·kmol^{-1}·K^{-1}
C(固态石墨)	0	5.694
O_2(g)	0	205.0
CO_2(g)	−393510	213.6

按龟山-吉田模型，碳的基准反应中氧的分压为0.0206105 MPa（0.2034 atm），生成的CO_2分压为0.0000303 MPa（0.0003 atm）。对O_2和CO_2的标准熵要进行校正，即：

$$S_{O_2}=S^{\ominus}_{O_2}-R\ln\frac{0.0206105}{0.10133}=218.27\ \text{kJ·kmol}^{-1}\text{·K}^{-1}$$

$$S_{CO_2}=S^{\ominus}_{CO_2}-R\ln\frac{0.0000303}{0.10133}=281.08\ \text{kJ·kmol}^{-1}\text{·K}^{-1}$$

因此，

$$\begin{aligned}E^{\ominus}_{Xc,C}&=[(\Delta \overset{\ominus}{H})_f)_{CO_2}-(\Delta \overset{\ominus}{H}_f)_{O_2}-(\Delta \overset{\ominus}{H}_f)_C]-T_0(S_{CO_2}-S_{O_2}-S_C)\\&=-393510-298.15\times(281.08-218.27-5.69)\\&=-410540\ \text{kJ·kmol}^{-1}=-410.54\ \text{kJ·mol}^{-1}\end{aligned}$$

为了便于查用，本书将用龟山-吉田模型计算的元素标准化学有效能列于附表7。表中各元素化学有效能之值是在环境温度$T_0=298.15$ K、$p_0=0.10133$ MPa的环境状态下求得的。倘若环境温度不为298.15 K，则元素的化学有效能应引入温度修正系数ξ（此值也列于附表7中），并进行如下修正

$$E_{Xc,元素}=E^{\ominus}_{Xc,元素}-\xi\ (T_0'-298.15) \tag{3-34}$$

式中，T_0'为当地的环境温度。

例 3-22 求 N_2、O_2 的标准化学有效能。

解 根据有效能定义，它们的标准化学有效能是从标准状态可逆变化到环境状态过程的理想功。所以，该变化过程只是气体可逆等温扩散过程，因而 N_2 的标准化学有效能即下面过程的理想功。

$$N_2(g)\xrightarrow[\text{可逆等温扩散}]{W_{id}=E^{\ominus}_{Xc,N_2}}N_2(g)$$

$$\begin{array}{cc} 1.01325\times10^5\ \text{Pa} & 7.66017\times10^4\ \text{Pa} \\ 298.15\ \text{K} & 298.15\ \text{K} \end{array}$$

$$E^{\ominus}_{Xc,\ N_2}=W_{id}=\Delta H-T_0\Delta S$$

因过程压力变化不大，压力均较低，皆可当理想气体处理，故过程的焓变可以忽略不计，因此，N_2 的标准化学有效能为：

$$E^{\ominus}_{Xc,N_2}=T_0R\ln(p_{N_2}/p_0)=298.15\times8.314\times10^{-3}\times\ln0.756$$
$$=-0.69\ \text{kJ}\cdot\text{mol}^{-1}$$

同理

$$E^{\ominus}_{Xc,O_2}=T_0R\ln(p_{O_2}/p_0)=298.15\times8.314\times10^{-3}\times\ln0.203$$
$$=-3.95\ \text{kJ}\cdot\text{mol}^{-1}$$

c. 化合物的化学有效能计算　由式（3-18）可知，单质在 298.15 K、0.10133 MPa 下生成化合物时，提供的理想功为标准生成吉布斯自由能的变化，即：

$$W_{id}=\Delta G^{\ominus}_{f,i}$$

而且，过程有效能的减少等于过程的理想功，即：

$$\sum_j\gamma_jE^{\ominus}_{Xc,j}-E^{\ominus}_{Xc,j}=W_{id}$$

因此，化合物的标准摩尔化学有效能应是组成化合物的单质标准摩尔化学有效能之和减去生成反应过程的理想功，即：

$$E^{\ominus}_{Xc,i}=\sum_j\gamma_jE^{\ominus}_{Xc,j}-W_{id}=\sum_j\gamma_jE^{\ominus}_{Xc,j}-\Delta G^{\ominus}_{f,i} \tag{3-35}$$

式中，$E^{\ominus}_{Xc,i}$ 为化合物 i 的标准摩尔化学有效能，$\Delta G^{\ominus}_{f,i}$ 为化合物 i 的标准生成吉布斯自由能，$E^{\ominus}_{Xc,j}$ 为单质 j 的标准摩尔化学有效能，γ_j 为生成反应方程式中单质 j 的计量系数。

例 3-23 试用龟山-吉田环境模型求 CH_4 气体的标准摩尔化学有效能。

解 CH_4 的生成反应方程式为：

$$C(s)+2H_2(g)\xrightarrow{\Delta G^{\ominus}_{f,CH_4}=W_{id}}CH_4(g)$$

根据式（3-35），CH_4 的标准摩尔化学有效能为：

$$E^{\ominus}_{Xc,\ CH_4}=E^{\ominus}_{Xc,C}+2E^{\ominus}_{Xc,\ H_2}-\Delta G^{\ominus}_{f,\ CH_4}$$

由附表 7 查到

$$E^{\ominus}_{Xc,C}=-410.54\ \text{kJ}\cdot\text{mol}^{-1}$$
$$E^{\ominus}_{Xc,\ H_2}=-235.22\ \text{kJ}\cdot\text{mol}^{-1}$$

由附表 2 查到

$$\Delta G^{\ominus}_{f,\ CH_4}=-50.79\ \text{kJ}\cdot\text{mol}^{-1}$$

因此，

$$E^{\ominus}_{Xc,CH_4}=-410.54+2\times(-235.22)-(-50.79)$$

$$= -830.19\ \mathrm{kJ \cdot mol^{-1}}$$

为了便于查用，已经有人将常用的无机和有机化合物的标准化学有效能进行计算，其所有结果均列于附表 8 中。表中 ξ 为化合物化学有效能的温度修正系数。若环境温度不为 298.15 K 其校正式为：

$$E_{Xc,化合物} = E^{\ominus}_{Xc,化合物} - \xi(T_0' - 298.15) \tag{3-36}$$

式中，$E^{\ominus}_{Xc,化合物}$为用 298.15 K 环境温度计算的标准摩尔化学有效能；T_0' 为当地的环境温度。

d. 混合物的化学有效能计算　对于理想气体混合物，其标准摩尔化学有效能 $E^{\ominus}_{Xc,m}$可以用各纯组分的标准摩尔化学有效能以及其组成来确定

$$E^{\ominus}_{Xc,m} = \sum_i y_i E^{\ominus}_{Xc,i} - RT_0 \sum_i y_i \ln y_i \tag{3-37}$$

式中，$E^{\ominus}_{Xc,m}$是混合物的标准摩尔化学有效能；$E^{\ominus}_{Xc,i}$是纯组分 i 的标准摩尔化学有效能；y_i 是组分 i 的摩尔分数。

由于混合过程有功损耗，混合物的标准摩尔化学有效能的数值必定小于纯态物质的标准摩尔化学有效能之和。由式 $W_L = T_0 R \sum_i y_i \ln y_i$ 可知，式（3-37）中第二项即为混合过程功损耗的负值。因此，混合物的标准摩尔化学有效能等于各纯组分的摩尔标准化学有效能乘以各组分的摩尔分数 y_i 之和减去混合过程损耗功。

对于液体混合物，若物系为理想溶液，式（3-37）仍然适用。若物系为非理想溶液，则其标准摩尔化学有效能为：

$$E^{\ominus}_{Xc,m} = \sum_i X_i E^{\ominus}_{Xc,i} + RT_0 \sum_i X_i \ln(\gamma_i X_i) \tag{3-38}$$

式中，X_i 为组分的摩尔分数，γ_i 为组分的活度系数。

例 3-24　合成氨生产一段转化气的组成为：

组分	H_2	N_2	CH_4	CO	CO_2
mol%	67.5	2.2	9.6	9.8	10.9

设该气体为理想气体混合物，求其摩尔标准化学有效能。

解　由附表 8 查得

$E^{\ominus}_{Xc,\ H_2} = -235.2\ \mathrm{kJ \cdot mol^{-1}}$　　$E^{\ominus}_{Xc,\ N_2} = -0.71\ \mathrm{kJ \cdot mol^{-1}}$

$E^{\ominus}_{Xc,CO} = -275.3\ \mathrm{kJ \cdot mol^{-1}}$　　$E^{\ominus}_{Xc,\ CO_2} = -20.1\ \mathrm{kJ \cdot mol^{-1}}$

$E^{\ominus}_{Xc,\ CH_4} = -830.1\ \mathrm{kJ \cdot mol^{-1}}$

代入式（3-37）得

$$\begin{aligned}
E^{\ominus}_{Xc,m} &= \sum y_i E^{\ominus}_{Xc,i} - RT_0 \sum y_i \ln y_i \\
&= 0.675\times(-235.2) + 0.022\times(-0.71) + 0.096\times(-830.1) \\
&\quad + 0.098\times(-275.3) + 0.109\times(-20.1) - 8.314\times10^{-3}\times298.15 \\
&\quad \times(0.675\ln0.675 + 0.022\ln0.022 + 0.096\ln0.096 + 0.098\ln0.098 \\
&\quad + 0.109\ln0.109) \\
&= -265.36\ \mathrm{kJ \cdot mol^{-1}}
\end{aligned}$$

（3）热量有效能的计算　热量相对于平衡环境态所具有的最大作功能力称为热量有效能 E_{XQ}。可以设想将此热量可逆地加给一个以环境为低温热源的可逆卡诺热机，此可逆卡诺热机所能作出的有用功就是该热量的有效能。根据卡诺热机效率式（3-1），得：

$$\eta_c = \frac{-E_{XQ}}{Q_H} = \frac{T_H - T_0}{T_H}$$

对于恒温热源，其热量有效能为：

$$E_{XQ} = -Q\left(1 - \frac{T_0}{T}\right) \tag{3-39}$$

式中，T 为 Q 热量的温度，T_0 为环境温度。

对于变温热源，其热量有效能为：

$$E_{XQ} = -Q\left(1 - \frac{T_0}{T_m}\right) \tag{3-40}$$

或

$$E_{XQ} = -\int_0^Q \left(1 - \frac{T_0}{T}\right)\delta Q \tag{3-41}$$

对于单纯传热过程，根据热力学第一定律，在等压下有：

$$\delta Q = dH = C_p dT$$

将此式代入式（3-41）得：

$$E_{XQ} = -\int_{T_1}^{T_2} C_p \left(1 - \frac{T_0}{T}\right) dT \tag{3-41a}$$

式（3-40）中，T_m 为热力学平均温度

$$T_m = \frac{T_2 - T_1}{\ln \frac{T_2}{T_1}}$$

如果体系的温度低于环境温度 T_0，则热必定自发地由自然环境流入体系。反过来说，有冷量自发地由体系传到自然环境，因自发过程具有做功能力，因此这股冷流也含有有效能。依据卡诺定理，同样可推出冷流有效能为：

$$E_{XQ,冷} = Q\left(\frac{T_0}{T} - 1\right) \qquad (T < T_0)$$

由此可知，冷流的温位越低，所含有效能则越大。因此，把物体温度冷到自然环境以下时需要消耗外功。即冷流的有效能来自产生冷流时的功耗。

当 $T < \frac{T_0}{2}$时，$\left(\frac{T_0}{T} - 1\right) > 1$，表明在这种条件下，冷流的有效能大于其能量，这是热流所不具有的特性。可见，冷源更宝贵。

3.3.3. 无效能

在给定环境下，能量可转变为有用功的部分称为有效能；余下的不能转变为有用功的部分称为无效能。能量由有效能与无效能两个部分组成。

对于恒温热源，其热量的有效能为：

$$E_{XQ} = -Q\left(1 - \frac{T_0}{T}\right) = -Q + Q\frac{T_0}{T}$$

$-Q$ 为总能量。由上式可知，其无效能 A_{NQ} 为：

$$A_{NQ} = -Q\frac{T_0}{T} \tag{3-42}$$

显然

$$E_{XQ} + A_{NQ} = -Q$$

当热量 Q 的温度降至环境温度 T_0 时，由上式可知，全部热量都变成了无效能，即：

$$E_{XQ}=-Q\left(1-\frac{T_0}{T}\right)=0$$

故 $$A_{NQ}=-Q$$

因此，环境温度 T_0 下的热量是不能转化为功的。由以上讨论可知，有效能为高级能量，无效能为僵态能量。

对于稳流过程，体系的物理有效能为：

$$E_{X\mathrm{ph}}=(H_0-H)-T_0(S_0-S)=-H+[H_0+T_0(S-S_0)]$$

式中，$-H$ 代表流动体系的总能量。由上式可知，其无效能为：

$$A_N=-[H_0+T_0(S-S_0)]$$

在计算焓值时，若取 $H_0=0$，即将环境态（T_0、p_0）作为焓的起算点（参考态），上式中 $-T_0(S-S_0)$即为无效能。

在理想功的计算式 $W_{\mathrm{id}}=\Delta H-T_0\Delta S$ 中，$-T_0\Delta S$ 项是物系状态变化时无效能的增量。

从 3.3.2. 节的讨论中可知，在可逆过程中，减少的有效能全部用于作功，故有效能没有损失。但对于不可逆过程，实际所作的功 $-W_{\mathrm{S}}$ 总是小于有效能的减少量，所以有效能必然要有损失。将 $W_{\mathrm{id}}=W_{\mathrm{S}}+W_{\mathrm{L}}$ 的关系式代入式（3-28a）中，即得：

$$-\Delta E_X=W_{\mathrm{S}}+W_{\mathrm{L}}=W_{\mathrm{S}}-T_0\Delta S_t$$

由此可见，在不可逆过程中，有部分有效能降级变为无效能（$-T_0\Delta S_t$）而不能作功，其总的有效能的损失等于损耗功。

总之，能量可分为有效能与无效能两个部分。有效能是能量的有用部分，是宝贵的，得花一定的代价才能得到；无效能则到处都有。因此，节能的实质是节有效能。

根据热力学第一定律，总能量是守恒的，即：

$$\mathrm{d}(E_X+A_N)=0 \tag{3-43}$$

但按热力学第二定律，不可逆过程都有功损耗，功损耗也就是有效能损失，因此不可逆过程有效能的数值是减少的，$\mathrm{d}\,|E_X|<0$。由于总能量守恒，有效能的数值减少则无效能的数值必定增加，$\mathrm{d}\,|A_N|>0$。无效能的增加量等于有效能的减少量

$$-\mathrm{d}|E_X|=\mathrm{d}|A_N|$$

损耗功就是不可逆过程中有效能转化为无效能的量，故视其为能量贬质的量度。对于可逆过程，则有效能是守恒的。

由前述讨论可以将用能过程的热力学第二定律表述为：

(a) 在一切不可逆过程中，有效能转化为无效能。

(b) 只有可逆过程，有效能才能守恒。

(c) 由无效能转化为有效能是不可能的。

例 3-25 试根据例 3-15，比较可逆绝热膨胀与不可逆非绝热膨胀时，体系与环境的有效能和无效能的变化。

解 可逆绝热膨胀过程

因可逆绝热膨胀过程为等熵过程，故体系（蒸汽）的熵值不变，$\Delta S_{\mathrm{sys}}=0$，应用$\Delta E_X=W_{\mathrm{id}}=-\Delta H+T_0\Delta S$ 关系式，可计算出蒸汽的有效能变化为：

$$\Delta E_{X_{\mathrm{sys}}}=-\Delta H_{\mathrm{sys}}+T_0\Delta S_{\mathrm{sys}}=-(H_2'-H_1)$$

$$= -(2659-3428) = 769\ \text{kJ}\cdot\text{kg}^{-1}$$

因过程可逆，环境的有效能增加等于体系对环境所做出的理想功 W_{id}，即有：

$$\Delta E_{X_{sur}} = -\Delta E_{X_{sys}} = -769\ \text{kJ}\cdot\text{kg}^{-1}$$

总的有效能变化

$$\Delta E_X = \Delta E_{X_{sys}} + \Delta E_{X_{sur}} = 0$$

即在可逆过程中总的有效能是守恒的。

因为有效能的损失为 $-T_0\Delta S_t$，可得：

总的无效能变化为：

$$-T_0(\Delta S_{sys} + \Delta S_{sur}) = 0$$

即在可逆过程中总的无效能也是守恒的。

不可逆非绝热膨胀过程

蒸汽的熵变

$$\Delta S_{sys} = 7.76 - 7.488 = 0.272\ \text{kJ}\cdot\text{kg}^{-1}\cdot\text{K}^{-1}$$

环境的熵变

$$\Delta S_{sur} = \frac{7.12}{293}\ \text{kJ}\cdot\text{kg}^{-1}\cdot\text{K}^{-1}$$

蒸汽的有效能变化为：

$$\begin{aligned}\Delta E_{X_{sys}} &= -(2767-3428) + 293\times 0.272 \\ &= 740.6\ \text{kJ}\cdot\text{kg}^{-1} = -\text{W}_{id}\end{aligned}$$

环境所获得的实际功就等于环境有效能的增值

$$\Delta E_{X_{sur}} = -W_s = -653.7\ \text{kJ}\cdot\text{kg}^{-1}$$

总的有效能变化为：

$$\begin{aligned}\Delta E_{X_i} &= \Delta E_{X_{sys}} + \Delta E_{X_{sur}} = 740.6 - 653.7 \\ &= 86.9\ \text{kJ}\cdot\text{kg}^{-1}\end{aligned}$$

在不可逆过程中，总的有效能损失为 $86.9\ \text{kJ}\cdot\text{kg}^{-1}$，其值等于损耗功。

总的无效能变化为：

$$\begin{aligned}\Delta A_N &= -T_0\Delta S_{sys} - T_0\Delta S_{sur} = -293\times 0.272 - 293\times\frac{7.12}{293} \\ &= -86.9\ \text{kJ}\cdot\text{kg}^{-1}\end{aligned}$$

由于过程不可逆，存在着不可逆因素，使部分有效能降级变成了不能用于做功的无效能。

3.4. 有效能衡算和有效能效率

3.4.1. 有效能衡算

对一个体系或过程作出物料和能量平衡，并且根据各股物流及能流的热力学性质，求出它们单位质量（或能量）的有效能之后，可以进行该体系或过程的有效能衡算，从而确定体系或某一工序产生的有效能损失，查明有效能转化、传递、利用和损失的情况，以便确定节能改造的最佳途径，以达到合理用能之目的。在完全可逆的情况下，理论上对某一耗能产物作有效能衡算，可以确定该产品的理论能耗和生产过程的理想功，它可作为衡量实际能耗的理论依据。

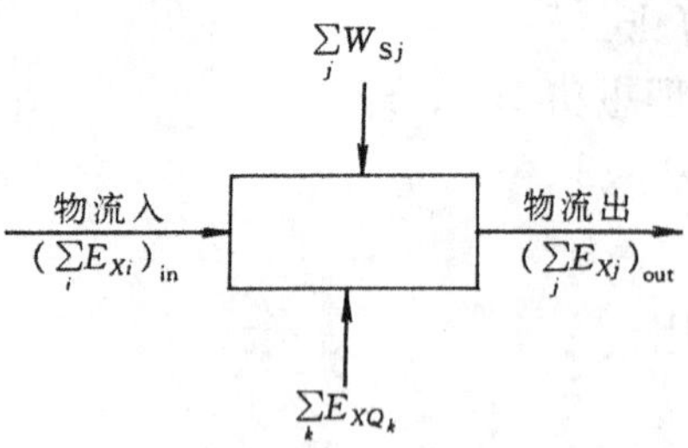

图 3-9 敞开体系稳流过程有效能平衡示意图

由于任何不可逆过程必引起有效能的损失，因此在建立有效能平衡方程时，与能量衡算并非一样。能量衡算中，输入的各项能量之总和恒等于输出的各项能量之总和；而有效能的输入与输出是否相等，则要看过程是否可逆。对不可逆过程，必附加一项有效能损失。

现以稳流过程为例，建立有效能平衡方程。设有如图 3-9 所示的具有多股物流进出的，和外界有热功交换的敞开体系稳流过程。进入体系的物流有效能为 $\sum_i (E_{X_i})_{in}$；离开体系的物流有效能为 $\sum_j (E_{X_j})_{out}$。进入体系的热流有效能（热量有效能）为 $\sum_k E_{XQ_k}$（E_{XQ} 中的 Q 可正也可负）；离开体系的功流为 $\sum_j W_{Sj}$（W_S 可正也可负）。

对于可逆过程，体系内部无有效能损失，损耗功为零，$\sum_i W_{Li} = 0$，有效能是守恒的。因此有效能平衡方程为：

$$\sum_i (E_{Xi})_{in} + \sum_k E_{XQ_k} = \sum_j (E_{Xj})_{out} + \sum_j W_{Sj} \tag{3-44a}$$

对于不可逆过程，体系内部存在有效能损耗，损耗功小于零，$\sum_i W_{Li} < 0$，有效能数值减少，无效能数值增加。其有效能平衡方程为：

$$\sum_i (E_{Xi})_{in} + \sum_k E_{XQ_k} = \sum_j (E_{Xj})_{out} + \sum_j W_{Sj} + \sum_i W_{Li} \tag{3-44b}$$

式（3-44b）即为不可逆稳流过程的有效能平衡方程。有效能平衡方程的主要用途是确定体系（系列设备或单体设备）的内部有效能损失（W_L）。上式移项后即为内部有效能损失的计算式

$$\sum_i W_{Li} = \sum_k E_{XQ_k} + \sum_j (E_{Xi})_{in} - \sum_j (E_{Xj})_{out} - \sum_j W_{Sj} \tag{3-45}$$

上式右边各项值可根据可测参数（如温度、压力、流量、组成、电压和电流等）直接求得。

由此可见，因过程的不可逆性引起的有效能损失可有两种计算方法。一种是根据损耗功的定义，通过计算参与过程的有关体系组成的孤立体系的总熵变，从而求得损耗功；另一种方法是通过有效能衡算，来计算过程和装置的损耗功。此时需要计算各物流及能流的有效能，然后进行有效能平衡，从而确定有效能的损失。由于熵增法（$W_L = -T_0\Delta S_t$）求 ΔS_t 时，对体系的选取是有限制的，所以有效能衡算法较熵增法往往要方便些。

对于有动能、位能和组成变化的稳流过程，物料有效能应包括动能有效能（E_{Xk}）、位能有效能（E_{Xp}）、物理有效能（E_{Xph}）和化学有效能（E_{Xc}）。

对于恒组成稳流过程，式（3-45）可以写成

$$\sum_i W_{Li} = \sum_k E_{XQ_k} + \sum \Delta H_l - T_0 \Delta S_l + \sum m_l \left(\frac{\Delta u_l^2}{2} + g\Delta Z_l \right) - \sum_j W_{Sj} \tag{3-46}$$

式中，ΔH_l、ΔS_l、Δu_l、ΔZ_l 分别为出入敞开体系的 l 种流体的焓变、熵变、线速度变化和位高的变化。m_l 为质量流量。其中

$$\Delta H_l = m_l[(h_l)_{out} - (h_l)_{in}]$$
$$\Delta S_l = m_l[(s_l)_{out} - (s_l)_{in}]$$

式中，h_l 和 s_l 分别为比焓和比熵（单位质量流体的焓和熵）。

式（3-46）适用于无化学变化的各种物理过程。具体应用时，根据不同情况有下述几种简化形式。

（1）对于大多数化工过程，流体的流速 u 和位高 z 变化不大，由式（3-28a）可知 $W_{id} = -\Delta E_X$，则 $\sum\limits_l \Delta H_l - T_0 \Delta S_l = -\Delta E_{Xl}$，故式（3-46）可简化为：

$$\sum_i W_{Li} = \sum_k E_{XQ_k} - \sum_l \Delta E_{X_l} - \sum W_{Sj} \tag{3-47}$$

式中，ΔE_{Xl} 为敞开体系的 l 种流体有效能值的变化，即：

$$\Delta E_{Xl} = m_l [(e_X)_{out} - (e_X)_{in}] \tag{3-48}$$

式中，$(e_X)_{out}$ 与 $(e_X)_{in}$ 分别为离开与进入敞开体系的比有效能（单位质量流体的有效能）。

（2）绝热有功交换的过程——绝热压缩、绝热膨胀过程。此时 $\sum\limits_k E_{XQ_k} = 0, \sum\limits_j W_{Sj} \neq 0$。对于单体设备，式（3-47）中的 $\sum\limits_i W_{Li} = W_L, \sum\limits_j W_{Sj} = W_S$，式（3-47）变成

$$W_L = -W_S - \sum \Delta E_{X_l} \tag{3-49}$$

这类过程涉及的设备主要有离心式压缩机、蒸汽透平、涡轮式膨胀机、鼓风机和泵等。

（3）有热交换无功交换过程。式（3-47）变成

$$\sum_i W_{Li} = \sum_k E_{XQ_k} - \sum_l \Delta E_{X_l} \tag{3-50}$$

相应的设备如有热损失的换热器、混合器等。

（4）绝热又无功交换的过程。由于 $\sum\limits_j W_{Sj} = 0, \sum\limits_k E_{XQ_k} = 0$，式（3-47）变成

$$\sum_i W_{Li} = -\sum_l \Delta E_{X_l} \tag{3-51}$$

相应的设备有忽略热损失的换热器、混合器等。

对于化学反应器，只要在式（3-50）与式（3-51）中的 $\sum\limits_l \Delta E_{X_l}$ 项内，除物理有效能外，再计入化学有效能，则也可以用式（3-50）计算有热损失的反应器的损耗功，用式（3-51）计算忽略热损失时反应器的损耗功。

对于精馏塔、无化学反应的吸收塔等分离设备，虽然进出口物料的组成有变化，但因设备内无化学反应，化学有效能可以相消，因此直接可以用式（3-50）或式（3-51）计算损耗功。但要注意，在 $\sum\limits_l \Delta E_{X_l}$ 项中的物理有效能，对于混合物，要引入混合过程有效能损失（混合过程损耗功）。

由式（3-51）可见，对于绝热无功交换的过程，体系内部有效能损失就等于进出体系物流有效能的减少量。

（5）对于循环过程，若体系内仅包括循环工质，因循环工质的 $\sum\limits_l \Delta E_{X_l} = 0$，则式（3-47）变成

$$\sum_i W_{Li} = \sum_k E_{XQ_k} - \sum_j W_{Sj} \tag{3-52}$$

因此可由过程的热流有效能和功流有效能计算 $\sum\limits_i W_{Li}$。

看起来，有效能衡算方程与普通的能量衡算方程颇为相似，但存在着几点实质性的区别。

a. 普通能量衡算的依据是热力学第一定律；而有效能衡算的依据是热力学第一、第二

定律，因此，有效能衡算的结果能更全面、更深刻地反映过程进行的情况；

b. 能量是守恒的，但在一切实际过程中有效能并不守恒，由于过程的不可逆性，使部分有效能转化为无效能而损失掉；

c. 普通能量衡算是不同品位能量总量的数量衡算，它只能反映体系中能量的数量利用情况；而有效能衡算是相同品位能量的数量衡算，它能够反映出体系中能量的质量利用情况。

尽管如此，有效能衡算可以看成是普通能量衡算的发展。在理解和掌握了有效能及其计算之后，注意到两种衡算方法的区别，则在普通能量衡算知识的基础上，可以很容易地掌握有效能衡算方法。

3.4.2. 有效能效率

通过有效能衡算，可以求出各单元过程及整个装置的有效能损失。但是，只知道能量损失的绝对数量还不能全面反映出过程及装置的热力学完善程度，还应知道其损耗的相对大小。为此，有必要进一步确定过程及装置的有效能效率。

通常，效率可以定义为过程所得的结果对消耗之比。显然，它是一个无因次的相对比值，因为所比的两项属于同类项。但是，由于对同类项含义的理解不同，可以形成不同的效率。对于能量转化过程来说，可以有热效率和热力学效率。

热效率是过程所得到利用的各种形式的能量对所消耗的各种形式能量之比。虽然分子、分母所涉及的是能量，但没有考虑到各种形式能量在质量上的不同，即品位上的差异。这种效率必然导致高品位能量与低品位能量等量齐观。正由于这个缘故，热效率不是衡量和评价过程能量利用合理性的一种理想的、统一的科学尺度。

由于不同形式的能量在不同的条件下具有不同的质量。因此，为了求得过程的真正效率，必须使分子分母同属于真正的同类项，对于能量传递和转化过程的效率而言，这种统一的能量量度就是有效能。因为相同数量的有效能，不论为何种物流、能流所具有，理论上都是同品位、同使用价值的能量，它们都是严格的同类项。

有效能效率就是过程中输出的有效能对输入的有效能之比。以数学式表达，则为：

$$\eta_{E_X}=\frac{\sum(E_X)_{\rm out}}{\sum(E_X)_{\rm in}} \tag{3-53}$$

式中，$\sum(E_X)_{\rm in}$为投入过程或装置的各种物流和能流的有效能之和；$\sum(E_X)_{\rm out}$为离开过程或装置的各种物流和能流的有效能之和。有效能效率 η_{E_X}是一种最基本的热力学效率，也称为第二定律效率。

根据有效能衡算式，式（3-53）可写为：

$$\eta_{E_X}=1-\frac{\sum W_{\rm L}}{\sum(E_X)_{\rm in}} \tag{3-54}$$

式中，$\frac{\sum W_{\rm L}}{\sum(E_X)_{\rm in}}$称为不可逆度或损失系数。

如果过程完全可逆，$\sum W_{\rm L}=0$，则 $\eta_{E_X}=1$；

当过程完全不可逆，$\sum W_{\rm L}=\sum E_{X_{\rm in}}$，则 $\eta_{E_X}=0$；

在通常情况下，过程部分可逆，则 $0<\eta_{E_X}<1$。η_{E_X}越大，说明过程有效能损失越小，不可逆性越小；反之 η_{E_X}越小，则 $-\sum W_{\rm L}$ 越大，不可逆性越大。因此，有效能效率 η_{E_X}能够准确地定量地反映出过程的不可逆程度，有效能效率确是一种过程的热力学效率。事实上，有效能效率已广泛地用于化工、深冷、热力等过程的分析中，成为过程热力学分析的一

项主要指标。

3.4.3. 有效能衡算举例

例 3-26 有一锅炉，燃烧气的压力为 0.1013 MPa，传热前后温度分别为 1400 K 及 810 K。水在 0.7 MPa、423 K 进入锅炉，以 0.7 MPa、533 K 的过热蒸汽送出。设燃烧气的 $\overline{C}_p$ 为 4.56 kJ·kg^{-1}·K^{-1}。求此锅炉生产过热蒸汽过程的有效能损失和有效能效率。

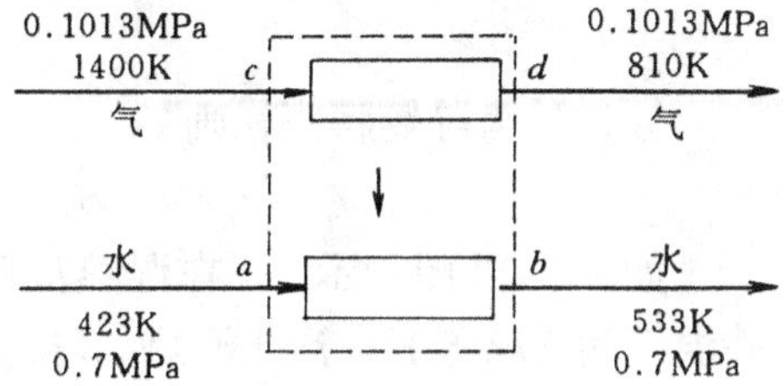

例 3-26 图　锅炉传热过程

解 如例 3-26 图所示，将锅炉传热视为并流换热器。

由能量衡算确定冷热物流质量流量比。

查水蒸气表得：0.7 MPa、423 K 的热水的焓 $H_a=632.1$ kJ·kg^{-1}，熵 $S_a=1.840$ kJ·kg^{-1}·K^{-1}；0.7 MPa、533 K 的过热蒸汽的焓为 $H_b=2972$ kJ·kg^{-1}，熵 $S_b=7.139$ kJ·kg^{-1}·K^{-1}。

故
$$\frac{m_气}{m_水}=\frac{H_b-H_a}{C_p(T_c-T_d)}=\frac{2972-632.1}{4.56\times(1400-810)}=0.87$$

取 1 kg 水为基准计算，设环境温度为 298 K，压力为 0.1013 MPa。

$$E_{Xa水}=(H_0-H_a)-T_0(S_0-S_a)$$
$$E_{Xb水}=(H_0-H_b)-T_0(S_0-S_b)$$

所以
$$E_{Xb水}-E_{Xa水}=(H_a-H_b)-T_0(S_a-S_b)$$
$$=(632.1-2972)-298\times(1.840-7.139)=-760.8\ \text{kJ}$$

$$E_{Xc气}=-\frac{m_气}{m_水}C_p\left(T_c-T_0-T_0\ln\frac{T_c}{T_0}\right)$$
$$E_{Xd气}=-\frac{m_气}{m_水}C_p\left(T_d-T_0-T_0\ln\frac{T_d}{T_0}\right)$$

所以
$$E_{Xc气}-E_{Xd气}=-\frac{m_气}{m_水}C_p\left(T_c-T_d-T_0\ln\frac{T_c}{T_d}\right)$$
$$=-0.87\times4.56\times\left(1400-810+298\ln\frac{810}{1400}\right)=-1694\ \text{kJ}$$

有效能效率 $\eta_{Ex}=\dfrac{-760.8}{-1694}\times100\%=44.9\%$

例 3-27 1.5 MPa、673 K 的过热蒸汽经过渐缩喷嘴绝热膨胀至 0.1 MPa。其等熵过程热效率为 90%。计算此膨胀过程中有效能的损失和有效能效率。设环境温度 T_0 为 298 K，p_0 为 0.1013 MPa。

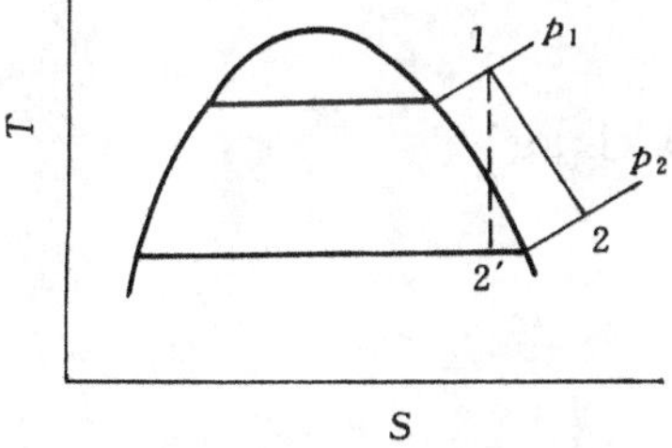

例 3-27 图　蒸汽绝热膨胀

解 在 *T-S* 图上绘出等熵膨胀过程如例 3-27 图所示。图中 1、2 分别为蒸汽进入喷嘴的初、终态。2′为等熵膨胀的终态。

查水蒸气表，有关状态的焓、熵值列于下表。

状　　态	H/kJ·kg^{-1}	S/kJ·kg^{-1}·K^{-1}	状　　态	H/kJ·kg^{-1}	S/kJ·kg^{-1}·K^{-1}
298 K，0.1013 MPa	104.4	0.3668	0.1 MPa 饱和水蒸气	2676	7.360
0.1 MPa 饱和液体	417	1.303	673 K，1.5 MPa	3256	7.268

根据 $E_X=\Delta H-T_0\Delta S$，得

$$E_{X1}=(H_0-H_1)-T_0(S_0-S_1)$$
$$=(104.4-3256)-298\times(0.3668-7.268)$$
$$=-1095\ \mathrm{kJ\cdot kg^{-1}}$$

如过程为等熵膨胀，则

$$S_{2'}=S_1=7.268\ \mathrm{kJ\cdot kg^{-1}\cdot K^{-1}}$$

如例 3-27 图所示，2′在湿蒸汽区，设蒸汽的干度为 x。查水蒸气表，0.1 MPa 下，沸腾温度为 372.8 K，汽化潜热 ΔH_v 为 2258 kJ·kg^{-1}，则气化熵为：

$$\Delta S_v=\frac{2258}{372.8}=6.056\ \mathrm{kJ\cdot kg^{-1}\cdot K^{-1}}$$

于是得

$$x=\frac{S_{2'}-S_{水}}{\Delta S_v}=\frac{7.286-1.303}{6.506}=0.985$$

$$H_{2'}=H_{水}+x\Delta H_v=417+0.985\times2258=2641.1\ \mathrm{kJ\cdot kg^{-1}}$$

因为

$$0.9(H_1-H_{2'})=H_1-H_2$$

故 $$H_2=H_1-0.9(H_1-H_{2'})=0.1\times3256+0.9\times2641.1=2702.3\ \mathrm{kJ\cdot kg^{-1}}$$

因为 0.1 MPa 饱和水蒸气的焓与熵分别为 2676 kJ·kg^{-1}及 7.3600 kJ·kg^{-1}·K^{-1}；而查得 413.2 K 的过热蒸汽，其焓与熵分别为 2777 kJ·kg^{-1}及 7.614 kJ·kg^{-1}·K^{-1}，于是由内插求得 S_2：

$$S_2=\frac{2702.3-2676}{2777-2676}\times(7.614-7.360)+7.360=7.427\ \mathrm{kJ\cdot kg^{-1}\cdot K^{-1}}$$

由 $H_2=2698.5$ kJ·kg^{-1}，$S_2=7.427$ kJ·kg^{-1}·K^{-1}查水蒸气表，相当于 383 K 的过热蒸汽。

因绝热膨胀后，焓变量转化为喷嘴出口的动能，故得出口蒸汽的有效能：

$$E_{X_2}=-T_0(S_0-S_2)+(H_0-H_2)-(H_1-H_2)$$
$$=-T_0(S_0-S_2)+(H_0-H_1)$$
$$=-298\times(0.3668-7.427)+(104.4-3256)$$
$$=-1047.7\ \mathrm{kJ\cdot kg^{-1}}$$

有效能损失

$$E_{X_1}-E_{X_2}=-1095-(-1047.7)=-47.3\ \mathrm{kJ\cdot kg^{-1}}$$

约占 E_{X_1}的 4.3%

有效能效率

$$\eta_{E_X}=\frac{E_{X_2}}{E_{X_1}}=\frac{-1047.7}{-1095}=0.957$$

思 考 题

3-1. 可逆过程的必要条件是什么？对其讨论有何实际意义？

3-2. 试分析热力学第一定律的实质。

3-3. 什么是热力学第二定律？试述其在节能中的作用。

3-4. 试分析卡诺热机热效率的影响因素及提高措施。

3-5. 试说明化工厂对高温设备及管道保温的原因。

3-6. 试说明克劳修斯不等式的物理意义。

3-7. 什么是熵增原理？讨论其有何实际意义。

3-8. 为什么说能量降级在实际生产中是不可避免的？试分析能量降级的实质。

3-9. 损耗功和过程总熵变有何关系？

3-10. 什么是理想功？它与轴功有何区别？

3-11. 试比较热效率、热力学效率及有效能效率。

3-12. 有效能、无效能和体系总能量之间有何联系？

3-13. 试讨论过程的不可逆性与有效能损失间的关系。

习　题

3-1. 某热机工作于 1500 K 的高温热源及 293 K 的低温热源之间，若每一循环中工作介质向高温热源吸热 200 kJ。试计算：(1) 此热量中最多可转变成多少功？(2) 如果工作介质在吸热过程中与高温热源的温差为 150 K，在放热过程中与低温热源的温差为 20 K，则该热量中最多可转变成多少功？热效率为多少？(3) 如果 (2) 循环过程中不仅存在温差传热，并且由于摩擦等损失又使循环功减少 40 kJ，则相应的热效率又为多少？

3-2. 有人声称他设计了一台热机，从温度为 400 K 的高温热源吸取 25 $kJ \cdot S^{-1}$的热量，在温度为 200 K 的低温热源放出 12 $kJ \cdot s^{-1}$的热量，并向外界提供了 15 kW 的功，试判断此设计是否能实现？

3-3. 一热机从 600 K 的高温热源可逆吸热 100 kJ 并向 300 K 低温热源排热，试对下面假设的三个功量进行判断，指出哪种情况是不可逆的、可逆的、不可能的？

(1) 50 kJ；(2) 75 kJ；(3) 25 kJ。

3-4. 一个可逆热机在 533 K 下吸收了 1053 kJ 的热量而做功，并在 311 K 排出剩余热量。求热源、冷源的熵变以及过程总熵变。

3-5. 1 mol 理想气体在 400 K 由 0.1 MPa 经等温不可逆压缩至 1 MPa，压缩过程的热被移至 300 K 的蓄热器，实际压缩过程功耗比同样的可逆压缩过程多 20%，试计算气体的熵变、蓄热器的熵变和总熵变。

3-6. 设有压力为 0.1 MPa 的 10 kg 水被下述热流体从 288 K 加热至 333 K。

(1) 0.68 MPa 的饱和蒸汽；

(2) 0.34 MPa、450 K 的过热蒸汽；

(3) 与 10 kg、压力也为 0.1 MPa、温度为 333 K 的热水完全逆流换热。

假设 (1)、(2) 两种情况下蒸汽冷凝但不过冷，传热过程中无热损失，计算上述各种情况下水与热流体的熵变和过程的总熵变。

3-7. 假设附图所示一冷热管，管的中部通入压缩空气，用热力学第二定律判断在图示条件下这一过程能否自动进行？设空气为热容不变的理想气体，$C_p = 29.29\ kJ \cdot kmol^{-1} \cdot K^{-1}$。

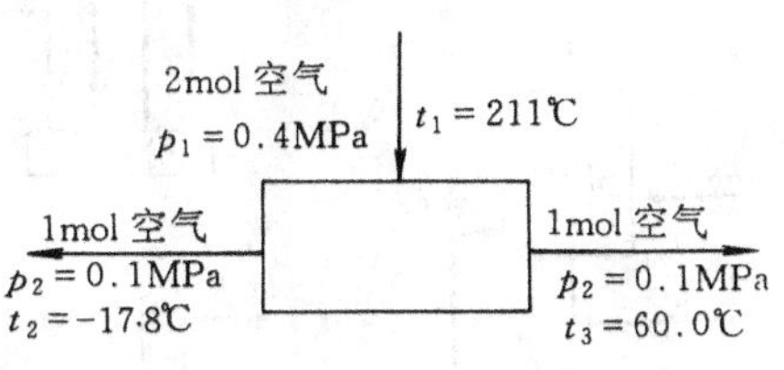

题 3-7　附图

3-8. 设有一股温度为 90℃、流量为 20 $kg \cdot s^{-1}$的热水与另一股温度为 50℃、流量为 30 $kg \cdot s^{-1}$的温水绝热混合。试求此过程产生的熵。此绝热混合过程是否可逆？

3-9. 计算压力为 1.5 MPa、温度为 540℃ 的 1 kg 水蒸气在流动过程中可能得到的最大功。环境温度为 15℃。若该蒸汽为 1.5 MPa 的饱和蒸汽，则可能得到的最大功又是多少？

3-10. 以煤、空气和水为原料制取合成甲醇的反应按下式进行：

$$2C + 2H_2O(l) + 2.381(0.78\ N_2 + 0.21\ O_2) \longrightarrow CH_3OH(l) + CO_2(g) + 1.857\ N_2(g)$$

此反应在标准态下进行，反应物与产物均不相互混合，试求此反应过程的理想功。

3-11. 某厂有输送 90℃ 热水的管道，由于保温不良，到使用单位时，水温已降至 70℃。试求水温降低过程的热损失与损耗功。大气温度为 25℃。

3-12．设有 1 mol 理想气体在恒温下由 1 MPa、300 K 作不可逆膨胀至 0.1 MPa，已知膨胀过程做功 4184 J，计算过程总熵变和损耗功以及热力学效率，环境温度为 298 K。

3-13．为远程输送天然气，采用压缩液化法。若天然气按甲烷计算，将 1 kg 天然气自 0.09807 MPa、27℃绝热压缩到 6.669 MPa，并经冷凝器冷却至 27℃。已知压缩机实际的功耗为 1021 $kJ \cdot kg^{-1}$，冷却水温为 27℃。试求冷凝器应移走的热量，压缩、液化过程的理想功、损耗功与热力学效率。已知甲烷的焓和熵值如下：

p/MPa	t/℃	h/$kJ \cdot kg^{-1}$	s/$kJ \cdot kg^{-1} \cdot K^{-1}$
0.09807	27	953.1	7.067
6.667	27	886.2	4.717

3-14．设在用烟道气预热空气的预热器中，通过的烟道气和空气的压力均为常压，其流量分别为 45000 和 42000 $kg \cdot h^{-1}$。烟道气进入时的温度为 315℃，出口温度为 200℃。设在此温度范围内 $\overline{C_p} = 1.090\ kJ \cdot kg^{-1} \cdot K^{-1}$。空气出口温度为 38℃，设在有关温度范围内，$\overline{C_p} = 1.005\ kJ \cdot kg^{-1} \cdot K^{-1}$。试计算此预热器原损耗功与热力学效率。已知大气温度为 25℃。预热器完全保温。

3-15．有一锅炉，利用燃烧气来生产 1.10325 MPa 的饱和水蒸气。锅炉给水温度为 100℃，燃气为常压，由 800℃冷却到 200℃，其热容为 29.29 $kJ \cdot kmol^{-1} \cdot K^{-1}$。环境温度为 25℃，传热过程中热损失忽略不计，求：

（1）燃烧气输出的热量；

（2）燃气所含的有效能；

（3）水所获得的有效能；

（4）传热过程的有效能效率。

3-16．有两股热流，分别由温度为 500℃和 1000℃的恒温热源流出，求这两股热流每 1000 kJ 所含的有效能。环境温度为 298 K。

3-17．试比较 3.92 MPa、450℃；1.37 MPa、375℃和饱和温度三种参数蒸汽的做功能力，取环境温度 $T_0 = 298$ K。

3-18．如附图（1）、（2）所示为锅炉产生蒸汽并使用的两种方案，试比较其有效能效率。

方案（1），锅炉房每小时生产 1.57 MPa 的蒸汽 12 t。其中直接外供 4 t，减压到 0.785 MPa 后外供 3 t。减压到 0.294 MPa 后外供和内用 5 t，假设锅炉效率为 0.65。

方案（2），锅炉房每小时生产 2.45 MPa、380℃蒸汽 12 t。1.57 MPa 的蒸汽减压后供给，其他 0.785 MPa 和 0.294 MPa 蒸汽经过一台抽气背压透平供给。设锅炉效率仍为 0.65。

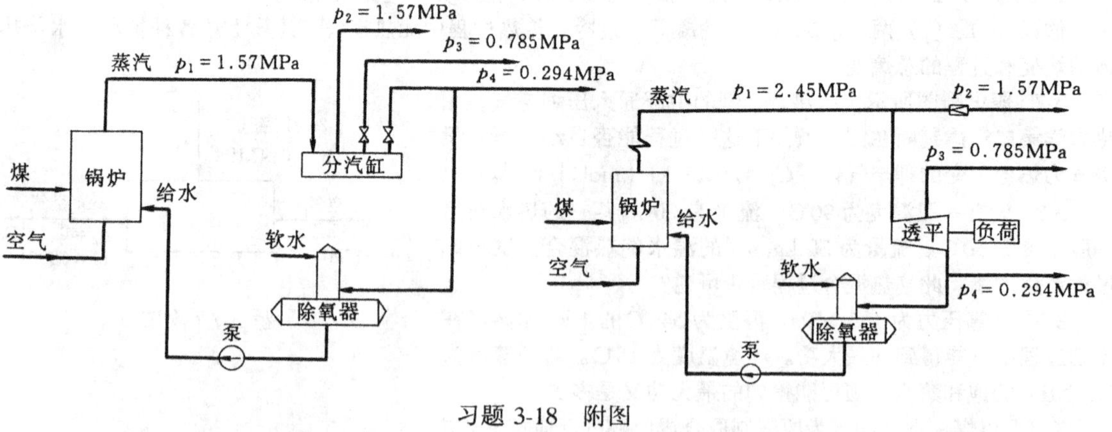

习题 3-18　附图

3-19．某厂的高压蒸汽系统，每小时产生 3500 kg 的中压冷凝水。如果通过急速闪蒸，由于压力骤然下降，可产生一些低压蒸汽。现设计下列两种回收方案，第一方案是通过闪蒸器产生较多的蒸汽，中压冷凝水为 1.908 MPa、210 ℃，在闪蒸器中急速降至 0.476 MPa，以产生 0.476 MPa 的低压蒸汽与冷凝水。第二方案是将中压冷凝水先预热锅炉给水，然后在闪蒸器中产生较少量的低压蒸汽。锅炉给水流量也为 3500

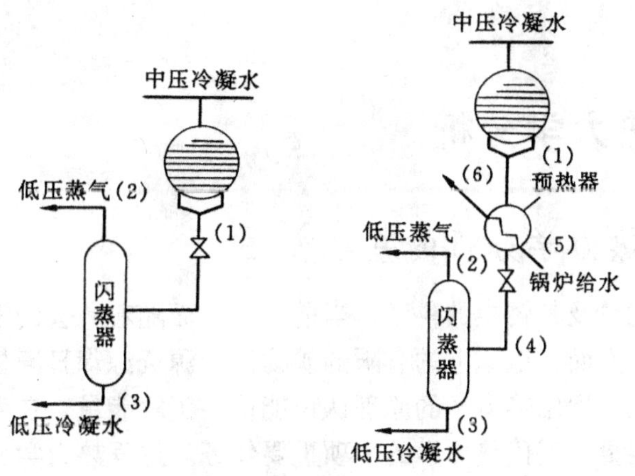

第一方案　　第二方案

习题 3-19　附图

$kg \cdot h^{-1}$，预热前、后温度为15℃和70℃，压力为1 MPa。如忽略过程热损失，环境温度为25℃，试计算以上两种方案的有效能损失，并比较计算结果。

3 20．有一CO燃烧过程，示意图如下，试作此过程的有效能衡算。

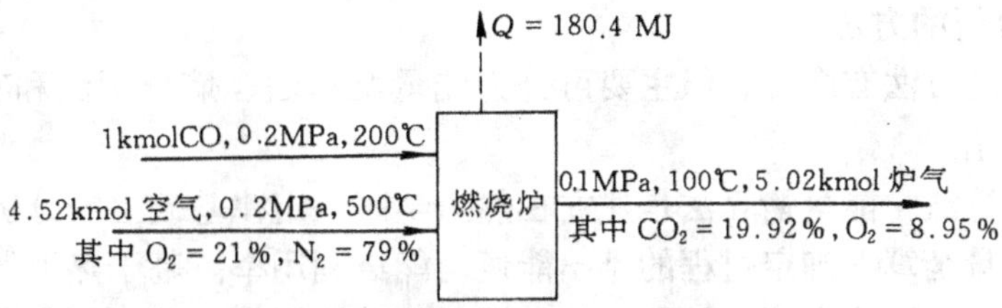

环境状态为：$p_0 = 101325$ Pa，$T_0 = 298.15$ K

习题 3-20 附图

4. 化工过程热力学分析

4.1. 化工过程热力学分析的基本方法

热力学是研究能量及其转换的科学。当前，一方面随着社会的发展，人类对能源的需求量不断增大。而另一方面，地球上的有限的矿物性能源资源却日渐枯竭，世界性的能源危机正在日趋逼近。因此，运用热力学的原理认识能量、了解能量，在生产实践中指导人们合理地使用能量、节约能量是现代热力学的一项重要任务。过程热力学分析就是运用热力学的方法对过程中能量转化、传递、使用和损失情况进行分析，揭示能量消耗的大小、原因和部位，为改进过程，提高能量利用率指出方向和方法。化学工业是能源消耗极大的工业部门。各种矿物性能源既是化学工业的燃料和动力，同时往往又是基本的化工原料。因而化学工业是耗能大户，其能耗约占世界总能耗的1/4。因此，对各种化工过程进行热力学分析，对于搞好化工节能工作，发展化工生产，缓解能源危机有着非常重要的意义。

4.1.1. 热力学分析的方法

热力学分析的方法有多种，但主要可分为能量衡算法、熵分析法和有效能分析法三种。下面分别予以讨论。

（1）能量衡算法　能量衡算法是建立在热力学第一定律基础上的分析方法。它通过对过程进行物料与能量衡算，确定过程的排出能量与能量利用率。基于热力学第一定律的普遍适用性，可以由此求出许多有用的结果，例如设备的散热损失、理论热负荷、可回收的余热量和一些难以直接测得的操作参数等等。其研究对象可以是单个设备、一个工序、一个车间甚至全厂。

能量衡算及效率计算的顺序一般是先从单体设备或称为子设备开始，而后逐渐扩大涉及到整个体系。

能量平衡法的主要内容如下。

确定出入体系的各种物流量、热流量和功流量以及各物流的状态参数；

确定过程的能量损失和热力学第一定律效率；

能量衡算法在实际生产中应用很广，也是其他热力学分析方法的基础。

（2）熵分析法　熵分析法是建立在热力学第一定律和热力学第二定律相结合的基础上的分析方法。它通过计算不可逆过程的总熵变量（或称为体系熵产生量），进而求出过程的损耗功、理想功和热力学效率。熵分析法可以揭示出能量损耗的大小、部位和原因，是一种很重要的热力学分析方法。熵分析法的主要内容包括如下。

确定出入体系的各种物流量、热流量和功流量以及各物流的状态参数；

确定物流及环境的熵变和过程的理想功与损耗功；

确定过程的热力学效率。

（3）有效能分析法　和熵分析法一样，有效能分析法也是建立在热力学第一定律与热力学第二定律相结合的基础上的分析方法。它通过建立有效能平衡方程从而确定过程的有效能损失和有效能效率。有效能分析法同样可以揭示出过程能量损耗的大小、部位和原因。其主要内容有：

确定出入体系的各种物流量、热流量和功流量以及各物流的状态参数；

由有效能平衡方程确定过程的有效能损失，并由此确定过程的有效能效率。

根据计算的需要，熵分析法与有效能分析法所研究的对象可以是单个设备，也可以是一组设备、一个工序乃至全厂。

4.1.2. 热力学分析方法的比较

三种热力学分析方法在热力学分析中都应用很广，可根据具体情况来确定究竟选用何种方法。如果仅需要确定某些具体的操作参数如温度、流量、组成等，只需采用能量衡算法就可以了。如果需要确定生产过程能量利用合理与否，过程有效能损失的大小、分布情况、应如何采取措施来减少有效能的损失及降低能耗等，则单纯的能量衡算法就无能为力了，必须采用熵分析法或有效能分析法。现通过一个计算实例来对三种分析方法进行比较。

例 4-1 如例 4-1 图所示，某氨厂用废热锅炉回收二段转化气的热量。转化气进废热锅炉的温度为 1000℃，出来的温度为 380℃。废热锅炉的进水温度为 54℃，产生 3.727 MPa、430℃ 的过热蒸汽，利用此蒸汽通过透平机对外作功。透平机排出的乏汽为 0.1049 MPa 的饱和蒸汽，装置的热损失忽略不计。已知转化气（标准状态）的流量为 5160 $m^3 \cdot h^{-1}$，在 380～1000℃ 之间的平均摩尔热容为 36 $kJ \cdot kmol \cdot K^{-1}$。环境温度为 25℃。试采用三种分析方法对此过程进行分析，并对三种分析方法进行比较。

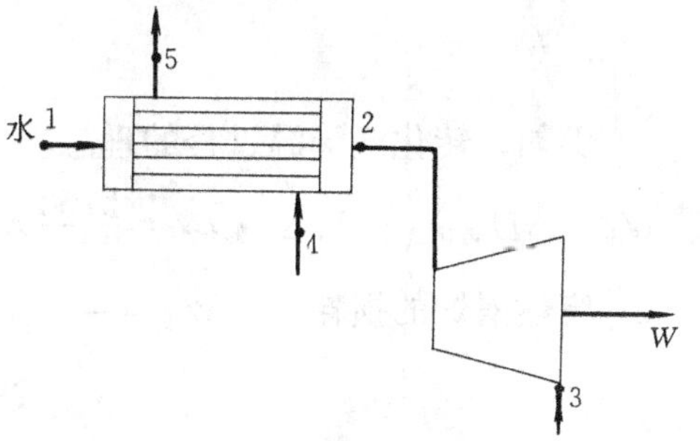

例 4-1 图 转化工序热回收示意图

解 取 1 h 为计算基准。查水蒸气表，得到各点水蒸气的焓值列于例 4-1 表 1。

例 4-1 表 1 水蒸气焓值表

点	t/℃	p/MPa	H/$kJ \cdot kg^{-1}$	点	t/℃	p/MPa	H/$kJ \cdot kg^{-1}$
1	54	0.1013	228.9	3	饱和	0.1049	2677
2	430	3.727	3288				

（1）能量衡算法 以废热锅炉为衡算体系，依题意，忽略热损失，有：

$$Q=0, \qquad W_S=0$$

$$\Delta H=0$$

即

$$\Delta H_{水}+\Delta H_{转化气}=0$$

$$\Delta H_{转化气}=n\bar{C}_p\Delta T=(5160/22.4)\times 36\times(380-1000)=-5.142\times 10^6\ kJ$$

$$\Delta H_{水}=G(H_2-H_1)=-\Delta H_{转化气}=5.142\times 10^6\ kJ$$

则废锅产汽量 $G=\dfrac{\Delta H_{水}}{H_2-H_1}=\dfrac{5.142\times 10^6}{3288-228.9}=1681\ kg$

透平机作功 $W_S=G(H_3-H_2)=1681\times(2677-3288)=-1.027\times 10^6\ kJ$

装置的热效率 $\eta_T=\dfrac{|W_S|}{Q}=\dfrac{1.027\times 10^6}{5.142\times 10^6}=0.1997$

乏汽带走的热量占总热量的 $100\%-19.97\%=80.03\%$

根据全系统能量平衡计算，高温转化气在废热锅炉中放出的热量中除通过透平机作功之外的部分全部为乏汽所带走，散入环境。其量为：

$$Q_L = -W_S - Q = (1.027 - 5.142) \times 10^6 = -4.115 \times 10^6 \text{ kJ}$$

能量衡算结果列于例 4-1 表 2。

例 4-1 表 2　能量平衡结果表

输　入	$\times 10^{-6}$kJ	%	输　出	$\times 10^{-6}$kJ	%
转化气带入	5.142		透平机作功 乏汽带走	1.027 4.115	19.97 80.03
合计	5.142		合计	5.142	100

从计算结果可以看出，高温转化气所放出的热量中，只有 19.97%转变成有用的功，还有 80.03%被乏汽带走，欲提高过程的能量利用率应尽量减少乏汽带走的热量。

（2）熵分析法　分别采用以下两式计算过程的理想功和损耗功

$$W_{id} = \Delta H - T_0 \Delta S$$

$$W_L = -T_0 \Delta S_t = -T_0(\Delta S_{sys} + \Delta S_{sur})$$

例如，转化气降温过程的理想功为：

$$W_{id} = \Delta H_{转化气} - T_0 \Delta S_{转化气} = \frac{5160}{22.4} \times 36\left(380 - 1000 - 298 \ln \frac{380+273}{1000+273}\right) = -3.493 \times 10^6 \text{ kJ}$$

废热锅炉的损耗功　$W_{L,废} = -T_0(\Delta S_{转化气} + \Delta S_{水})$

$$= -298 \times \left[\frac{5160}{22.4} \times 36 \ln \frac{653}{1273} + 1681 \times (6.905 - 0.7523)\right]$$

$$= -1.432 \times 10^6 \text{ kJ}$$

装置的热力学效率　$\eta_a = \dfrac{W_S}{W_{id}} = \dfrac{-1.027 \times 10^6}{-3.493 \times 10^6} = 0.294$

依此即可计算出各设备及全套装置的理想功和损耗功列于例 4-1 表 3。

例 4-1 表 3　熵分析结果表

输　入	$\times 10^{-6}$kJ	%	输　出	$\times 10^{-6}$kJ	%
转化气理想功	−3.493	100	透平机作功 废锅损耗功 透平机损耗功 乏汽排出损耗功	−1.027 −1.432 −0.223 −0.811	29.4 41.00 6.38 23.22
合计	−3.493	100	合计	−3.493	100

由熵分析结果可知，有效能损失最大处在废热锅炉，占总有效能的 41%，其次是乏汽带出损失，占 23.22%。因此，要想提高装置的能量利用率，节能的主攻方向应该是设法降低废热锅炉的损耗功。通过分析可知废热锅炉损耗功较大的原因是高温转化气与水的传热温差太大。若能采取有效措施设法降低传热温差，例如提高所产蒸汽的温度及采用将入锅炉水进行预热的方法，均可以减少有效能的损失。乏汽造成的损耗功属于外部损失，虽然乏汽造成的热损失很大，但由此所造成的损耗功却相对较小，因而不是节能的主攻方向，这个结论通过能量衡算是无法得出的。但如果采用凝汽式透平，通过降低透平机的排汽压力（也就是降低乏汽的焓值）还可以降低这部分损耗功。由此可以看出，与能量衡算法相比较，熵分析法能求出系统内部由于不可逆因素造成的有效能损失，揭露出能量损失的根本原因，是节能分析的有效方法。

（3）有效能分析法　采用有效能分析法需要求出所有物流和能流的有效能值。物流的有效能按下式计算，由于过程不涉及到化学反应，所以不必考虑化学有效能的计算。

$$E_X = -(H - H_0) + T_0(S - S_0) \tag{3-28}$$

对于水和水蒸气，直接采用表中的焓和熵数据进行计算，在操作条件下，高温转化气可视为理想气体，可采用理想气体有效能的计算式计算。例如：

入锅炉水 $-E_{X1} = 1681 \times [(228.9 - 104.9) - 298 \times (0.7523 - 0.3674)] = 15633 \text{ kJ}$

$= -0.01563 \times 10^6 \text{ kJ}$

入废热锅炉高温转化气 $-E_{X4} = \dfrac{5160}{22.4} \times \left[36 \times (1273 - 298) - 298 \times 36 \ln \dfrac{1273}{298}\right]$

$= 4.498 \times 10^6 \text{ kJ}$

按相同的方法算出其余各点有效能值列入例 4-1 表 4。

例 4-1 表 4 各状态点有效能数值表

序号	状态	温度/℃	压力/MPa	H/kJ·kg^{-1}	S/kJ·kg^{-1}·K^{-1}	流量/1·h^{-1}	$-E_X$ ×10^6kJ·h^{-1}
基态(水)	液态水	25	0.10133	104.9	0.3674		0
1	水	54	3.727	228.9	0.7523	1681 kg	0.01563
2	过热蒸汽	430	3.727	3288	6.905	1681 kg	2.076
3	过热蒸汽	105	0.1049	2677	7.350	1681 kg	0.8257
基态(气)	转化气	25	0.10133	0	0		0
4	转化气	1000	0.10133			230.4 kmol	4.498
5	转化气	380	0.10133			230.4 kmol	1.0055

根据上表数据对各设备及全系统进行有效能衡算可以计算出各自的有效能损失。例如：

$$W_{L,透平} = E_{X2} - E_{X3} - W_S = -(2.076 - 0.8257 - 1.027) \times 10^6 = -0.223 \times 10^6 \text{ kJ}$$

$$W_{L,总} = \sum E_{X入} - E_{X出} = E_{X1} + E_{X4} - (E_{X5} + E_{X3} + W_S)$$

$$= (-0.01563 - 4.498 + 1.0055 + 0.8257 + 1.027) \times 10^6 = -1.655 \times 10^6 \text{ kJ}$$

将计算结果列于例 4-1 表 5。

例 4-1 表 5 有效能衡算结果表

输 入	$-E_X \times 10^{-6}$kJ·h^{-1}	%	输 出	$-E_X \times 10^{-6}$kJ·h^{-1}	%
水带入	0.01563	0.3	透平作功	1.027	22.75
转化气带入	4.4980	99.7	废锅损耗功	1.432	31.73
			透平损耗功	0.223	4.94
			乏汽带出	0.8257	18.3
			转化气带出	1.0055	22.28
合计	4.5136	100	合计	4.5132	100

由有效能分析结果可知，有效能损失最大处也是在废热锅炉，其次是乏汽带走的损失。这与熵分析法的结果是一致的。计算结果中各部分所占的比例与熵分析法不同是因为其基准不同。

通过以上例子说明了三种不同分析方法的特点，能量衡算法最简单，可以计算出过程的能量利用率及一些有用的参数，但不能作为制定节能措施的依据。如本例中能量衡算的结论是系统损失的能量主要是由乏汽带走的，因此，节能应该设法减少这部分损失。实践已证明通过这方面的努力达不到预期的效果。熵分析法和有效能分析法都能确定过程能量损失的大小、原因和部位，可以作为制定节能措施的依据。是节能分析的主要方法。一般情况下熵分析法只能计算出内部有效能损失，无法求出外部有效能损失。而这两种损失有效能分析法均可以求出，因此，有效能分析法是一种更为完善的分析方法。特别是对于比较复杂的体系，有效能分析法更能体现出其优越性。但有效能分析法的计算工作量在三种方法中是最大的。

4.2. 化工单元过程的热力学分析

化工生产工艺都是由化工单元过程所构成，因而，对一些重要的化工单元过程进行热力学分析研究，有很重要的意义。由前面的讨论可知，功的损耗来源于过程的不可逆性。降低过程的不可逆程度，可以减少功的损耗，然而，完全可逆的过程是推动力无限小，完成过程所需时间无限长的理想过程，不仅无法实现，而且对于实际生产过程来说也毫无意义。实际过程必须在一定的推动力条件下进行，因此，实际过程中，功的损耗是不可避免的。但是，实际生产过程中，由于能量利用不合理而造成能量产生无效损失的现象却大量的存在，相同的产品能耗相差很大的例子屡见不鲜。从热力学的角度考虑，节能分析的目的就是要分析各种不可逆因素引起的功损耗的原因和大小，找到能量利用不合理的薄弱环节，尽量减少和避免不必要的损失，改进生产，提高过程热力学完善程度，以提高能量的利用率。

4.2.1. 传热过程热力学分析及改进措施

传热过程是化工生产中最常见和最重要的单元操作过程之一。热能对于化工生产过程来说有特别重要的意义。很多单元过程都涉及到热能的使用和回收利用，如蒸发、精馏、干燥等。化学反应也涉及到热效应，对于吸热反应，需提供热能；对放热反应，则涉及到如何最有效的利用热能的问题。相对于其他形式的能量而言，热能的回收和利用最为方便。因此，对传热过程进行热力学分析是相当重要的。

图 4-1　换热器示意图

图 4-1 为一换热器的示意图，高温流体与低温流体在其中进行热交换。设不考虑其散热损失和流体流动阻力的影响，且先假定传热过程高温热源与低温热源的温度都不变，分别为 T_H 和 T_L，其传热量分别为 Q_H 和 Q_L。根据热力学第一定律，高温流体所放出的热量全部被低温流体所吸收，即：

$$|Q_H| = |Q_L| = Q$$

将换热器作为一个孤立体系，则有：

$$\Delta S_t = \Delta S_H + \Delta S_L = \frac{Q_H}{T_H} + \frac{Q_L}{T_L} = Q\left(\frac{1}{T_L} - \frac{1}{T_H}\right) = Q\,\frac{T_H - T_L}{T_H T_L}$$

$$W_L = -T_0 \Delta S_t = -T_0 Q\,\frac{T_H - T_L}{T_H T_L} \tag{4-1}$$

由于 $T_H > T_L$，故必有 $\Delta S_t > 0$，$W_L < 0$。由此可以看出，即使没有任何的散热损失，仍然存在功的损耗，即存在有效能损失。当环境温度 T_0，传热量 Q 及传热温度的乘积（$T_H T_L$）不变时，损耗功与传热温度差（$T_H - T_L$）成正比关系。过程推动力越大，有效能损失越大。从热力学的角度分析，要想降低有效能损失，就应该设法减小传热温度差。但是，当热负荷一定时，减小传热温度差会带来传热面积的增大。即降低传热温度差，虽然可以减少功的损耗，却带来了设备投资的增加。因此，能耗费用与设备投资费用两者是相互矛盾的，这样，必然存在着一个经济上最优化的问题，或最适宜的推动力问题。由于目前人类所使用的能源仍然是以有限储存量的矿物性能源为主，能源的价格呈上升趋势，因此，一般来说，适当降低传热温差所节省的能耗费用可以在较短的时期内抵偿设备投资费用的增加，因而采用较低的传热温差是经济的。其次，在传热温差（$T_H - T_L$）和热负荷 Q 不变时，

损耗功与流体温度之积（$T_H T_L$）成反比。即在其他条件相同时，低温流体传热的有效能损失要比高温流体传热的有效能损失大。例如，在其他条件相同时，60 K 级低温传热的有效能损失是 600 K 级的高温传热有效能损失的约 100 倍。因此，相对而言，高温传热有可以允许有较大的传热温差，而低温传热则仅允许较小的传热温差。有些深冷工业传热温度差仅 1～2℃甚至更低，就缘于此。

若传热过程不是恒温的，而是变温过程，则上式可以写成：

$$W_L = -T_0 Q \frac{T_{Hm} - T_{Lm}}{T_{Hm} T_{Lm}} \tag{4-1a}$$

式中，$T_m = \dfrac{T_2 - T_1}{\ln \dfrac{T_2}{T_1}}$称为热力学温度。

传热过程的热力学效率为：

$$\eta_a = \frac{\text{冷流体在传热过程中的有效能变化值}}{\text{热流体在传热过程中的有效能变化值}} = \frac{|\Delta E_{X低}|}{|\Delta E_{X高}|} = \frac{|W_{id低}|}{|W_{id高}|} = \frac{Q_L\left(1 - \dfrac{T_0}{T_L}\right)}{Q_H\left(1 - \dfrac{T_0}{T_H}\right)} \tag{4-2}$$

也可以写成：
$$\eta_a = \frac{|W_{id高} - W_L|}{|W_{id高}|} \tag{4-2a}$$

式中，Q_L、Q_H 均应取其绝对值。同样，变温传热过程中 T_H、T_L 要用热力学平均温度 T_{Hm}、T_{Lm}代入。对于可逆传热且无热损失的传热过程，$|W_{id高}| = |W_{id低}|$，$\eta_a = 1$。对于不可逆传热过程，$|W_{id高}| > |W_{id低}|$，$\eta_a < 1$。

例 4-2 某换热器有高温流体以 150 kg·h^{-1}的流量通过其中，进入时为 150 ℃，离开时为 35℃；低温流体进入时为 25 ℃，离开时为 110 ℃。已知高温流体和低温流体在有关温度范围内的平均定压比热容分别为 4.35 kJ·kg^{-1}·K^{-1}和 4.69 kJ·kg^{-1}·K^{-1}，热损失可以忽略不计，求此换热器的损耗功与热力学效率，环境温度为 25℃。

解 以 1 h 为基准，先根据热量衡算求出低温流体流量 m，对于绝热换热过程有：

$$\Delta H = \Delta H_{高} + \Delta H_{低} = 0$$

$$\Delta H_{高} = -\Delta H_{低}$$

将已知数据代入 $150 \times 4.35 \times (35 - 150) = -4.69 \times (110 - 25) m$

$$\Delta H_{高} = -75037.5 = -398.65 m$$

$$m = 188.229 \text{ kg·h}^{-1}$$

$$\Delta S_{高} = 150 \times 4.35 \times \ln \frac{35 + 273}{150 + 273} = -207.02 \text{ kJ·K}^{-1}\text{·h}^{-1}$$

$$\Delta S_{低} = 188.229 \times 4.69 \times \ln \frac{110 + 273}{25 + 273} = 221.53 \text{ kJ·K}^{-1}\text{·h}^{-1}$$

$$W_L = -T_0 \Delta S_t = -T_0(\Delta S_{高} + \Delta S_{低}) = -298 \times (221.53 - 207.02) = -4323.98 \text{ kJ·h}^{-1}$$

$$W_{id高} = \Delta H_{高} - T_0 \Delta S_{高} = -75037.5 + 298 \times 207.02 = -13345.54 \text{ kJ·h}^{-1}$$

$$W_{id低} = \Delta H_{低} - T_0 \Delta S_{低} = 75037.5 - 298 \times 221.53 = 9021.56 \text{ kJ·h}^{-1}$$

$$\eta_a = \frac{|W_{id低}|}{|W_{id高}|} = \frac{9021.56}{13345.54} = 0.676$$

由本例可以看出，对于换热过程，即使忽略热损失，仍然存在损耗功，其热力学效率小于 1。这是由于过程存在传热温度差这一不可逆因素。

在化工生产中，热量有效能在能量综合利用中有着特别重要的地位，因为生产过程中能量降级损失的结果大都体现为余热，而热量有效能的回收较之于其他形式的有效能（如浓度差，化学组成等）为易。下面来讨论一种很有用的表示热量有效能的作图方法，称“热利用线图”。亦称为热求积法。

根据$E_{XQ}=\int_{Q_1}^{Q_2}\left(1-\frac{T_0}{T}\right)\delta Q$，如果以 Q 作为横坐标，用$\left(1-\frac{T_0}{T}\right)$作纵坐标，作出体系的吸热或放热过程的曲线，如图 4-2 中曲线 AB 所示，则曲线下面的面积 $ABEOA$ 代表该体系吸收或放出的热流所含有的有效能。对于换热过程来说，利用热利用线图可以直观的看出换热过程有效能损失的大小和部位。如图 4-3（a）所示表示一台并流换热器，热流体将热量 Q 传给冷流体，图 4-3（b）中曲线 AB 代表热流体放热的热利用线，曲线下面的面积 $ABEOA$代表热流体在放热过程中所减少的有效能；曲线 CD 代表冷流体吸热的热利用线，曲线 $CDEOC$ 代表冷流体在吸热过程中所增加的有效能。显然，两条热利用曲线之间的面积 $ABDCA$ 代表传热过程的有效能损失。由热利用线可以看出并流换热器高温 AC 端温差较大，因而有效能损失也较大；BD 端温差较小，有效能损失也较小。冷热流体的传热温差越小，热利用线越接近，有效能损失越小。图 4-3（c）为逆流换热的热利用线图，可见，在其他条件相同时，与并流换热比较，逆流换热有较小的传热温差，因而过程的有效能损失要小，体现为在高温流体条件不变时低温流体可以得到较高的出口温度。

由于T与$\left(1-\frac{T_0}{T}\right)$二者定性的相等，有时为了作图的方便，直接采用$T$作为纵坐标，

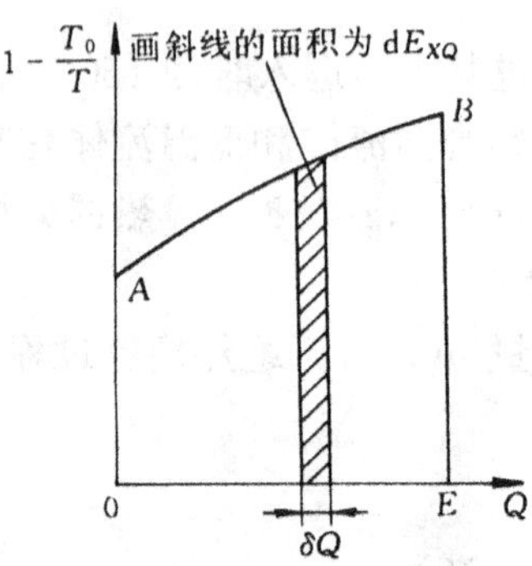

图 4-2　热利用线图

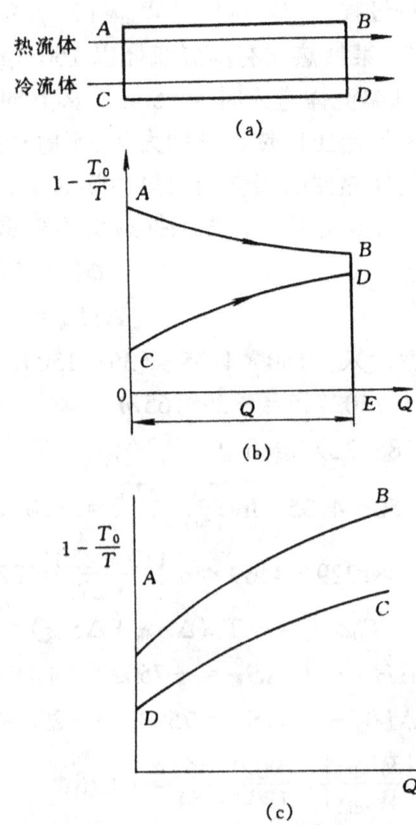

图 4-3　并流换热的热利用线图

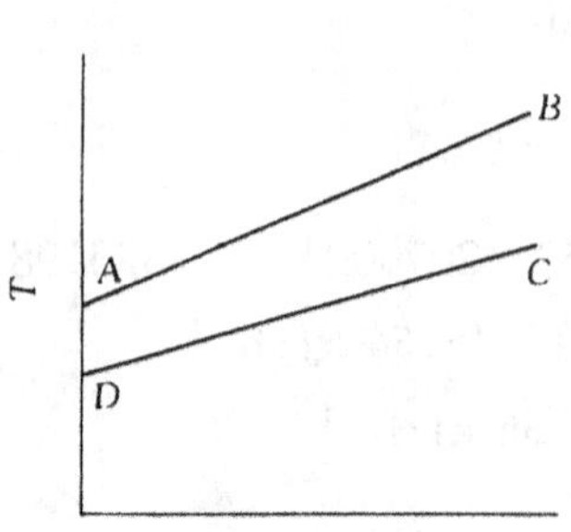

图 4-4　T-Q 示意图

仍以 Q 或H 为横坐标作成T-Q 图，或 T-H 图。同样可以通过热利用线之间的距离定性的反映出有效能的损失。后者在换热网络分析中应用很广。如图 4-4 为将图 4-3（c）的热利用线图改绘成的 T-Q 示意图。

例 4-3 某锅炉生产压力为 4 MPa，温度为 440 ℃的过热蒸汽，生产能力为 35 $t\cdot h^{-1}$，锅炉进水温度为 150 ℃。该锅炉用燃烧气为热源，燃烧气压力为 0.1 MPa，与水逆流换热，给热的过程中燃烧气温度由 800 ℃冷却到 200 ℃，平均定压摩尔热容为 $\overline{C}_p=29.3\ kJ\cdot kmol^{-1}\cdot K^{-1}$。环境温度为 25 ℃。作出其热利用线图并计算过程的有效能损失。

解 （1）求水的热利用线。水的升温可视为三个阶段：不饱和的水先升温至饱和；水在饱和条件下汽化；饱和蒸汽的过热。如例 4-3 图 1 所示。

例 4-3 图 1 水的升温过程示意

为作热利用线，先计算$\left(1-\dfrac{T_0}{T}\right)\sim Q$ 关系。将过程视为等压稳流过程，有：

$$Q=m(H-H_1)$$

由水蒸气的热力学性质表查得 4 MPa，150℃下水的焓值为：

$$H_1=634.3\ kJ\cdot kg^{-1}$$

已知 $m=35000\ kg\cdot h^{-1}$

故有 $Q=35000(H-634.3)\ kJ\cdot h^{-1}$

由水的热力学性质表查出各个不同温度的 H 值后，代入上式计算出各 Q 值列于例 4-3 表 1。

例 4-3 表 1 焓值表

T/℃	150	200	250 饱和水	250 饱和汽	300	350	400	440
T/K	423	473	523	523	573	623	673	713
$1-T_0/T$	0.296	0.370	0.430	0.430	0.480	0.522	0.557	0.582
$H/kJ\cdot kg^{-1}$	634.3	853.4	1087.4	2800.3	2962.0	3095.1	3215.7	3308.3
$Q\times10^{-7}/kJ\cdot h^{-1}$	0	0.767	1.586	7.581	8.147	8.613	9.035	9.359

（2）求燃烧气的热利用线。以 1 h 为计算基准，设所需燃烧气量 n kmol，因为：

$$Q=n\overline{C}_p(t_2-t_1)$$

$$n=\frac{Q}{\overline{C}_p(t_2-t_1)}=\frac{-9.359\times10^7}{29.3\times(200-800)}=5323.7\ kmol$$

为作图方便，Q 取绝对值并按升温计算

$$Q=5323.7\times29.3\times(T-200)=0.01560\times(T-200)\times10^7\ kJ\cdot h^{-1}$$

计算结果列于例 4-3 表 2。

例 4-3 表 2

T/℃	200	300	400	500	600	700	800
T/K	473	573	673	773	873	973	1073
$1-T_0/T$	0.370	0.480	0.557	0.614	0.659	0.694	0.722
$Q\times10^{-7}/kJ\cdot h^{-1}$	0	1.560	3.120	4.680	6.240	7.799	9.359

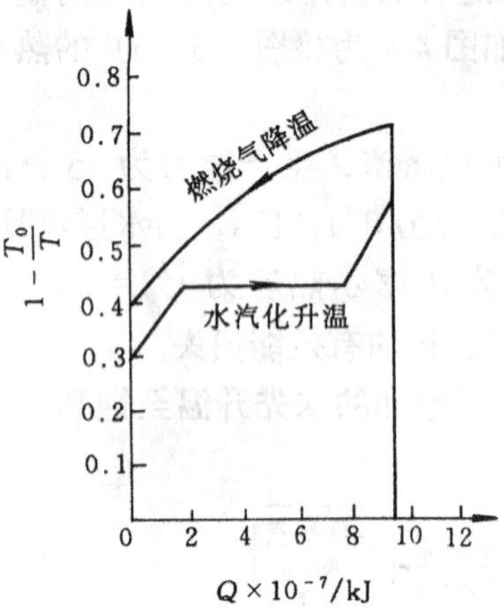

例 4-3 图 2　锅炉的热利用线图

利用例 4-3 表 1 和例 4-3 表 2 的计算结果，作出热利用线图如例 4-3 图 2。从图中两条热利用线的距离可以看出有效能主要损失在水的汽化和蒸汽过热的阶段。

(3) 求高温烟道气降温过程的理想功

$$W_{id}=\Delta H-T_0\Delta S$$

$$\Delta S=n\bar{C}_p\ln\frac{T_2}{T_1}=5323.7\times29.3\ \ln\frac{473}{1073}$$

$$=-127769.7\ \text{kJ}\cdot\text{K}^{-1}\cdot\text{h}^{-1}$$

$$\Delta H=Q=-9.359\times10^7\ \text{kJ}\cdot\text{h}^{-1}$$

$$W_{id}=-9.359\times10^7+298\times127769.7$$

$$=-5.55\times10^7\ \text{kJ}\cdot\text{h}^{-1}$$

即 $\Delta E_x=5.55\times10^7\ \text{kJ}\cdot\text{h}^{-1}$

(4) 水在锅炉中升温汽化过热过程的有效能变化值

查出水的焓值与熵值列于例 4-3 表 3。

$$W_{id}=\Delta H-T_0\Delta S=35000\times[(3308.3-634.3)-298\times(6.892-1.836)]$$

$$=-4.086\times10^7\ \text{kJ}\cdot\text{h}^{-1}$$

$$\eta_a=\frac{|W_{id低}|}{|W_{id高}|}=\frac{4.086\times10^7}{5.551\times10^7}=0.7359=73.59\%$$

例 4-3 表 3

	H/kJ·kg^{-1}	S/kJ·kg^{-1}·K^{-1}
水 4 MPa,150 ℃	634.3	1.836
蒸汽 4 MPa,440 ℃	3308.3	6.892

从计算结果及热利用线图可以看出，虽然没有考虑散热损失，过程热效率为 100%，但热力学效率却低于 100%，这是过程存在传热温度差这样一个不可逆因素的缘故。而且，从热利用线图可以看出有效能损失最大的部位就是线图中两条热利用线距离最大之处，即水的汽化与蒸汽过热两个过程。要提高过程的热力学效率，减小过程有效能损耗，必须设法减小过程推动力，即传热温度差。也就是设法减小图中两条热利用线之间的距离，特别是两条热利用线距离很大的位置处的距离。从图中可以看出，在高温烟道气的热利用线不变的条件下，设法将水的热利用线上移，可以达到目的。上移的方式可以有如下几种。

(1) 提高锅炉的给水温度。可以利用锅炉本身的余热或其他生产过程的余热预热锅炉给水，在化工生产过程中，这类低温余热一般数量较多，在吸热总量不变时，吸收了低温热量就可以少吸收高温热量。这种采用低温热量预热给水温度的方法实际上就是以低温热量来换取作功能力较大的高温热量，降低了传热过程的不可逆损失。在能量的有效利用方面很有价值。也是目前广泛采用的节能措施之一。

(2) 提高水蒸气的过热温度，这也是很有效的方法，同样降低了吸热过程的不可逆损失。生产中应用较多。

(3) 提高锅炉的蒸汽压力。水的汽化温度与压力成正比关系，提高压力就提高了水的汽化温度，这也是一种很有效的方法，但是在实际生产过程中，锅炉的操作压力只能限制在设计压力条件下操作，不应随意提高。

现采用提高蒸汽过热温度的方法，设蒸汽的参数为 4 MPa，750 ℃，生产能力仍为 35 t·h^{-1}。

因为水的升温和汽化过程仍同前，仅对蒸汽过热阶段进行计算以补充所需数据。在生产能力不变时，蒸汽参数提高后，单位质量水所吸收的热量增加了，相应的高温烟道气量也增加了。查水蒸气表并计算列于例 4-3 表 4。

例 4-3 表 4

T/℃	150	250 饱和水	300	400	500	600	700	750
T/K	423	523	573	673	773	873	973	1023
$1-T_0/T$	0.296	0.430	0.480	0.557	0.614	0.659	0.694	0.709
H/kJ·kg^{-1}	634.3	1087.4	2962.0	3215.7	3445.0	3672.8	3904.1	4021.4
$Q\times10^{-7}$/kJ·h^{-1}	0	1.586	8.147	9.035	9.837	10.635	11.444	11.855

每小时所需高温烟道气量为：

$$n=\frac{35000\times(4021.4-634.3)}{29.3\times(200-800)}=6743.4\ \mathrm{kmol\cdot h^{-1}}$$

则 $\qquad Q_{燃}=6743.3\times29.3\times(t-200)=0.01976\times10^7\times(t-200)\ \mathrm{kJ\cdot h^{-1}}$

将计算结果列于例 4-3 表 5。

例 4-3 表 5

T/℃	200	300	400	500	600	700	800
T/K	473	573	673	773	873	973	1073
$1-T_0/T$	0.370	0.480	0.557	0.614	0.659	0.694	0.722
$Q\times10^{-7}$/kJ·h^{-1}	0	1.976	3.952	5.928	7.904	9.880	11.855

根据以上数据作出热利用线图如例 4-3 图 3 所示。

查得 4 MPa，750 ℃ 过热蒸汽的熵值为 7.735 kJ·kg^{-1}·K^{-1}

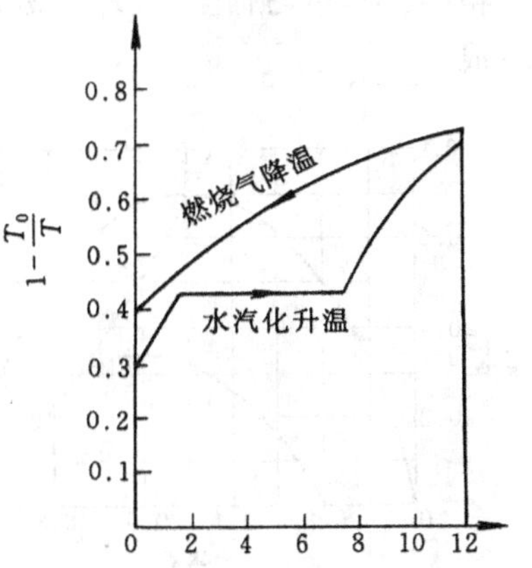

例 4-3 图 3 热利用线图

高温烟道气降温过程的理想功为：

$$W_{id高}=\Delta H-T_0\Delta S$$

$$=(-11.855\times10^7)-6743.4\times29.3\times298\ln\frac{473}{1073}$$

$$=-7.0324\times10^7\ \mathrm{kJ\cdot h^{-1}}$$

水蒸气的理想功为：

$$W_{id低}=\Delta H-T_0\Delta S$$

$$=35000\times[(4021.4-634.3)-298\times(7.735-1.836)]$$

$$=5.702\times10^7\ \mathrm{kJ\cdot h^{-1}}$$

$$\eta_a=\frac{|W_{id低}|}{|W_{id高}|}=\frac{5.702\times10^7}{7.032\times10^7}=0.8109=81.09\%$$

可见采用提高蒸汽过热温度的方法确实可以提高锅炉的热力学效率。

通过以上例题的讨论可以看出，利用热利用线图可以很方便且直观地反映出传热过程有效能损失的大小和部位，因而可以很方便的根据其分析结果制定节能措施。这在设计和生产实际中，是非常有用的。

通过以上的讨论，可以总结出提高传热过程热力学效率的原理和措施。从热力学的角度来说，要提高传热过程热力学效率，降低传热过程有效能损失，最根本的措施就是在可能的条件下尽量减小过程的传热温差，这点对于低温传热来说，尤为重要。其次，还应采取各种有效措施设法降低传热过程的热阻，增大给热系数，以提高传热速率。另外，设法降低换热器中的流体阻力也是行之有效的方法。对于有较多换热器的工序、车间或全厂，则可以将其组织成换热网络，运用夹点技术进行换热网络优化，以达到总过程推动力最小的目的。夹点技术将在第五章介绍。

*4.2.2. 吸收与精馏过程热力学分析

在化工生产过程中，分离过程是一类非常重要的化工单元操作。生产过程中的绝大多数原料和产品都需要进行分离、提纯。对于某些产品，几乎从头至尾都是分离过程，例如石油炼制等。对于非均相物系的分离，如气固、气液、液固等的分离过程，从热力学的角度来说不需要理论能耗。而均相分离过程，如气体混合物和液态混合物的分离，是一个熵减少的过程，不能自发进行，要进行这类过程，必需由外界提供能量。

分离过程是混合过程的逆过程，前面已经讨论过，理想气体的混合过程是一个熵增大的过程。其过程的总熵变为：

$$\Delta S_t = -R\sum y_i \ln y_i$$

因而过程的损耗功

$$W_L = RT_0 \sum y_i \ln y_i \tag{4-3}$$

混合过程的逆过程为分离过程。因而分离过程的最小功在数值上就是混合过程的损耗功，故理想气体分离过程的最小功也就是其理想功为：

$$W_{id} = -RT_0 \sum y_i \ln y_i \tag{4-4}$$

对于理想液体溶液分离的理想功，也可以证明其表达式和理想气体分离理想功表达式完全相同，不过习惯上以 x_i 来表示液相含量，即以 x_i 取代 y_i

写成

$$W_{id} = -RT_0 \sum x_i \ln x_i \tag{4-5}$$

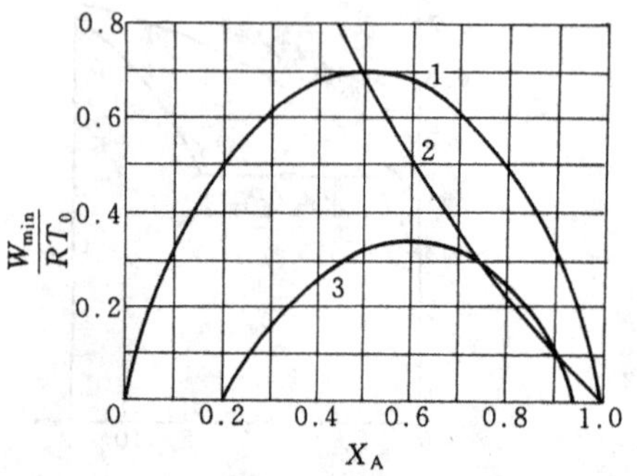

图 4-5　最小分离功

由上式可知，理想溶液分离理想功只与溶液的组成有关，而与各组分的物性及压力无关。

对于二元理想溶液，通过计算，可作出其理想功与溶液组成的关系图 4-5。如图中曲线 1 所示，可见当溶液组成为 50%～50%时，所需分离功最大。

如果分离过程只需考虑回收其中的一个组分，则计算分离功时只需计算改变含量的那个组分的功耗。例如，如果只考虑将海水淡化，就没有必要计算将海水中的盐分浓缩的功耗问题。

以上是将混合物分离成纯组分所需最小功耗，若生产中不需要将其分离成纯组分，只需将其分离提纯到某一程度，其理想功的计算可分为两步：第一步，先将混合物分离成纯组分，第二步再将纯组分混合成所需含量，第一步需耗功，而第二步理论上可以对外做功，两步功之代数和即为该分离过程所需功。显然，过程所耗功要小于分离成纯组分所需要的功。由此可得到如下结论：对于组成相同的混合物，分离要求的纯度越高，过程所需耗功越多，将混合物分离成纯物质所需耗功最多。因此，从节能的角度来说，在生产中盲目追求过高的纯度的做法是不可取的。比如，有些厂为了保证产品的合格率，在生产中有意识地采用内控指标的方法，将产品含量指标控制得比产品所要求的高一些，这样做虽然从产品质量上可以得到保证，但从能耗上来说却是不可取的。合理的做法是采用比较先进的自控手段来稳定生产以保证产品质量。虽然采用自控手段需要增加投资，但通过节省下来的能源费用可以得到补偿。

实际分离过程中，由于存在种种的不可逆性，实际消耗的能量远高于其理论能耗。

例 4-4 计算由分离空气制取氧和氮的最小功。设空气的组成为 79% 的氮和 21% 的氧，环境状态为 0.10133 MPa，25 ℃。(1) 产品为纯氧和纯氮；(2) 产品是 98% 的氮气和 50% 的富氧空气。

解 (1) 取 1 kmol 空气为计算基准，应用式 (4-3) 可得：

$$W_{id} = -RT_0\sum y_i \ln y_i = -8.314\times298\times(0.79\ln 0.79+0.21\ln 0.21) = 1273.36\text{ kJ}$$

(2) 取 1 kmol 空气，第一步先将其分离成纯氧和纯氮，这一步是一个耗功过程；第二步再将纯氧和纯氮混合成所需组成的混合物，这一步理论上可以对外作功。第一步所需最小功即为 1273.36 kJ。第二步先进行物料衡算，设含 98% 氮气的空气量为 x mol，含 50% 氧气的空气量为 y mol，则有：

作氧平衡 $$0.02x+0.50y=0.21 \quad (1)$$

作氮平衡 $$0.98x+0.50y=0.79 \quad (2)$$

解此联立方程 $$x=0.604$$

$$y=0.396$$

则含氮 98% 的空气中，氮为 $0.98\times0.604=0.592$ mol

氧为 $0.02\times0.604=0.012$ mol

混合过程可对外作的功在数值上即过程的损耗功：

$$W_{L1} = RT_0\sum n_i \ln y_i = 8.314\times298\times(0.012\ln 0.012+0.592\ln 0.592) = -680.06\text{ kJ}$$

含氧 50% 的空气中，氮为 $0.5\times0.396=0.198$ mol

氧为 $0.5\times0.396=0.198$ mol

混合过程可对外作功：

$$W_{L2} = RT_0\sum n_i \ln y_i = 8.314\times298\times2\times0.198\ln 0.5 = -145.94\text{ kJ}$$

全过程耗功为：$W'_{id} = W_{id} + W_{L1} + W_{L2} = 1273.36-680.06-145.94 = 447.36$ kJ

由此可见，当分离程度的纯度要求低一些时，分离过程功耗要比分离成纯组分的功耗低。

(1) 气体吸收过程的热力学分析　气体的吸收是根据气体混合物中各组分的溶解度不同，用吸收剂来吸收气体混合物中的一个或几个组分从而达到分离目的的一种分离过程，在化工生产中应用很广。主要用于以下几个方面：①气体精制过程，如合成氨生产中的脱硫和脱碳；②分离气体混合物，如乙烯直接氧化制环氧乙烷生产中用吸收法分离反应气体中的环氧乙烷；③将混合气体中的某个组分制成溶液，如用水吸收氯化氢制取盐酸等。

先来讨论吸收过程损耗功产生的原因。设混合气体为理想气体，被吸收组分在气相中的分压为 p，其在液相中的组成为 x，相应的液相表面上的平衡分压为 p_{eq}。那么，吸收过程可以表达为：

$$\text{气相(分压为 }p\text{)}\xrightarrow{1}\text{气相(分压为 }p_{eq}\text{)}\xrightarrow{2}\text{液相(组成为 }x\text{)}$$

过程 1 为扩散过程，可以理解为气体从 p 等温膨胀至 p_{eq} 的过程。而第二步溶解过程可以理解为一个可逆的相变过程，其过程的熵增值为零。因此过程的总熵变为：

$$\Delta S_t = \Delta S = R\ln\frac{p}{p_{eq}}$$

由于 $p>p_{eq}$，故 $\Delta S>0$，因此，过程损耗功为：

$$W_L=-T_0\Delta S_t=-RT_0\ln\frac{p}{p_{eq}}$$

可见，$\frac{p}{p_{eq}}$越大，则损耗功越大。也就是说，过程推动力越大，损耗功就越大。

如图 4-6，在 Y-X 图中，分别作出吸收过程的平衡曲线和几种不同条件下的操作线 A1、A2、A3，操作线与平衡线之间的距离就是过程的推动力，两线之间的面积亦可以定性地认为是过程的损耗功。可见操作线 A3 所表示的过程推动力最小，因而其损耗功也最小。而 A3 线为最低液气比条件下的操作线。也就是液气比越小，过程损耗功越小。当然，由于过程推动力的减小，过程的速度也就越慢，完成同样的任务所需要的时间就越长，所需要的设备就越大。

为减少过程的损耗功，应在能满足工艺条件的前提下，尽量使操作线接近平衡曲线，即设法减小操作线与平衡曲线之间的距离。然而，对于某些吸收过程，由于平衡曲线下凹得比较厉害。例如伴有化学反应的吸收过程，当溶液含量低时，其平衡分压很小，而当溶液反应接近饱和时，平衡分压急剧上升。因而平衡曲线下凹得很厉害。在这种情况下，即使操作线很接近平衡曲线，甚至与其相交（或相切），在吸收塔的中部仍然会出现很大的推动力（如图 4-7 中的直线 12），存在较大的损耗功。在这种情况下，可以将单段吸收改为两段吸收甚至多段吸收。如图所示，图中线段 12 为单段吸收操作线，折线 132 为两段吸收操作线。从图中可以很直观的看出，采用两段吸收后，过程推动力大大减小，操作线与平衡线之间的面积比单段吸收的要大大减小，也就是损耗功明显的减少了。图中三角形 123 的面积就相当于由一段吸收改为二段吸收后损耗功的减少量。

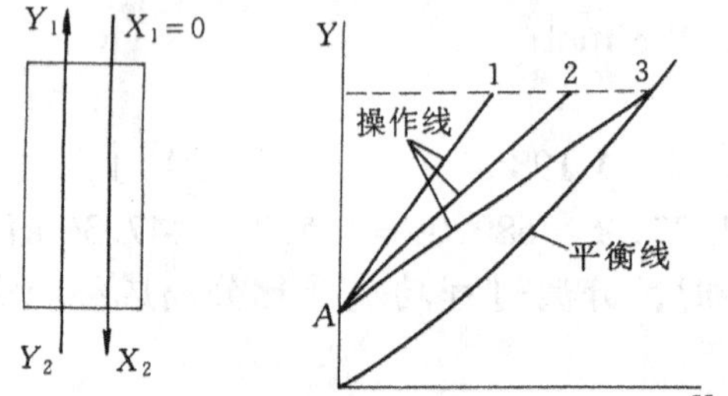

图 4-6　吸收过程 Y-X 图

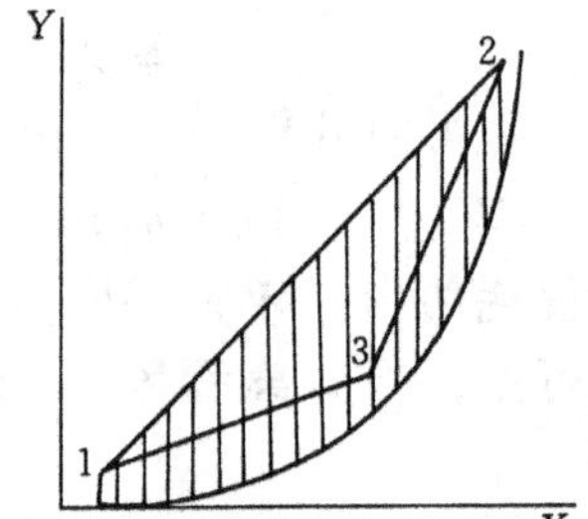

图 4-7　两段吸收 Y-X 示意图

从图中还可以看出，吸收的段数越多，操作线可以越接近平衡线，过程的损耗功越小，当段数达到无限多时，两线之间的面积接近零，此时过程为可逆过程，过程损耗功为零。显然，这只是一种理想的极限情况。

实际生产中，吸收过程的能耗具体体现在吸收剂的再生上。在绝大多数的吸收过程中，吸收剂是循环使用的。为使吸收剂再生，生产中一般采用降压法和升温法两种方法。降压法是将吸收过程在高压下进行，吸收过程由于压力升高，被吸收组分的分压 p 相应升高，使 $p>p_{eq}$，从而被吸收组分从气相中转入液相中。吸收后的吸收剂从塔底出来经过减压阀减压后进入闪蒸器。由于压力降低，气相中被吸收组分分压 p 下降从而使得 $p<p_{eq}$，发生被吸收组分的解吸，吸收剂得到再生，从而可以再次应用于吸收。吸收与再生过程的压力差越大，过程推动力越大，吸收和再生完成得越彻底。但很明显，再生后的低压溶液压缩到吸收所需高压的压缩过程功耗就越大，这与前面的讨论结果是一致的。对于单纯的物理吸收过

程，一般采用降压法进行再生。

升温法则是使过程在低温下进行吸收，吸收温度越低，p_{eq}越小，吸收推动力越大，吸收速度越快，吸收也越彻底。吸收后的吸收剂从塔底出来通过加热器加热后进入解吸塔，由于温度升高，溶液中被吸收组分的平衡分压 p_{eq}升高，使得 $p_{eq}>p$ 而发生解吸。解吸温度越高，p_{eq}越大，解吸过程推动力越大，解吸速度越快，解吸越彻底。同样，吸收与解吸两个过程的温度差越大，吸收和再生完成得越彻底，但解吸过程需要的加热量就越多，全过程的能量消耗就越大。对于化学吸收过程，由于吸收剂与被吸收组分之间的结合力较大，需要提供较多的能量才能将其分离，因而多采用加热法或降压与加热并举的方法对溶液进行再生。

如果将吸收和解吸均改为两段进行，由于解吸过程中有一部分溶液不需要解吸得那么彻底，因而其加热的温度不必要那么高，可以节省加热量，也就是减少了能量消耗。对于降压法进行类似的分析，也不难得出相同的结论，即采用两段吸收两段解吸流程比一段吸收一段

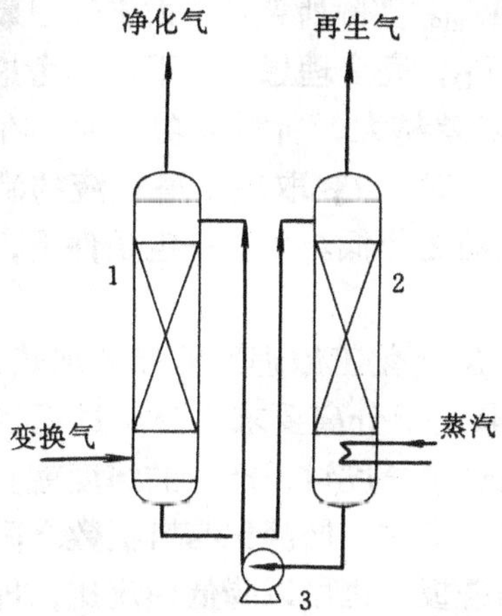

图 4-8　一段吸收一段解吸
1—吸收塔；2—再生塔；3—溶液循环泵

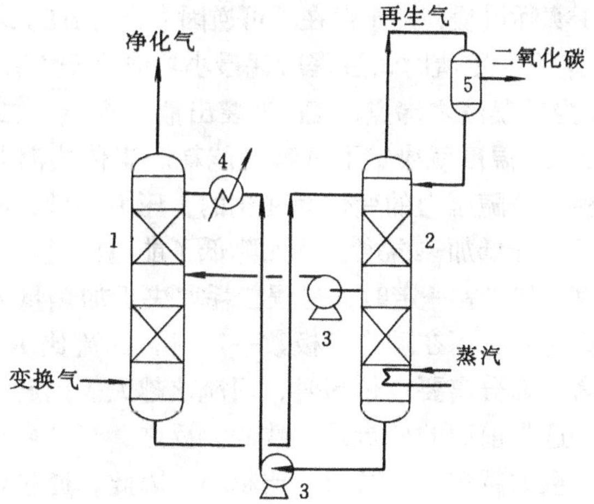

图 4-9　二段吸收二段解吸
1—吸收塔；2—再生塔；3—溶液循环泵；
4—冷却器；5—冷凝器

解吸的能量消耗要低。虽然从理论上说，吸收与解吸的段数越多，其能量消耗越低，但流程也随之复杂，设备投资费用也相应增加，因此，生产中一般并不采用较多的段数。大型合成氨厂的热钾碱法脱除二氧化碳就是一个很典型化学吸收的例子。如图 4-8 和图 4-9 分别为一段吸收一段解吸和二段吸收二段解吸的流程示意图。生产中广泛采用二段吸收与二段解吸的流程。

(2) 精馏过程的热力学分析　精馏操作是另一种非常重要的分离单元操作。常用于分离均相的液态混合物。它是根据溶液中各组分的相对挥发度的不同而采用多次汽化和多次冷凝使溶液得到分离的一种操作过程。

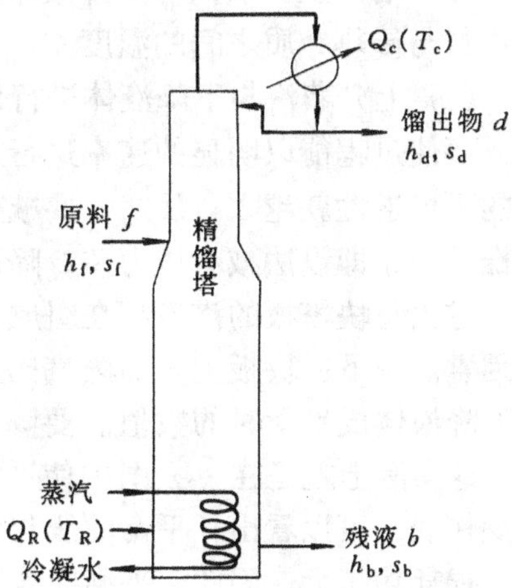

图 4-10　二元体系精馏示意图

下面对一个二元体系的精馏过程进行分析。如图 4-10 所示，1 kmolA，B 的混合物通过精馏塔分离成馏出物 D 和塔釜液 W，为简单起见，设进出物料的温度

相同且均为常温，且不考虑散热损失。塔底再沸器加入的热量为 Q_R，温度为 T_R；塔顶冷凝器放出热量为 Q_D，温度为 T_D。对全塔进行热量衡算，有

$$\Delta H = Q$$

题设进出口物料温度相同，$\Delta H = H_D + H_W - H_F = 0$

故有
$$Q = 0$$

即
$$Q_R + Q_D = 0$$

$$Q_R = -Q_D$$

写成
$$|Q_R| = |Q_D| = Q$$

则有
$$\Delta E_X = E_{XR} - E_{XD} = Q_R\left(1 - \frac{T_0}{T_R}\right) - Q_D\left(1 - \frac{T_0}{T_D}\right) = QT_0\left(\frac{1}{T_D} - \frac{1}{T_R}\right) \tag{4-6}$$

当过程可逆时
$$\Delta E_X = -W_{id}$$

此即为过程的理想功，亦即最小功。

对于实际过程，由于存在不可逆因素，有 $\Delta E_X > -W_{id}$。实际所耗功要大于过程最小功。

当 Q 为一定值时，过程所耗最小功取决于 T_R 和 T_D，完全理想情况下，不考虑传热温差，T_R 为塔釜液之沸点，T_D 为馏出液之沸点。二者之差越大，所需耗功越大。在这种情况下，T_R 之温度就决定了过程的能耗。当传热温差一定时，T_R 取决于塔釜液的沸点。而物质的沸点是随压力的变化而变化的，压力降低，沸点随之降低。故在一定条件下，降低精馏压力可以降低加热温度，从而降低了能量消耗。

当 T_R 和 T_D 一定时，过程能耗取决于加热量 Q。从《化工原理》可知，加热量 Q 正比于回流比 R，而在理论塔板数一定时，回流比 R 又取决于分离要求。分离过程要求产品纯度越高，即分离要求越高时，回流比越大。因此，从这个角度讲，产品的纯度就直接决定了能耗。这与前面的分析是一致的。反之，当分离要求一定时，回流比与塔板数之间呈反比关系，塔板数越多，所需回流比越小。因此，通过增加塔板数也可以降低回流比，即可以降低能耗。但由此所带来的不利因素是设备投资增大和流体流经塔的压力降增加。

引起精馏过程功损耗的原因在于过程的不可逆性。一般过程的不可逆性表现在以下几方面。

(a) 流体流动时存在压力降；

(b) 塔内上升蒸汽与下降液体直接接触产生热交换时的温度差，以及在再沸器和冷凝器中物料与传热介质之间的温度差；

(c) 上升蒸汽与下降液体进行传质时，两相含量与平衡含量之差。

要使过程能以明显的速率进行，就必须保持一定的过程推动力。但过程推动力越大，过程的不可逆性就越大。反之，要减少过程的损耗功，提高热力学效率，就必须减小过程的各种推动力，即设法减小压力差，降低温度差和缩小化学位的差别。

进出每块塔板的汽液相在组成和温度上的相互不平衡是使精馏过程热力学效率下降的重要因素。由下一块板上来的蒸汽比上一块板下来的液体温度要高些，易挥发组分的含量小于与下降液体成平衡时的数值。要降低损耗功就必须设法减小各板上传热与传质过程的推动力。这实际上就是在 y-x 图中使平衡曲线与操作线尽量的接近。在 y-x 图中作出平衡曲线和操作线，可以看出，平衡曲线与操作线之间的距离就是精馏过程的推动力，过程推动力越大，损耗功越大。因此，平衡曲线与操作线之间的距离就定性的代表精馏过程的损耗功。从《化工原理》的分析可知，回流比的大小直接决定了操作线的位置。回流比越小，操作线越

接近平衡曲线，过程推动力就越小，损耗功也就越小。

如图 4-11（a）所示为在大于最小回流比时某一回流比条件下的一般操作状况。其过程推动力随操作线向平衡曲线的靠近而减小。图 4-11（b）代表最小回流比时的情况。此时操作线与平衡曲线相交，过程推动力最小，损耗功最小。但即使如此，过程的损耗功也不为零。这是因为此时仅仅是在进料处达到了平衡，其他塔板处仍然存在着明显的推动力。要想使过程的损耗功进一步减小，应在塔的各不同高度处适当改变操作线的斜率，使其更接近于平衡曲线，以减少过程的损耗功。图 4-11（c）所示为将精馏段操作线和提馏段操作线各分为两段时的情况。此时在精馏段用了两个不同的回流比，上一段的回流比小于下一段的回流比，这相当于在精馏段中间设置了第二个冷凝器，使得上升气流发生部分冷凝。提馏段也分为两段，上一段的上升蒸汽量大于下一段的上升蒸汽量。同样相当于在提馏段中间增加了一个加热器，使得上升的蒸汽量增加。从图中可以看出，增设第二冷凝器和第二加热器后，操作线与平衡曲线之间的距离减小了，也就是过程的损耗功减小了。从总的效果上看，虽然整个塔所需的热量及冷却量并未发生变化，但与原冷凝器相比，第二冷凝器可以在较高的温度下放出热量，提高了热能的利用价值，减少了能量的降级，同理，与原加热器相比，采用第二加热器可以降低加热温度，可使用较低温度的热源。与图 4-11（a）所示的一般情况比较，其热力学效率的提高并不是由于总热能消耗量的减少，而是由于降低了所需要的热能能级的要求和提高了所放出的热量的能级。从整体上看，减少了能量的降级，也就是减少了损耗功。如果在精馏段的每一块板上都设置冷凝器，在提馏段的每一块板上都设置加热器，并使其达到平衡。这样就达到了完全的可逆，使图中操作线与平衡曲线达到完全重合，使得整个

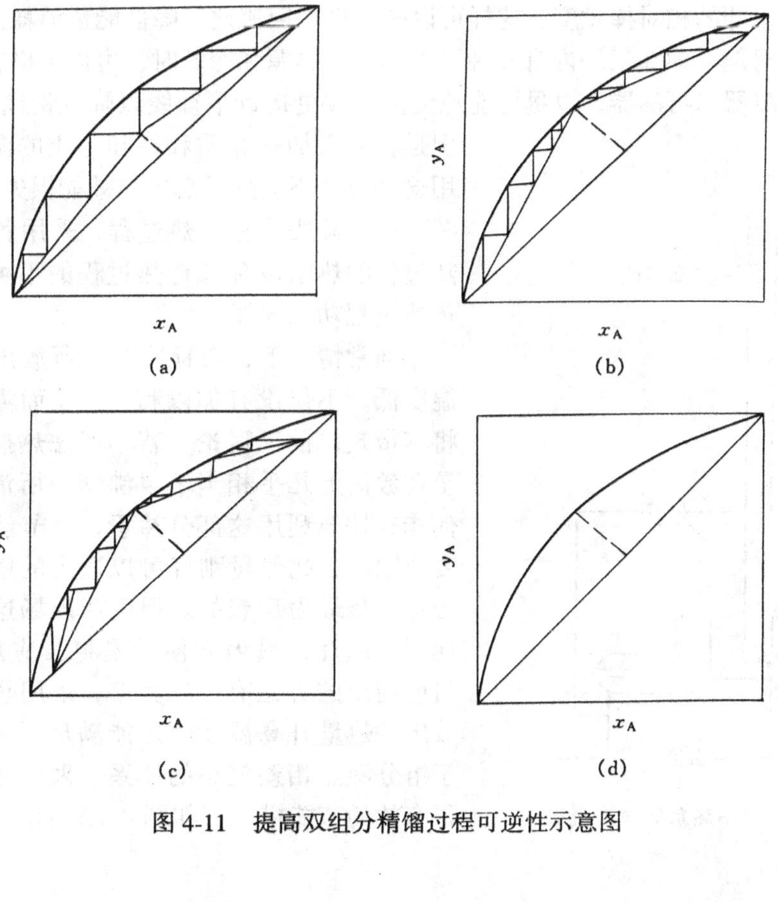

图 4-11　提高双组分精馏过程可逆性示意图

过程的能耗降到理论上的最小值，即所谓的“可逆精馏”，如图 4-11（d）所示。此时，精馏段的回流量是越往下越大，提馏段的蒸汽量则是越往上越大。虽然实际过程中相接触的气液两相不可能达到平衡，也不可能设置那么多的冷凝器和加热器，但无疑这种分析方法可以指出改进精馏过程，降低精馏过程能耗的方向。

以上讨论的是假设精馏塔的热量加入和取出都是可逆的。实际上，传热过程也不可能是可逆的。加热器与冷凝器中的介质与塔中物料之间还存在温度差，使得 T_D 下降而 T_R 升高。从式（4-6）可以看出结果是会使过程的能量消耗增加。

值得指出的是如果生产过程中没有各种相应级别的热源或冷源，只有单一温度的热源和冷源，则采用上面讨论的分段精馏方法是毫无意义的，因为虽然通过多段精馏的方法降低了塔内传质过程的不可逆程度，但同时却增大了传热过程的不可逆程度。只不过是将塔内的不可逆转移到了传热过程而已。

综上所述，要使精馏过程提高其热力学效率，减少过程功的损耗，应在以下几方面努力。

（a）首先，应根据工艺要求，确定最佳的分离程度，切不可盲目地追求过高的产品纯度而导致过程理想分离功耗的增大，这一点是最主要的。

（b）采用较低的回流比。在可以保证产品纯度的前提下，减少回流比可以减轻再沸器和冷凝器的热负荷。切勿采用提高回流比的方法来提高纯度以保证不出次品，这样会导致过程能量消耗增大。其次，通过适当增加塔板数的方法也可以降低回流比。

（c）通常情况下，降低操作压力可以降低溶液的沸点，因此，对于某些精馏过程，可以通过降低操作压力的方法来降低所需加热热能的能级以降低能耗；通常，降低操作压力还可以增加被分离组分的相对挥发度，这样可以减小操作回流比，降低能量消耗。

（d）若有可能，即在工厂内有多种可供选择的热源和冷源时，可以考虑在精馏塔中适当的位置增设冷凝器和再沸器，以尽可能地使操作线更接近平衡线以降低精馏过程的损耗功。但是，如果加热介质和冷却介质的温度不变时，采用这种方法不会降低总的有效能损失。

（e）设法改善传热过程，采用各种方式减小传热过程的热阻以降低传热过程的不可逆程度，减少传热过程功的损耗。

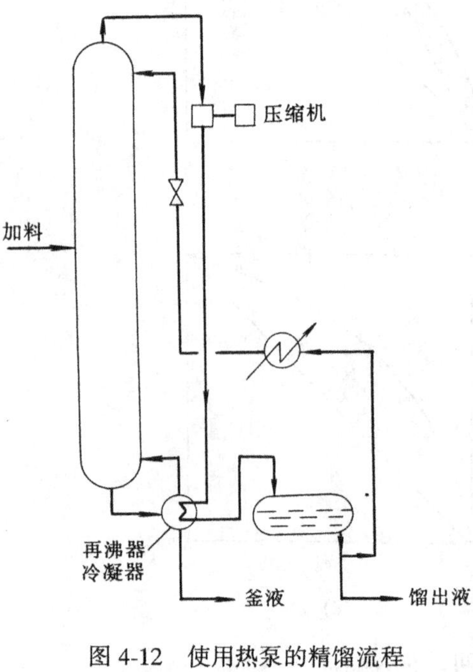

图 4-12 使用热泵的精馏流程

通常情况下，塔顶冷凝热所放出的热量由于其温度低，不仅没有加以利用，反而需要使用冷却水将其带走。前已讨论，若不考虑热损失，这部分热量在数值上几乎相当于再沸器中所消耗的热量。如何能有效地利用这部分热量，是节能工作的一个重要课题。若此热量刚好可以适当的用于其他工序作为热源是最为理想的。但生产现场这样的条件很难遇到。因此，最为方便的是将其应用于体系本身。目前使用的方法有二：其一，采用热泵将冷凝器所放出的热量升高温度使之能满足再沸器的需要，对于组分沸点相差较小的体系，采用热泵流程是一种很有效的节能措施。如图 4-12 所示，塔顶蒸汽经过压缩，使其冷凝温度高于釜液的沸点，冷凝所释放的热量供给釜液蒸发之用。冷凝器与再沸器采用同一个设备。从而减少了传热过程的不可逆性，也减少了设备投资。虽然采用热泵需要消耗部分高品位的功，但其数量远小于所获得的热量，生产中以少量的机械功为代价换取数量比其多得多的热能，在多数情况下是合算的。关于热泵的常识将在第五章予以讨论。其二，采用多效精馏的方法也是一种很有效的方法。与多效蒸发相类似，多效精馏的原理是将精馏过程分为压力不同的两套系统，利用溶液的沸点随压力的升高而升高的特点，将较高压力操作的精馏塔塔顶冷凝器所放出的热量作为较低压力操作的精馏塔再沸器的热源，通常多采用双效精馏。如图 4-13 为三种采用双效精馏的方案。由于在多效精馏中蒸汽得到了重复利用，因此，采用多效精馏可以有效地节省蒸汽用量，理论上可以节约近一半的蒸汽量。目前，多效精馏已在生产中广泛被采用。

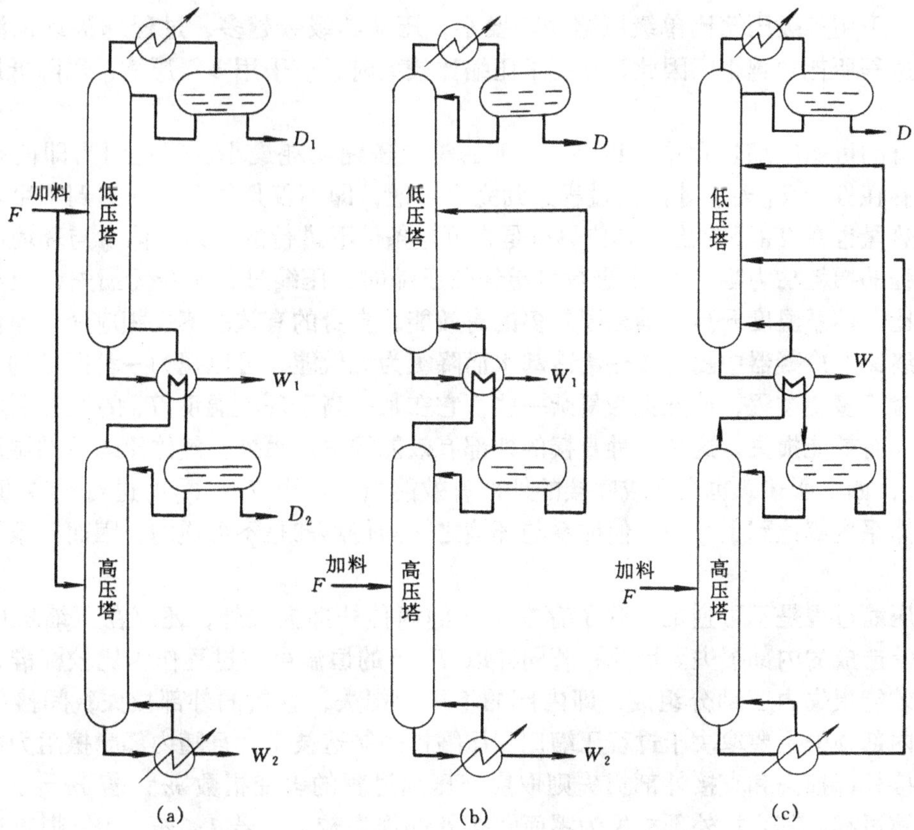

图 4-13　多效精馏

*4.2.3. 压缩与膨胀过程的热力学分析

气体的压缩与膨胀过程也是化工过程中的重要过程。例如气体的升压与输送，流体的减压，制冷等等。

(1) 气体压缩过程的热力学分析　在第二章中已经讨论过气体的压缩过程和压缩功的计算。对于理想气体，其可逆压缩功的计算式分别为：

等温压缩
$$W_S = \int_{p_1}^{p_2} V\,dp = RT_1 \ln \frac{p_2}{p_1} \tag{2-12}$$

绝热压缩 $$W_S=\int_{p_1}^{p_2}V_m\mathrm{d}p=\frac{\gamma}{\gamma-1}RT_1\left[\left(\frac{p_2}{p_1}\right)^{\frac{\gamma-1}{\gamma}}-1\right] \tag{2-13}$$

多变压缩 $$W_S=\int_{p_1}^{p_2}V_m\mathrm{d}p=\frac{m}{m-1}RT_1\left[\left(\frac{p_2}{p_1}\right)^{\frac{m-1}{m}}-1\right] \tag{2-15}$$

在三种压缩过程中以等温压缩功耗为最小，多变压缩次之，绝热压缩功耗为最大。实际上，多变压缩是介于等温压缩与绝热压缩之间的一种压缩过程，通常情况下，$1<m<\gamma$。多变指数 m 随过程热量的移走情况而变化，热量移走越及时，越彻底，过程越接近等温过程，m 值越接近1，过程功耗就越小。而热量移走越慢，过程越接近绝热过程，m 值越接近γ，过程功耗就越大。因此，要想降低压缩过程的功耗，应该设法强化压缩过程的冷却，以尽量使实际压缩过程接近等温压缩。实际生产中压缩机的汽缸往往带有水冷夹套或是散热片，就是为了强化冷却过程。

其次，采用多级压缩比单级压缩功耗要小，压缩的级数越多，过程越接近恒温可逆压缩，压缩过程所耗功越小。因此，在要求压缩比较大时，应采用多级压缩，以降低压缩过程功耗。

在所有的可逆压缩过程中，以在 T_0 下的等温压缩功耗最小。这是因为即使是等温压缩，也只有在 $T=T_0$ 时，才能使过程达到完全可逆，即不仅是体系内部达到了可逆，且由于体系的热量也在 T_0 下排出，其传热也是在可逆条件下进行的。因此体系与环境的熵变均为零，过程的损耗功为零。T_0 下进行可逆绝热压缩时，压缩过程本身无损失，但与等温可逆压缩相比，体系温度升高，消耗了较多的有效能，自身的有效能值也相应增加。但这部分有效能最终又在冷凝器中随着放热给冷却水而降级为无效能，可以视为一种间接的外部有效能损失。对于多变过程，情况更为复杂一些，它在某一高于环境温度 T_0 的温度下对外排出热量而引起有效能损失，这是一种直接的外部有效能损失。另外，气体压缩后的温度高于环境温度 T_0，如上所述，也会造成间接的外部有效能损失。当 $T\neq T_0$ 时进行等温可逆压缩，此时虽然体系内部达到了可逆，但体系与环境之间的传热却是不可逆的，因而导致了损耗功的产生。

实际压缩过程是不可逆的，除了存在上述的两种外部损失外，还存在压缩机内部如摩擦，涡流等造成的内部损失。因此，若同样以 T_0 下的恒温可逆过程作为比较标准，则实际过程的有效能损失由三部分组成：即内部的不可逆损失，直接的外部损失，间接的外部损失。其中内部损失主要取决于过程压缩比和压缩机的制造技术，且随内部摩擦阻力的增大而增大。间接外部损失和直接外部损失则取决于压缩过程的多变指数 m，若 $m=\gamma$，则为可逆绝热压缩过程，其直接外部损失为零而间接外部损失较大，若 $1<m<\gamma$，则直接外部损失大于零而间接外部损失较小。

综上所述，提高压缩过程热力学效率的措施如下。

a. 尽量采用高效率的压缩机以降低压缩过程的内部损失。这是降低压缩过程功耗最根本的措施。

b. 若所需要的总压缩比较高，则应优先考虑采用多级压缩以取代单级压缩。最经济的段数应根据总费用最低的原则来确定。

c. 降低压缩比。这点应包括两层含义，其一是设法减少流体流动过程的阻力以减少不必要的阻力损失，从而使压缩比得以降低；其二是在可能的情况下选择可以在低压下操作的工艺过程以使压缩比降低。从功的计算式可以看出，压缩过程的功耗是随压缩比的增大而增大的。降低压缩比应在能满足工艺要求的前提下设法提高吸入压力和降低出口压力，而这点主要靠降低过程阻力来实现。如采用低压降的段间冷却器、在条件允许的情况下考虑段间冷却采用直接水冷却取代间接水冷却、尽量减少管道中的阀件和弯头、压缩机的前后采用低阻力的各种设备等，都是很有效的措施。例如某厂通过技术改造使进压缩机前的设备阻力大大降低而提高了压缩机的入口压力，使压缩过程的功耗降低了12%～13%。降低出口压力主要指的是严格控制操作条件，使压缩机的出口压力等于或略高于完成过程所必需的压力，不宜过高，以免造成无谓的损失。当然，最好的办法就是改革工艺过程，使生产过程能够得以在低压下操作，从而从根本上降低操作压力。比如采用催化剂或是研究开发新的催化剂以使原本需要在高压下进行的某些反应过程得以在低压下进行等等。

d. 强化压缩过程的冷却，以使压缩过程尽可能的接近恒温压缩从而降低压缩功耗，并尽量采用低的压缩机入口气体温度。从可逆压缩功的计算式可以看出，压缩机进口气体温度越低，功耗越小。且降低压缩机的入口温度同时也降低了其出口温度，对压缩机的润滑及防止气体温度过高而使被压缩气体受热分解也十分有利。

e. 有些情况下，选择适当的压缩位置，也能起到节省压缩功的作用。例如在合成氨厂中，原料气的中间压缩可以选在一氧化碳变换工序之前，也可以选择在一氧化碳变换工序之后。由于从干基角度看一氧化碳变换反应$CO+H_2O(g)═CO_2+H_2$是一个体积增大的反应，反应后的干基体积要大于反应前的干基体积。显然，选择在变换反应之前进行压缩可以降低压缩功耗。

(2) 气体膨胀过程的热力学分析　化工生产中常通过高压气体的膨胀来达到减压、制冷和对外作功等。

高压气体的膨胀有通过节流阀的节流膨胀和通过膨胀机对外作功的绝热膨胀两种方式。下面分别讨论之。

a. 节流膨胀过程　如图4-14 (a) 所示为高压流体节流膨胀的示意图，高压流体的压力为 p_1，通过节流阀（或其他节流装置）后流体的压力降为 p_2。此过程有：

$$Q=0,\quad W_S=0$$

则必有　$\Delta H=0\quad H_1=H_2$

即节流过程是等焓过程。

对节流过程，$Q=0$，则 $\Delta S_{sur}=0$

$$\Delta S_t=\Delta S_{sys}=-R\ln\frac{p_2}{p_1}>0$$

$$W_L=-T_0\Delta S_t<0$$

可知节流过程是一个不可逆过程，过程有功的损耗。

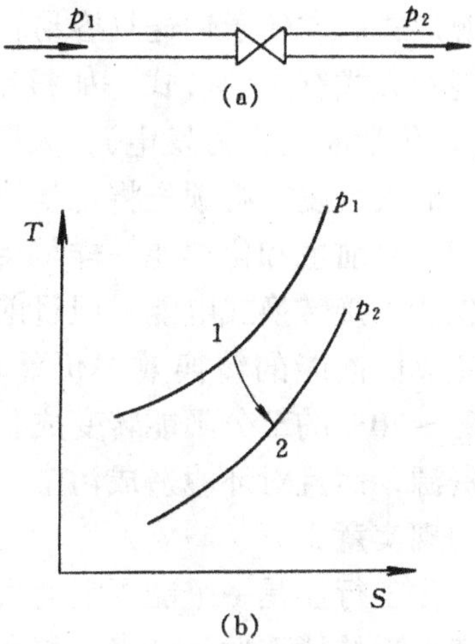

图4-14　节流过程示意图

图4-14 (b) 为节流过程在 T-S 图上的表示，由图可知，对于真实气体，一般条件下，随着节流过程压力降低，温度降低，体系的熵增加。在工业生产中常常利用这一原理进行工业制冷。

b. 作外功的绝热膨胀　作外功的膨胀过程是高压气体通过透平机进行绝热膨胀同时对外输出外功。由于过程绝热，$Q=0$，则有 $W_S=\Delta H=H_2-H_1$，体系对外作功就等于体系的焓的变化值。

如果过程可逆，则过程为等熵过程。等熵过程在 T-S 图上的表示如图4-15所示。为一

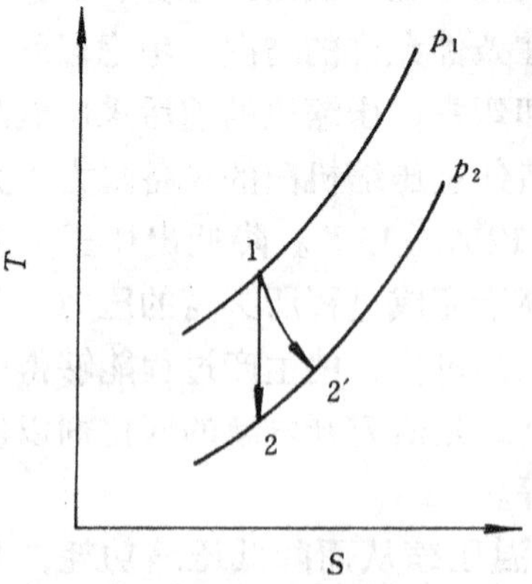

图 4-15　作外功的膨胀

垂线，为图中线 1-2。实际过程都是不可逆的，过程有熵的产生从而使体系的熵增加。因此，实际过程在图中表示为线 1-2′。

通过以上讨论可知，节流膨胀过程有功的损耗，而等熵膨胀过程不仅可以得到比节流过程较低的温度，还可以获得一定量的轴功，且没有功的损耗。即使对于不可逆的绝热作外功的膨胀，其功的损耗也远比等焓膨胀要小得多。因此，从节能的角度，采用等熵膨胀制冷要比节流膨胀制冷优越得多。但节流降压也具有设备简单和操作维护方便的优点。目前，普通冷冻仍主要采用节流膨胀就是这个原因。而深度冷冻由于需要较大的温度降而多采用对外作功的膨胀方式。另外，化工过程中常有许多高压流体在降压时采用了节流的方式，这种方式虽然简单，但却损失了作功能力，从能量利用的角度来看很不合理地利用高压气体的作功能力将其通过透平机作功，以减少能量的损耗。

4.3. 能量转换装置的热力学分析

4.3.1. 蒸汽动力循环过程热力学分析

蒸汽动力循环是以蒸汽为工质将热转化为功的一种动力循环装置，它是热机的一种。

人类的生产和生活都需要大量的能量，在现代生产和生活中，电能更是一种不可替代的能源形式。它便于输送且容易转换为其他能量形式，给人类带来了现代文明。虽然人类获取电能的方式有多种形式，如核能（原子能发电），机械能（水力发电，风力发电，潮汐发电），化学能（火力发电），太阳能等。但目前仍然是以化学能形式的火力发电占了绝大部分。而火力发电必须先将化学能转变成热能，然后再转变成机械能进而转变成电能。即使是核能，目前也和化学能一样是将其先转变成热能，再转变成机械能和电能。虽然化学能和核能也能直接转换成电能，但目前尚受到技术条件的限制暂时未能大规模工业应用。当今热能转变成机械能的转换效率仍然较低（一般不超过 40%，多数在 30%～40%之间），约有 60%～70%的部分不能转变成我们所需要的能量形式而被迫散入环境，不仅浪费了宝贵的能源资源，而且对环境造成污染。因此，研究如何提高热转化为功的效率的问题，就具有很重要的现实意义。

化工行业是一个能源消耗大户，在各行业中仅次于冶金行业而居第二位。同时，由于其生产过程的特殊性，许多过程在生产化工产品的同时，将大量的化学能以热能的形式释放出来。以前，这些热能除了一部分作为余热在生产中加以利用之外（如作为热源直接用于加热工艺物料或用于产生中、低压蒸汽作为加热热源），大多数在传热过程中由于存在较大传热温度差而导致其温度不断降低，最终达到难以利用的程度而不得不以废热的形式排入环境，造成能源资源的浪费，因而早期各种化工产品的能耗都很高。随着化工生产技术和节能理论的发展，人们已逐渐发展到利用生产过程中各工序所产生的或多余的热能按照从高温到低温的级别尽可能多的生产高温高压蒸汽，先用于驱动高压蒸汽透平产生机械功，然后再按照需要分别以不同的温度取出用于加热。为减少转换过程的能量损失，最好的方式是采用蒸汽透平直接带动各耗功机械如压缩机等，或是用以带动发电机将其转换成电能。蒸汽透平多采用排气压力高于环境压力的背压式透平，排出的蒸汽可再用于工艺加热或用于驱动低压透平。

由于将本工序的能量产生了机械功并在本工序加以利用，且其加热的能力并未减少太多，所以使得生产过程的能耗特别是功耗大大降低。对于某些化学反应热能较多的生产过程如硫酸的生产，在采用了蒸汽动力循环回收能量以后，不仅本身所需动力完全可以自给，还可以对外输出电能。因此，对于现代化工生产的工艺人员，掌握热转换成功的知识是很重要的。

（1）理想兰金循环（Rankine cycle，旧称朗肯循环）和实际兰金循环的热力学分析和改进原理　上一章讨论了一种理想的热机，卡诺热机循环。卡诺循环是一种理想的可逆循环，具有最高的效率。但在实际生产过程中是无法实现的。有实际意义的蒸汽动力循环为兰金循环，该循环由锅炉、透平、冷凝器、水泵所组成，其示意图为图 4-16。液体水以状态 1 进入锅炉，在其中吸收燃料燃烧放出的热量，经过升温、蒸发、过热而成为过热蒸汽 2，过热的目的是防止其进入透平膨胀后产生过多的液态水而损坏透平机，且可以产生更多的功。过热蒸汽进入透平机进行绝热可逆膨胀对外作功 W_S，本身变为状态 3。为了尽量的降低透平机出口压力以输出更多的功，将膨胀后的乏汽引入冷凝器中用冷却水移走热量，使其在较低的温度下冷凝。冷凝成为状态 4 的饱和液态水再进入水泵升压至状态 1 送入锅炉进行下一轮循环，如此循环往复，构成对外连续作功的蒸汽动力循环装置。因为循环中乏汽在冷凝器中全部冷凝下来，所以将这种透平称为凝汽式透平。如图 4-17 为该循环的 T-S 示意图，整个过程为 1-2-3-4-1 所示。由于过程各步骤均为可逆过程，该循环称为理想兰金循环。

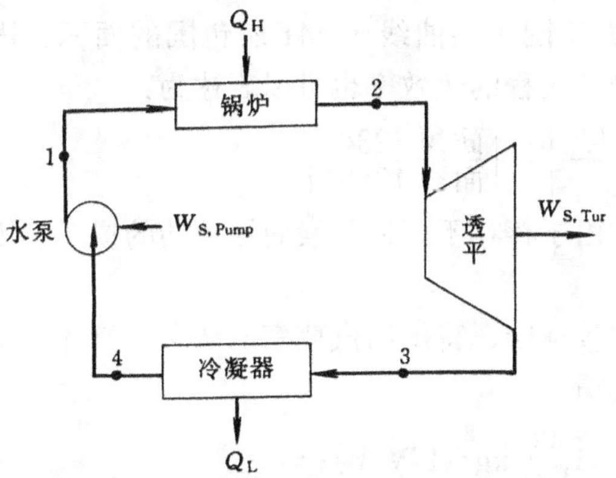

图 4-16　简单的蒸汽动力装置

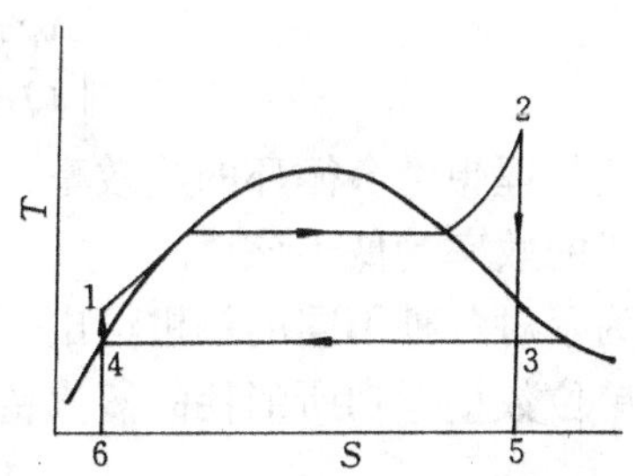

图 4-17　T-S 图上的兰金循环

根据 T-S 图中所示的理想兰金循环的各个过程及流体所发生的状态变化，应用稳流过程热力学第一定律表达式，可以计算出各个过程中流体与外界所交换的功。过程中流体的宏观动能和宏观位能的变化很小，在计算中将其忽略。

a. 水蒸气在锅炉吸热 Q_H

由
$$\Delta H = Q + W_S$$

过程
$$W_S = 0$$
$$Q_H = \Delta H_{1-2} = H_2 - H_1$$

b. 水蒸气在透平机中对外作功

过程
$$Q = 0$$
$$W_{S,T} = \Delta H_{2-3} = H_3 - H_2$$

c. 乏汽在冷凝器中放出热量

过程
$$W_S=0$$
$$Q_L=\Delta H_{3-4}=H_4-H_3$$

d. 冷凝水升压所耗功

过程
$$Q=0$$
$$W_{S,P}=\Delta H_{4-1}=H_1-H_4$$

循环过程工质作出的净功为：

$$W_N=W_{S,T}+W_{S,P}=(H_3-H_2)+(H_1-H_4)$$

液体水的比容比较小，即使压力差比较大，此项功耗 $W_{S,P}$ 与其他项相比，还是很小的，对于工程计算而言，可以将其忽略，因此，可以将其表达成：

$$W_N \approx W_{S,T}=H_3-H_2$$

这样，过程的热效率为：

$$\eta=\left|\frac{W_N}{Q_H}\right|=\left|\frac{(H_3-H_2)+(H_1-H_4)}{H_2-H_1}\right| \approx \frac{H_2-H_3}{H_2-H_1} \tag{4-7}$$

根据稳流过程热力学第一定律，对于循环过程有

$$\Delta H=0$$

因而必有
$$Q_N=W_N$$

而数学上 Q_H 为曲线 12561 所包围的面积（正值），同样 Q_L 为面积 43564（负值），所以工质与外界交换的净热 $Q_N=Q_H+Q_L$ 在 T-S 图中为曲线 12341 所包围的面积，因而理想兰金循环对外所作净功也就是该面积。故循环过程的热效率也可以表达为：

$$\eta=\left|\frac{W_N}{Q_H}\right|=\left|\frac{Q_H+Q_L}{Q_H}\right|=\left|\frac{\text{面积 }12341}{\text{面积 }12561}\right|$$

这是理想兰金循环的热效率，实际过程中由于存在不可逆因素而导致功的损耗，因此实际热机的效率均低于该值。

为了对各种不同的热机给出一个相同的比较标准，特提出汽耗率的概念。汽耗率就是每作出单位数量净功所消耗的蒸汽量，以 SSC 表示。

$$\text{SSC}=\frac{1}{W_N}\ \text{kg}\cdot\text{kJ}^{-1}=\frac{3600}{W_N}\ \text{kg}\cdot(\text{kW}\cdot\text{h})^{-1} \tag{4-8}$$

显然，热机的汽耗率越低，其经济性能越好，其设备尺寸也相对要小。所以汽耗率是评价蒸汽动力装置经济性的一个重要指标。

任何实际过程都是不可逆的，不可逆因素会导致功的损耗，工质在透平机中对外作功过程会有熵的产生，因而实际输出功会要小于绝热可逆功（绝对值），所以工质在透平机中的膨胀作功过程表示在 T-S 图（图 4-18）中为 2-3′，同样，冷凝水的升压过程是 4-1′，但后者由于数量很小而在工程计算中可以被忽略（图中以 4-1 表示）。因此，实际的兰金循环对外输出的功为：

$$W_{S,T}=\Delta H_{2-3'}=H_{3'}-H_{2'}$$

实际兰金循环热效率

$$\eta=\left|\frac{W_N}{Q_H}\right|=\left|\frac{(H_{3'}-H_2)+(H_{1'}-H_4)}{H_2-H_1}\right| \approx \frac{H_2-H_{3'}}{H_2-H_1} \tag{4-9}$$

实际的兰金循环对外输出的功数值上要小于理想兰金循环所输出的功，二者之间的差异可以用等熵效率来衡量，即：

$$\eta_S=\frac{W_{S,ac}}{W_{S,R}}=\frac{H_{3'}-H_2}{H_3-H_2}$$

η_S 的大小反映了透平机中蒸汽膨胀的不可逆程度，它反映了透平机内部损失的大小，可以通过对透平机的结构及加工等方面加以改进而得到提高。目前 η_S 的大小一般可以达到 80%～90%。通过可逆绝热功 $W_{S,R}$ 和等熵效率 η_S 就可以计算出实际功 $W_{S,ac}$，从而计算出 $H_{3'}$，然后就可以在 T-S 图上确定点 3′，进而计算出过程的熵产生量及损耗功。实际兰金循环的 T-S 图如图 4-18 所示。

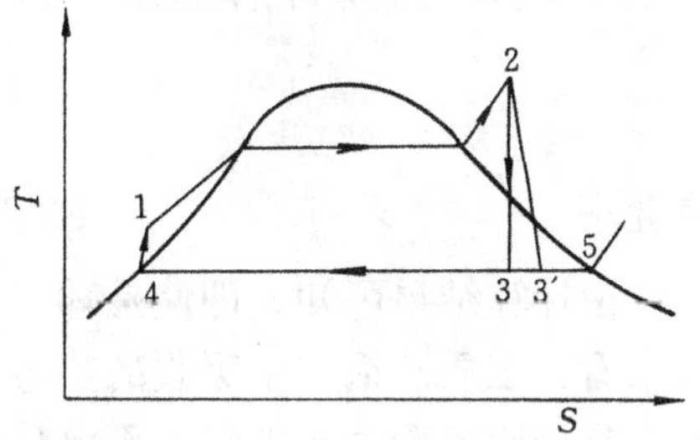

图 4-18　简单的实际兰金循环

例 4-5　如图 4-18 所示，某兰金循环入透平机的过热蒸汽为 8600 kPa、温度为 500 ℃。透平机排出的乏汽为 10 kPa。乏汽进入冷凝器全部冷凝成饱和水，然后泵入锅炉。求 ①理想兰金循环的热效率；②若透平和水泵的等熵效率都为 0.75，求实际兰金循环的热效率；③设计要求实际兰金循环输出的轴功率为 8000 kW，求蒸汽循环量和汽耗率。

解　由水蒸气表查出图中各状态点的焓、熵值列于例 4-5 表 1。

例 4-5 表 1　各状态点的焓、熵值

状态点	温度/℃	压力/kPa	状态	H/kJ·kg^{-1}	S/kJ·kg^{-1}·K^{-1}
1		8600	过冷水		
2	500	8600	过热蒸汽	3390.9	6.6858
3	45.8	10	湿蒸汽		
3′	45.8	10	湿蒸汽		
4	45.8	10	饱和水	191.83	0.6493
5	45.8	10	饱和蒸汽	2584.7	8.1502

① 先计算各点的焓值，H_2 和 H_4 为已知

过程 2-3 为等熵过程

$$S_3=S_2=S_5x+(1-x)S_4=8.1502x+(1-x)\times0.6493=6.6858$$

解之，　$x=0.80467$

$$H_3=H_5x+(1-x)H_4=2584.7\times0.80467+(1-0.80467)\times191.83=2117.3\ \mathrm{kJ\cdot kg^{-1}}$$

过程 4-1 有　$\Delta H=W_S$　$H_1-H_4=W_S$　$H_1=H_4+W_S$

水泵耗功　$W_{S,P}=v_4(p_1-p_4)=1.01\times10^{-3}\times(8600-10)\times10^3=8.676\ \mathrm{kJ\cdot kg^{-1}}$

式中　$v_4=1.01\times10^{-3}\ \mathrm{m^3\cdot kg^{-1}}$为饱和液态水之比体积，通过水蒸气表查出

$H_1=H_4+W_{S,p}=191.83+8.676=200.5\ \mathrm{kJ\cdot kg^{-1}}$

$$\eta_T=\left|\frac{W_S}{Q_H}\right|=\left|\frac{H_3-H_2+H_1-H_4}{H_2-H_1}\right|=\left|\frac{2117.3-3390.9+200.5-191.83}{3390.9-200.5}\right|=0.3965$$

② 已知透平和水泵的等熵效率均为 0.75，则透平产功为：

$$W'_{S,T}=\eta_S W_S=\eta_S(H_3-H_2)=0.75\times(2117.3-3390.9)=-955.2\ \mathrm{kJ\cdot kg^{-1}}$$

水泵耗功 $W'_{S,P}=\dfrac{W_{S,P}}{\eta_S}=\dfrac{H_1-H_4}{\eta_S}=\dfrac{200.5-191.83}{0.75}=11.56\ \mathrm{kJ\cdot kg^{-1}}$

$$H_1=H_4+W_{S,P}=191.83+11.56=203.39\ \mathrm{kJ\cdot kg^{-1}}$$

实际循环热效率　$\eta_T=\left|\dfrac{W_S}{Q_H}\right|=\left|\dfrac{W'_{S,T}+W'_{S,P}}{H_2-H_1}\right|=\left|\dfrac{-955.2+11.56}{3390.9-203.39}\right|=\dfrac{943.36}{3187.51}=0.2960$

③ 实际兰金循环的轴功率为 8000 kW，则其蒸汽流量为：

$$m=\frac{80000}{943.36}=84.78\ \mathrm{kg\cdot s^{-1}}$$

汽耗率
$$\mathrm{SSC}=\frac{3600}{943.36}=3.8161\ \mathrm{kg\cdot(kW\cdot h)^{-1}}$$

由计算结果可知，即使是理想兰金循环，其热效率也仅为 40%左右，从能量平衡的结果来看，工质从锅炉中吸收的热量中还有约 60%被冷却水带走，要想提高兰金循环的热效率，是否应该着力于加强这部分热量的回收呢？实践证明，这样做收不到应有的效果。下面采用有效能的方法进行分析。

取环境温度为 298 K，环境压力为 0.10133 MPa，查水蒸气表得：

$$H_0=104.89\ \mathrm{kJ\cdot kg^{-1}} \qquad S_0=0.3674\ \mathrm{kJ\cdot kg^{-1}\cdot K^{-1}}$$

$$E_X=T_0(S-S_0)-(H-H_0)=298\times(S-0.3674)-(H-104.89)=298S-H-4.5952$$

由上式和本题中理想兰金循环的数据进行计算，将结果列入例 4-5 表 2。

例 4-5 表 2　各点的有效能

状态点	过程	$H/\mathrm{kJ\cdot kg^{-1}}$	$S/\mathrm{kJ\cdot kg^{-1}\cdot K^{-1}}$	$E_X/\mathrm{kJ\cdot kg^{-1}}$	$\Delta E_X/\mathrm{kJ\cdot kg^{-1}}$
1. 高压水		200.5	0.6493	−11.6083	
	1-2				−1391.53
2. 蒸汽		3390.9	6.6858	−1403.13	
	2-3				1273.6
3. 乏汽		2117.3	6.6858	−129.53	
	3-4				126.6
4. 低压水		191.83	0.6493	−2.9338	
	4-1				−8.67

工质水在锅炉中吸收热量中有效能所占的分数为：

$$\left|\frac{\Delta E_{X12}}{Q}\right|=\left|\frac{\Delta E_{X12}}{H_2-H_1}\right|=\left|\frac{-1391.53}{3390.9-200.5}\right|=0.4362$$

循环的有效能利用率为 $\eta_{E_X}=\left|\dfrac{1273.6-8.67}{-1391.53}\right|=0.909$

有效能损失率为　$1-0.909=0.091$　该损失为冷却水带走的部分。

计算结果表明即使工质在锅炉中吸收的热量全部转化为功，其理论上也只能有 43.62%可以转化为功。现在已经达到了 39.65%，其有效能利用率已达 90.9%，说明潜力已经很小了。冷凝水带走的热量虽然数值较大，但由于其能位低，作功能力已经很小。因此，试图通过减少冷凝水带走的热量来增加作功量的做法是不能实现的。

由于本题没有提供高温烟道气的温度和数量，所以无法计算出锅炉中的有效能损失。但很显然，兰金循环的热力学效率最低处在于锅炉。因为在锅炉中，燃烧烟道气温度很高，一般超过 1000 ℃，而受热工质的温度较低，通常在 600 ℃以下。二者之间的平均传热温差，也就是传热过程的推动力很大，不可逆程度很高，因而导致过程熵产生量很大，损耗功很大。相对而言，冷凝器中传热温差较小，热力学效率较高。因此，要提高兰金循环的热力学效率，其主攻目标应该是设法减小锅炉中的传热温差以降低传热过程的不可逆程度，而不是减少冷凝器中的能量损失。从局部分析，在锅炉的传热过程中，又以入锅炉的水（状态点 1）的温度最低，其与高温烟道气的温差最大，因此，若能设法提高进入锅炉的水温，则锅炉的热力学效率也会提高。分析表明，提高兰金循环热效率的关键是设法提高吸热过程的平均温度。

(2) 提高兰金循环效率的主要措施　上面讨论，提高兰金循环效率的关键是设法降低锅炉中的传热温度差。实际生产中主要采取以下措施。

a. 提高蒸汽的过热温度　在蒸汽压力恒定的条件下，提高蒸汽的过热温度可使平均吸热温度提高。从图 4-19 中可以看出，在其他条件不变时，将过热蒸汽的状态点从点 2 沿等压线延伸至点 2′，使蒸汽过热温度从 T_2 提高到 $T_{2'}$时，净功的面积增大了面积 22′3′32，虽然工质的吸热量也增加了面积 22′5′52，但是不难看出，增加的净功与增加的吸热量之比值比原循环要高，因而使整个循环的热效率得到了提高。其次，从图中还可以看出，随着蒸汽过热温度的提高，出透平机乏汽的干度也得到了提高。提高干度可以减小透平机的磨蚀和震动等破坏作用，延长透平机的使用寿命。图 4-20 表示了蒸汽过热温度与兰金循环的热效率和汽耗率的关系，可见，汽耗率随蒸汽过热温度的提高而降低；而热效率随蒸汽过热温度的提高而提高。因此，对于兰金循环来说，蒸汽过热温度越高越有利。但是，蒸汽过热温度的提高受到金属材料性能的限制，从目前的情况来看，一般不能超过 600 ℃。虽然现在有些抗蠕变的特种合金钢材能耐更高的温度，可以用来做过热器的管子和透平，然而其价格昂贵，因此，从经济上考虑，蒸汽过热温度不宜过高。

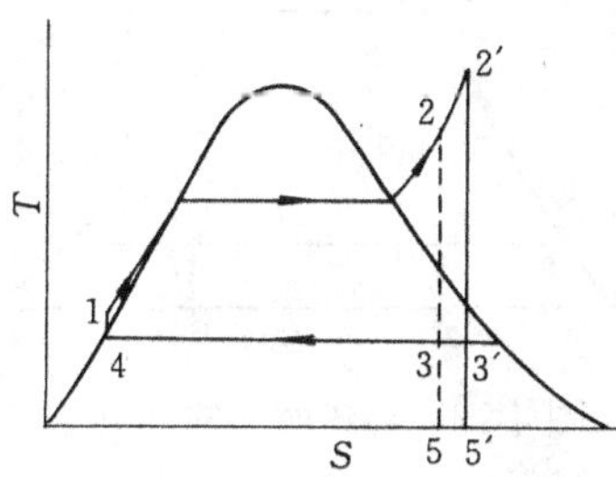

图 4-19　提高过热温度对热效率的影响

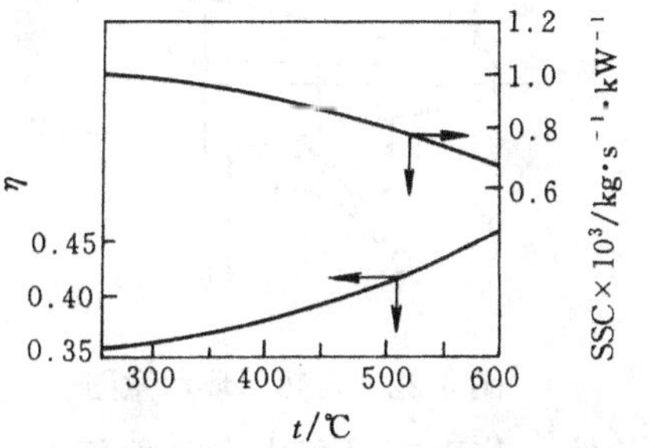

图 4-20　提高过热温度对汽耗率的影响

b. 提高蒸汽压力　蒸汽的沸腾温度是正比于其操作压力的，蒸汽压力越高，相应的沸腾温度也就高。因此，提高操作压力可以达到提高平均吸热温度，降低吸热过程不可逆程度的目的。如图 4-21 所示，当压力从 p_1 提高到 p_2 时吸热线上移，从 12 上移至 12′,与原循环相比较，虽然吸热量也增加了，但此部分多吸收的热量中转化为可利用的功的比值比原循环要高，因此，整个循环的热效率得到了提高。

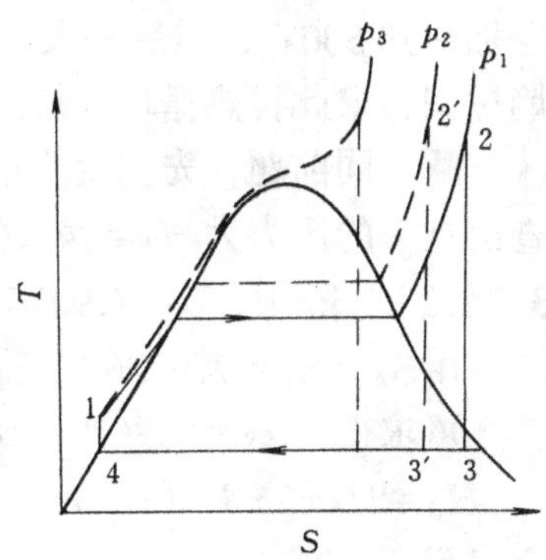

图 4-21　提高蒸气压力对热效率的影响

目前人类在热力循环中所使用的介质主要还是水，从水的 T-S 图可以看出，由于受到水的临界点的限制，蒸汽的操作压力提高是有限的。随着操作压力的提高，蒸发线越来越接近临界点，提高压力的影响越来越小，因此，仅靠提高蒸汽压力而不同时提高蒸汽过热温度不能使热效率有大幅度的提高。同时，从 T-S 图也可以看到，随着操作压力的提高，蒸汽通过透平机作功后的干度也越来越低，这样，势必造成乏汽对透平机的磨蚀增大，影响设备的使用寿命。如果能找到一种合适的介质，这类问题还是可以得到解决的。

c. 采用再热循环　如图 4-22 所示，再热循环就是使高压的过热蒸汽先在高压透平中膨胀到某一中间压力，然后将其引入锅炉中特设的再热器中进行第二次加热，使蒸汽温度升高后再进入低压透平膨胀至排汽压力。即在两次膨胀之间进行再加热。这样的优点是克服了在高压下一次膨胀所带来的乏汽干度较低从而使透平机磨蚀程度加剧的缺点，而从图 4-23 所示的 T-S 图中可以看出，与原兰金循环相比较，确实使吸热过程的平均温度得到了提高。如图，锅炉出来的高压蒸汽通过高压透平膨胀到中间压力的点 3，过程所产生的功为 W_{SH}。然后此蒸汽进入再热器中等压加热到点 4，进入低压透平继续膨胀作功 W_{SL}至排汽压力的状态点 8。与一次膨胀相比较，干度得到了提高，乏汽湿含量减少。再热循环进行了两次加热和两次膨胀作功，其热效率为：

$$\eta_T = \left|\frac{\sum W_S}{\sum Q_H}\right| = \left|\frac{W_{SH} + W_{SL} + W_{S,P}}{Q_H + Q_{RH}}\right| \tag{4-10}$$

式中，W_{SH}和 W_{SL}分别为蒸汽在高压透平和低压透平中所作的功；$W_{S,P}$为水泵所消耗的功；Q_H 为工质水在第一次加热过程所吸收的热；Q_{RH}为水蒸气在第二次加热过程所吸收的热。

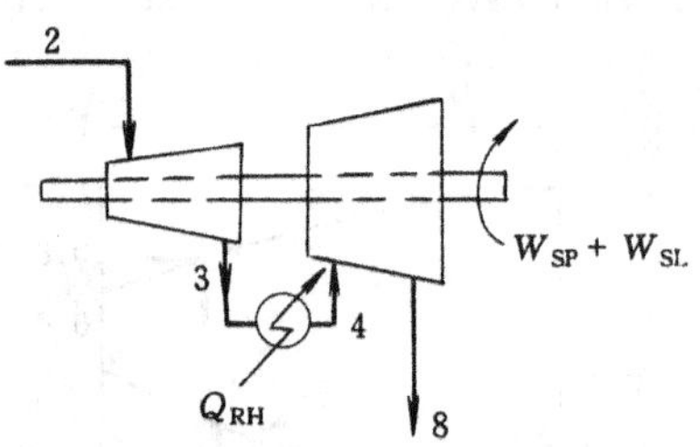

图 4-22　再热循环示意图

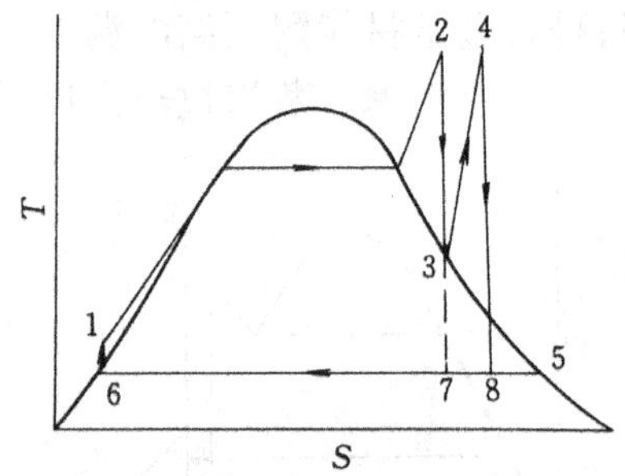

图 4-23　再热循环的 T-S 图

此外，若生产过程中有其他低温余热可以利用，将其用来加热进锅炉的冷水也是一种很好的方法，这样不仅使得入锅炉的水温提高从而降低了传热温差，可以提高循环的热效率。而且从整个系统来说，能量得到了综合利用，也提高了全系统的能量利用率。

例 4-6　将例 4-5 中的过热蒸汽先通过高压透平等熵膨胀到饱和状态后再进入再热器等压加热到 500℃，然后进入低压透平等熵膨胀到 10kPa。设冷凝水在水泵中的升压过程为等熵过程，求此再热循环的热效率和乏汽干度。

解　同前题，先应设法求出各点的焓值。如图，由 $S_2 = S_3 = 6.6858\ \text{kJ}\cdot\text{kg}^{-1}\cdot\text{K}^{-1}$，可查出点 3 的压力为 $p_3 = 747.64$ kPa，$H_3 = 2766.3\ \text{kJ}\cdot\text{kg}^{-1}$，点 4(747.64 kPa，500 ℃)$H_4 = 3481.2\ \text{kJ}\cdot\text{kg}^{-1}$，$S_4 = 7.9026\ \text{kJ}\cdot\text{kg}^{-1}\cdot\text{K}^{-1}$。

由 $S_4 = S_8 = 7.9026\ \text{kJ}\cdot\text{kg}^{-1}\cdot\text{K}^{-1}$及 $S_8 = S_5 x_8 + S_6(1 - x_8)$

可求得　$x_8 = 0.9670$　比前例中　$x_7 = 0.80467$ 要提高许多。

$$H_8 = H_5 x_8 + H_6(1 - x_8) = 2884.7 \times 0.9670 + (1 - 0.9670) \times 191.83 = 2505.7\ \text{kJ}\cdot\text{kg}^{-1}$$

全过程所作净功：

$$\begin{aligned} W_{SH} + W_{SL} + W_{S,P} &= (H_3 - H_2) + (H_8 - H_4) + W_{S,P} \\ &= (2766.3 - 3390.9) + (2505.7 - 3481.2) + 8.676 = -1591.4\ \text{kJ}\cdot\text{kg}^{-1} \end{aligned}$$

全过程所吸收总热量为：

$$(H_2 - H_1) + (H_4 - H_3) = (3390.9 - 200.5) + (3481.2 - 2766.3) = 3905.3\ \text{kJ}\cdot\text{kg}^{-1}$$

全过程热效率为　$\eta_T = \left|\dfrac{-1591.4}{3905.3}\right| = 0.4075$

可知，采用再热循环之后，乏汽干度和热效率都有所提高。

* 4.3.2. 林德循环的热力学分析及改进措施

(1) 简单林德循环及其热力学分析和改进原理　在化工生产过程中，有时需要将气体进行液化，这就需要将气体进行深度冷冻（将物系温度降低到 173K 以下称为深度冷冻）。气体的液化有多种方法，其中最简单的就是林德循环。这是 1895 年德国工程师林德首先应用于液化空气的最简单的深冷循环。如图 4-24 所示为林德循环的简化流程示意图及 T-S 图。

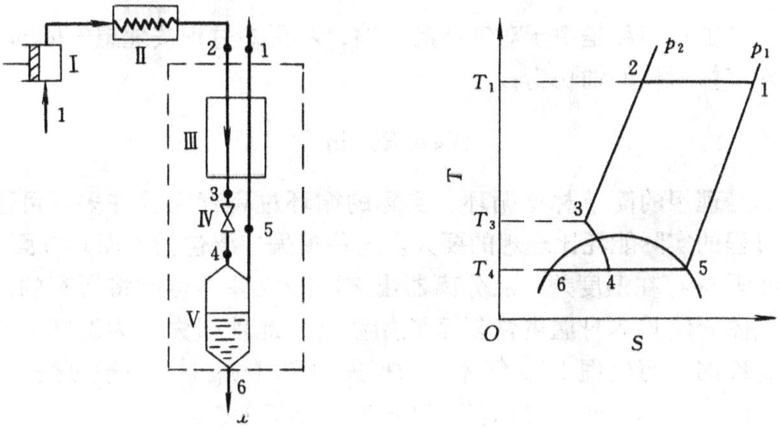

图 4-24　简单林德循环及其 T-S 图

Ⅰ—压缩机；Ⅱ—水冷却器；Ⅲ—热交换器；Ⅳ—节流阀；Ⅴ—气液分离器

气体在常温 T_1 及压力 p_1（状态点 1）下进入压缩机 1 压缩至高压 p_2，然后通过水冷却器Ⅱ冷却至常温 T_1（状态点 2），此过程在 T-S 图上简化表示为等温线 1—2。状态 2 的高压气体再进入热交换器Ⅲ进行等压冷却，温度降至 T_3，过程于 T-S 图上用等压线 2—3 表示。出热交换器的气体经节流阀Ⅳ节流至初始压力 p_1，T-S 图上用等焓线 3—4 表示。节流后的气体进入两相区分成气液两相（状态点 4），送入气液分离器Ⅴ，被液化的部分为状态点 6（p_1，T_4）从体系中分离出来，未被液化的部分（状态点 5）进入热交换器来预冷新进入的高压气体，理想情况下，热交换器热端没有温差，未被液化的气体可以等压升温至原始状态 1（p_1，T_1），在 T-S 图上表示为等压线 5—1。然后再与部分新鲜气体混合后重新进入压缩机压缩，如此完成一个循环。通过循环，可以源源不断地将气体液化。

以 1 kg 进入冷冻液化循环的低压气体为基准，设被液化的气体为 x kg，则未被液化的气体为（$1-x$）kg。在理想换热（即换热器热端无温差）和无冷损失（指外界无热量传入体系）的条件下，将换热器，节流阀，气液分离器作为一个流动体系（即图中虚线所包围的范围），对其进行能量平衡，有：

$$W_S=0,\ Q=0$$

因而有

$$\Delta H=0$$

即

$$x_iH_6+(1-x_i)-H_2=0$$

整理之，可得

$$x_i=\frac{H_1-H_2}{H_1-H_6} \tag{4-11}$$

式中　H_1、H_2——初温 T_1 时低压和高压气体的焓值；

H_6——低压下液态气体的焓值；

x_i——理想条件下的液化量。

在气体的初始状态确定时，H_1 和 H_6 均为定值。由式可知，理想条件下的液化量仅为 H_2 的函数，而 H_2 仅与 p_2 有关，因此，理想条件下的液化量 x_i 为压力 p_2 的函数。在 T_1 和 p_1 一定时，增大压力 p_2，理论液化量也相应增加。

稳定理想循环过程液化 x kg 气体需要移走的热量称为理论冷冻量。由上式可得循环的理论冷冻量为：

$$Q_{0i}=x_i(H_1-H_6)=H_1-H_2 \tag{4-12}$$

冷冻循环中的能量消耗是由于对气体的压缩，若压缩过程按理想气体的等温可逆压缩考虑，则需外界对气体所作的轴功为：

$$W_S=RT_1\ln\frac{p_2}{p_1} \tag{4-13}$$

以上讨论的是理想的简单林德循环，实际的循环过程存在着许多不可逆因素而造成损失，因而使得过程的实际能耗比理想的要大。这些损失主要包括下面几方面。

a. 换热器的热端存在温度差，从分离器出来的冷气体不可能将所有的冷量全部传给进入的高温高压气体而使其本身温度恢复至原始温度，此项损失称为温度损失，以 Q' 表示。当热端温度为 5 K 时，每处理 1 kg 气体，约损失 5000 $J\cdot kg^{-1}$。一般可按下式计算：

$$Q'=(1-x)\overline{C}_p\Delta T$$

式中 ΔT——热交换器热端温度差，一般为 3～10 K；

$\overline{C}_p$——低压气体的平均等压热容，$J\cdot kg^{-1}\cdot K^{-1}$。

对于实际气体，也可以用 T-S 图或其他热力学图表查出两种状态下的焓值进行计算。

b. 深冷装置绝热不完全，体系有冷量散入环境（即热量从环境传入体系）从而构成冷损失。此项以 Q'' 表示。其数量大小视保温条件和设备能力大小而不同，一般在 4000～10000 $J\cdot kg^{-1}$。考虑上述两项冷损失后，实际冷冻量为：

$$Q_0=(H_1-H_2)-(Q'+Q'')$$

相应的液化量为：

$$x=\frac{(H_1-H_2)-(Q'+Q'')}{(H_1-H_6)} \tag{4-14}$$

c. 压缩机中的不可逆性引起的能量损失，对于实际循环，气体不是理想的，压缩过程也不是可逆的，按理想气体的恒温可逆过程计算出来的功耗还必须以等温效率来予以校正，实际消耗的轴功为：

$$W_{S,ac}=\frac{RT_1}{\eta_T}\ln\frac{p_2}{p_1} \tag{4-15}$$

式中 η_T——等温压缩效率，通常按经验值取 0.59；

R——通用气体常数，$R=8.314\ J\cdot mol^{-1}\cdot K^{-1}$。

每液化 1 kg 气体所消耗功称为比功，以 W_x 表示

$$W_x=\frac{W_{S,ac}}{x}=\frac{RT_1}{x\cdot\eta_T}\ln\frac{p_2}{p_1} \tag{4-16}$$

例 4-7 某简单林德循环，以空气为工质，空气于 0.1013 MPa，30℃进入压缩机，经压缩及水冷后状态为 20.26 MPa，30 ℃，节流膨胀后压力为 0.1013 MPa，换热器热端的冷热流体温差为 5 ℃，冷损失可以忽略，试对此林德循环进行热力学分析。

解 流程图和 T-S 图如图 4-24 所示，以 1 kg 被处理的空气为计算基准。

① 根据空气的已知参数查空气的 T-S 图，可得：

1 态　0.1013 MPa,30 ℃＝303 K,查得

$H_1=514.0\ \text{kJ}\cdot\text{kg}^{-1}$　　$S_1=3.792\ \text{kJ}\cdot\text{kg}^{-1}\cdot\text{K}^{-1}$

2 态　20.26 MPa,30 ℃＝303 K,

$H_2=481.4\ \text{kJ}\cdot\text{kg}^{-1}$　　$S_2=2.214\ \text{kJ}\cdot\text{kg}^{-1}\cdot\text{K}^{-1}$

5 态　0.1013 MPa,饱和蒸汽,

$H_5=288.8\ \text{kJ}\cdot\text{kg}^{-1}$　　$S_5=2.4488\ \text{kJ}\cdot\text{kg}^{-1}\cdot\text{K}^{-1}$

6 态　0.1013 MPa,饱和液体,

$H_6=92.1\ \text{kJ}\cdot\text{kg}^{-1}$　　$S_6=0\ \text{kJ}\cdot\text{kg}^{-1}\cdot\text{K}^{-1}$　$T_6=79\ \text{K}$

7 态　0.1013 MPa

$H_7=509.4\ \text{kJ}\cdot\text{kg}^{-1}$　　$S_7=3.7758\ \text{kJ}\cdot\text{kg}^{-1}\cdot\text{K}^{-1}$　$T_7=T_2-5=303-5=298\ \text{K}$

求液化率：

$$x=\frac{H_7-H_2}{H_7-H_6}=\frac{509.4-481.4}{509.4-92.1}=0.0672$$

$$1-x=0.9328$$

即干度为 0.9328，由此可求得

$$H_4=0.0672\times92.1+0.9328\times288.8=275.6\ \text{kJ}\cdot\text{kg}^{-1}$$

通过 p_4 和 H_4，可查得 $T_4=82$ K，$S_4=2.281\ \text{kJ}\cdot\text{kg}^{-1}\cdot\text{K}^{-1}$

因为 $H_4=H_3$，$p_3=p'_2$，因而可查得

$$T_3=173\ \text{K},\quad S_3=1.327\ \text{kJ}\cdot\text{kg}^{-1}\cdot\text{K}^{-1}$$

② 能量计算

冷冻量　$Q_{0i}=x(H_1-H_6)=0.0672\times(514.0-92.1)=28.35\ \text{kJ}\cdot\text{kg}^{-1}$

压缩功　$W_S=\dfrac{RT_1}{M\eta_T}\ln\dfrac{p_2}{p_1}=\dfrac{8.314\times303}{29\times0.59}\ln\dfrac{20.26}{0.1013}=780.08\ \text{kJ}\cdot\text{kg}^{-1}$

液化比功　$W_x=\dfrac{W_S}{x}=\dfrac{780.08}{0.0672}=11610\ \text{kJ}\cdot\text{kg}^{-1}$

③ 有效能分析

$$E_X=T_0(S-S_0)-(H-H_0)=298\times(S-3.7925)-(H-514.0)=298S-H-616.17$$

此处取环境状态为 0.1013 MPa，303K，故 $H_0=H_1$，$S_0=S_1$。

利用此式可计算出体系各状态下的有效能值列于例 4-7 表 1。

例 4-7 表 1　各点的有效能值/kJ·kg⁻¹

E_{X1}	E_{X2}	E_{X3}	E_{X4}	E_{X5}	E_{X6}	E_{X7}
0	−437.28	−496.32	−211.91	−175.23	−708.27	−0.3816

气体液化过程理想功为：

$$W_{id}=-\Delta E_X=E_{X1}-E_{X6}=708.27\ \text{kJ}\cdot\text{kg}^{-1}$$

实际液化量为 0.0672 kg，故以 1 kg 气体为基准时，其理想功应为：

$$0.0672\times708.27=47.60\ \text{kJ}$$

压缩系统的损耗功计算应将压缩机和冷却器作为一个整体进行考虑，故

$$W_{L压}=E_{X1}-E_{X2}+W_S=0-(-437.28)-780.1=-342.82\ \text{kJ}$$

节流阀的有效能损失为：

$$W_{L阀}=E_{X3}-E_{X4}=-496.32-(-211.91)=-284.41\ \text{kJ}$$

对换热器作有效能衡算，可得：

$$W_{L换}=E_{X2}-E_{X3}+(1-x)E_{X5}-(1-x)E_{X7}$$
$$=-437.28-(-496.32)+(1-0.0672)\times(0.3816-175.23)$$
$$=-104.06\ \text{kJ}$$

环境输入总功 $W_S=-780.1\ \text{kJ}$

液态空气带出有效能

$$E_{X液}=xE_{X6}=0.0672\times(-708.27)=-47.60\ \text{kJ}$$

有效能平衡列于例 4-7 表 2。

例 4-7 表 2　有效能平衡表

收　入			支　出		
项目	kJ	%	项目	kJ	%
压缩功	-780.08	100.00	压缩系统损失	-342.82	44.01
空气带入	0	0	换热器损失	-104.06	13.36
			节流阀损失	-284.41	36.51
			液体带出	-47.60	6.11
合计	-780.08	100.00	合计	-778.89	100.00

表中收支数值不严格平衡的原因是有效能的数值是根据 T-S 图中查得的数据计算的，而压缩功的计算是根据压缩功计算式计算的，且引进了压缩过程等温效率 η_T，计算的依据不相同。

计算结果表明，简单林德循环的损耗功很大，热力学效率很低，如本例中热力学效率仅 6.11%，损耗功高达 93.89%。损失最大处在压缩和冷却系统。占输入总功的 44.01%。这主要是过程的不可逆所造成的。要减少这部分损失，应尽量使压缩过程接近等温和采用多级压缩以减少不可逆程度，但可以减少的数量有限。其次节流过程损失也很大，占 36.51%，因为节流过程是一个高度的不可逆过程。要想减少这部分损失，可以用做外功的绝热膨胀来取代节流阀，如改成采用膨胀机进行绝热膨胀的克劳德循环和卡皮查循环等。换热器的损失也占了 13.36%，说明其不可逆程度也比较大。其原因是传热过程推动力较大。本例中虽然热端的温差只有 5℃，但冷端的温差却有 173－82＝91 ℃。不可逆程度较高，应设法予以降低。因此，对于林德循环，提高其热力学效率的主要途径应是设法降低压缩过程和换热过程的不可逆程度。

(2) 具有氨预冷的林德循环　如前所述，要提高林德循环的效率，减少气体液化过程的不可逆损失，主要从两个方面进行改造，即增加膨胀前气体的预冷和减少压缩过程的压缩比。其中采用氨预冷的方法已广泛被采用。如图 4-25 为具有氨预冷的林德循环的流程示意图和 T-S 图。出压缩机并经冷却到常温的气体先进入热交换器Ⅱ与低压气体换热冷至状态 2″，再进入氨冷器Ⅲ冷却至状态 2′，然后进入热交换器Ⅳ冷却至状态 3。经节流阀膨胀至状态 4 后进入气液分离器Ⅴ，在其中分离出液体产品 5。未被液化的气体 6 返回热交换器Ⅳ及Ⅱ与进入的高压气体换热恢复到状态 1 进入下一轮循环。循环过程在 T-S 图中表达为 1-2″-2′-3-4-6-1。采用了氨预冷以后，使得气体在节流前具有较低的温度，从 T-S 图中可以看出，节流前气体的温度愈低，节流后液化的气体量就愈多。由于将原有的换热器改为两个，并在其中插入了一个氨冷却器，使得全过程的传热温差减小了，传热过程的不可逆程度得到降

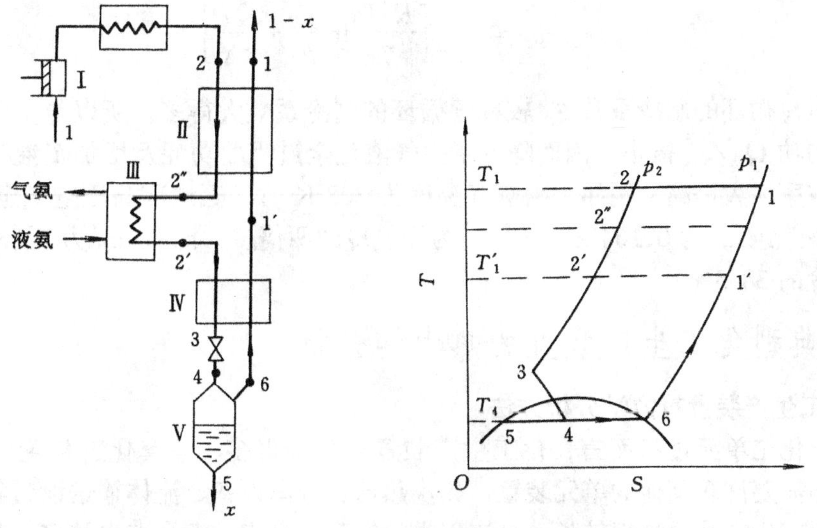

图 4-25 具有氨预冷的林德循环

Ⅰ—压缩机；Ⅱ、Ⅳ—热交换器；Ⅲ—氨冷器；Ⅴ—气液分离器

低，损耗功减少，其次，由于温度降低，也减少了节流过程的损失。因而全过程的热力学效率可以得到提高。

现围绕热交换器Ⅱ、Ⅲ、Ⅳ、节流阀和分离器作能量衡算，设冷损失为 Q'，温度损失为 Q''，通过氨冷器移走的热量为 Q_A，则有：

$$H_2+Q'+Q''=xH_5+(1-x)H_1+Q_A$$

可得液化量为：

$$x=\frac{(H_1-H_2)+Q_A-(Q'+Q'')}{H_1-H_5} \tag{4-17}$$

对氨冷器作能量衡算，则氨冷器移走的热量为：

$$Q_A=H_2''-H_1' \tag{A}$$

对换热器Ⅱ作能量衡算：

$$H_2-H_2''=(1-x)(H_1-H_1')$$

$$H_2''=H_1'-(H_1-H_2)+x(H_1-H_1') \tag{B}$$

代入（A）式可得

$$Q_A=(H_1'-H_2')-(H_1-H_2)+x(H_1-H_1')$$

依此式可以计算氨冷器移走的热量 Q_A。

循环的冷冻量为：

$$Q_0=x(H_1-H_6)=(H_1-H_2)+Q_A-(Q'+Q'') \tag{4-18}$$

将此式与简单林德循环相比较，可知氨预冷的林德循环的冷冻量增加了 Q_A，因而液化量也相应增大。

由于增加了氨预冷，因而整个冷冻循环的功耗包括气体压缩与氨的冷冻循环的功耗之和。

$$W_{S,ac}=\frac{-RT_1}{\eta_T}\ln\frac{p_2}{p_1}-\frac{Q_A}{\xi_A} \tag{4-19}$$

式中，Q_A 及 ξ_A 分别代表氨冷循环的冷冻量及制冷系数。

循环的比功为：

$$w_x = -\frac{1}{x}\left[\frac{R'T_1}{\eta_T}\ln\frac{p_2}{p_1}+\frac{Q_A}{\xi_A}\right] \tag{4-20}$$

由于氨冷循环的制冷系数 ξ_A 较林德循环的制冷系数大得多，所以与空气制冷相比，氨制冷消耗的功 Q_A/ξ_A 很小，因而降低了空气液化全过程的功耗及增加了液化量，使得循环的热力学效率大大提高。例如，当空气温度为 308 K 时，氨预冷高压空气至 228 K、20.27 MPa 时，液化量 x 为 0.164 kg·kg^{-1}，为无氨冷的两倍多；比功 w_x 为 5.08 $\times 10^6$ J·kg^{-1}，仅为无氨冷的 38.5%。

*4.4. 典型化工生产装置的热力学分析

4.4.1. 化工生产装置热力学分析方法

相对于化工单元过程而言，化工生产装置要复杂得多。一套化工装置中除了反应器之外，往往还需要许多其他的单元装置，如换热器、分离设备、流体输送设备等等。因此，一般来说，化工生产装置流程较长，且流程中的循环、分流、汇合点也较多。其次，由于有化学反应，使得体系中除了有状态的变化外，还有化学组成的变化。且体系与外界能量交换情况也较复杂。如此种种，造成化工装置的分析计算工作量很大。

一般情况下，化工生产装置热力学分析的基本步骤如下。

(1) 搞清生产工艺流程并作出流程示意图。在进行分析计算时，为使计算过程不至过于复杂，对于生产流程中的某些问题可以适当予以简化，以突出主要矛盾，忽略次要矛盾。例如忽略某些次要设备，将某些次要设备与主要设备合并成一个设备群处理。

(2) 按照分析的要求划分体系，并在流程图上标出各物流和能流的流向、状态。特别是体系与外界所交换的热流和功流，不要遗漏。

(3) 根据要求选择适当的分析方法。多数情况下需要采用能量平衡法与熵分析法或是采用能量平衡法与有效能分析法联合应用。如果所收集的已知条件足够，不需要通过能量平衡的方法来求取其他参数，则单独采用熵分析法或有效能分析法就足够了。

在热力学分析计算中，计算结果很大程度上取决于热力学数据的精确与否。因此，应尽量选择准确的计算方法。在偏离理想状态较远的条件下，应该采用热力学图表或是选择适当的状态方程来计算体系的热力学性质。

(4) 计算并对计算结果进行分析和讨论。一般情况下，既需要求出整套装置的损耗功和热力学效率（或有效能效率），也需要求出各主要设备的损耗功和热力学效率（或有效能效率）。以确定过程有效能损耗的大小及位置，分析造成有效能损耗的原因，从而分析出降低有效能损耗，提高热力学效率的方向和措施。

下面列举了几个采用不同的热力学分析方法对化工装置进行分析的例子，既有熵分析法的例子，也有有效能分析法的例子。

4.4.2. 天然气蒸汽转化装置的热力学分析

天然气在催化剂的作用下，与水蒸气进行转化反应，可制得以氢气和一氧化碳为主的合成气。该合成气可进一步制得一系列的有机产品，如甲醇、甲醛、高级醇等，而甲醇又是一种重要的有机原料，由甲醇出发可以合成一系列有机化工产品，通常称为碳一化学或甲醇化学加工。合成气的另一重要用途是作为合成氨的原料气。因此，合成气是一种非常重要的化工原料。

天然气的主要成分是甲烷，在转化过程中，主要发生如下反应：

$$CH_4+H_2O(g)=CO+3H_2 \qquad \Delta H^{\ominus}_{298}=206.09\ kJ$$

$$CH_4+2H_2O(g)=CO_2+4H_2 \qquad \Delta H^{\ominus}_{298}=165.1\ kJ$$

两个反应均是吸热反应，且必须在催化剂的作用下进行。实际生产中，转化过程分成两段进行。第一段在一段转化炉的转化管中进行，管内装有催化剂，反应所需热量由管外的高温燃烧气提供。第二段在二段转化炉中进行，所需热量采用直接燃烧部分一段转化气提供。整个过程均在高温下进行，在流程中设置了较多的热量回收设备。整个过程的流程示意图如4-26所示。

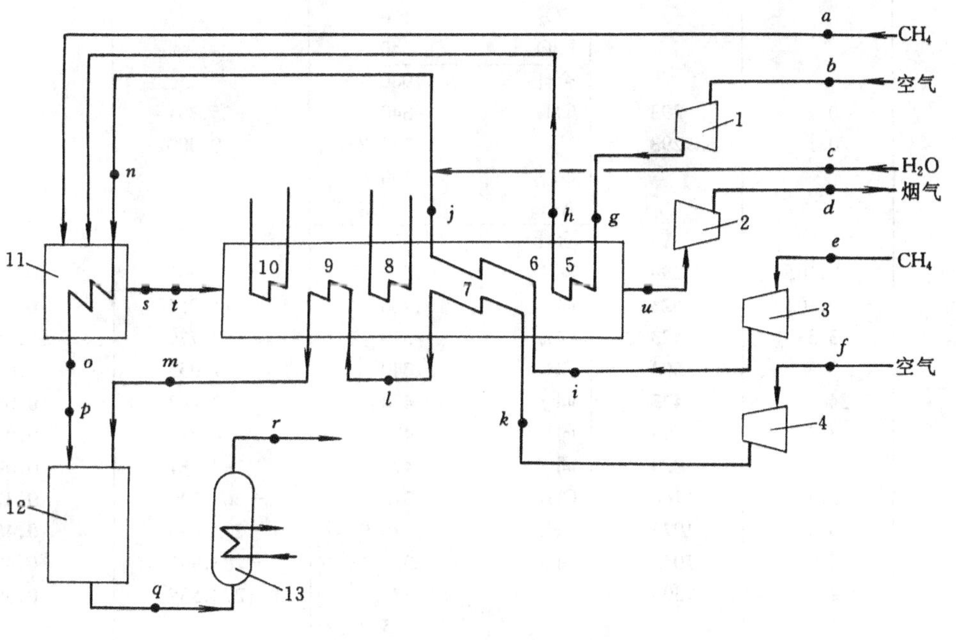

图4-26　合成氨厂转化工序流程图

1—空气压缩机；2—排风机；3—原料甲烷压缩机；4—工艺空气压缩机；5—空气预热器；6—原料甲烷预热器；7——段工艺空气预热器；8—蒸汽过热器；9—二段工艺空气预热器；10—蒸汽过热器；11——段转化炉；12—二段转化炉；13—废热锅炉

原料甲烷气通过压缩机压缩后进入设置在一段转化炉对流段内的预热器升温，出预热器的甲烷气与水蒸气混合达到所需水气比，然后进入一段转化炉装有催化剂的管内一边吸热一边进行转化反应，所需热量由管外燃烧甲烷气提供。从一段转化炉出来的转化气配入部分空气后进入二段转化炉继续转化。配入空气的作用是使部分一段转化气中的氢和一氧化碳燃烧以提供转化反应所需的热量。出二段转化炉的气体进入废热锅炉产生高压水蒸气，然后离开工序。

为充分利用热量，一段转化炉分为辐射段和对流段。燃料甲烷气在辐射段燃烧放出热量以提供转化反应所需热量。出辐射段的高温燃烧气进入对流段，在对流段中分别设置了蒸汽过热器、空气预热器、原料气预热器等以充分回收热量。出对流段的燃烧气由排风机抽出排入大气。

各点的操作参数和物料量见表4-1，o点的热力学数据见表4-2，各单元设备的参数见表4-3。

表 4-1 转化工序的物流条件及焓熵计算值

序 号	p/MPa	T/K	N/mol·s^{-1}		H/MW	S/MW·K^{-1}
a	0.11	293	CH_4	170	−12.695	0.0315
b	0.1	293	N_2	1388.4	−0.0002	0.3487
			O_2	373.8		
			Ar	17.8		
			合计	1780		
c	3.2	823	H_2O	1530	−342.094	0.3004
d	0.1	359	N_2	1388.4	−145.700	3997
			O_2	43.8		
			Ar	17.8		
			CO_2	170		
			H_2O	340		
			合计	1960		
e	0.1	293	CH_4	340	−25.391	0.0632
f	0.1	293	N_2	372.8	−0.0001	0.0936
			O_2	100.4		
			Ar	4.8		
			合计	478		
g	0.105	299	同 b	1780	0.303	0.3490
h	0.103	523	同 b	1780	11.914	0.3804
i	3.3	423	CH_4	340	−23.779	0.0531
j	3.2	593	CH_4	340	−21.055	0.06357
k	34	473	同 f	478	2.482	0.0358
l	3.3	593	同 f	478	4.211	0.0905
m	3	823	同 f	478	7.681	0.0958
n	3.2	766	CH_4	340	−363.149	0.3719
o	3.0	1073	CH_4	78.9	−283.696	0.4636
p	3.0	1048	同 o	2391	−285.996	0.4614
q	2.9	1303	N_2	371.6	−278.555	0.5997
			Ar	5.9		
			CO	196.0		
			CO_2	143.4		
			H_2O	1249.4		
			H_2	959.7		
			合计	2926		
r	2.86	607	同 q	2926	−351.857	0.5202
s	0.1	1331	同 d	1960	−80.240	0.4843
t	0.1	1247	同 d	1960	−86.735	0.4796
u	0.096	353	同 d	1960	−146.065	0.3993

本装置中所处理的物料均为气体，且压力不高，可以采用理想气体方程式处理。其焓值和熵值可采用以下两式计算：

$$H = \sum_i y_i H_i = \sum_i y_i \left(\Delta H_{f,i}^{\ominus} + \int_{T_0}^{T} C_{p,i} \mathrm{d}T \right)$$

$$S = \sum_i y_i S_i = \sum_i y_i \left(S_i^{\ominus} + \int_{T_0}^{T} \frac{C_{p,i}}{T} \mathrm{d}T - R\ln \frac{p_i}{p_0} \right)$$

$$= \sum_i y_i \left(S_i^{\ominus} + \int_{T_0}^{T} \frac{C_{p,i}}{T} \mathrm{d}T \right) - R \sum_i y_i \ln y_i - R\ln \frac{p}{p_0}$$

式中，H，S 分别为混合气体的摩尔焓和摩尔熵；y_i 为 i 组分的摩尔分数；$\Delta H_{f,i}^{\ominus}$ 为 i 组分的标准生成焓；$C_{p,i}$为i组分的理想气体摩尔热容；$S_i^{\ominus}$为i组分的标准熵；p为混合气体的压力。

下面，以流程图中o点的数据为例进行计算。该点状态为 1073 K、3.0 MPa，环境温度为 298 K。查手册可得表 4-2 的数据。

表 4-2　o 点的热力学数据

组分	N/mol·s^{-1}	y_i	$\Delta H_{f,i}^{\ominus}$/kJ·mol^{-1}	$S_i^{\ominus}$ J·mol^{-1}	$C_{p,i}=a+bT+cT^2$/J·mol^{-1}·K^{-1}		
					a	$b\times10^3$	$c\times10^6$
CH_4	78.9	0.033	−74.81	188.0	14.15	75.496	−17.99
CO	112.4	0.047	−110.52	197.67	26.537	7.6831	−1.172
CO_2	148.2	0.062	−393.51	213.70	26.75	42.258	−14.25
H_2O	1123.8	0.470	−241.82	188.83	29.16	14.49	−2.022
H_2	927.7	0.388	0.0	130.68	26.88	4.347	−0.3265

将表中数据代入上式中，可得：

$$
\begin{aligned}
H_o=&78.9\times\left[-74.81\times10^3+\int_{298}^{1073}(14.15+75.496\times10^{-3}T-17.99\times10^{-6}T^2)\mathrm{d}T\right]\\
&+112.4\times\left[-110.52\times10^3+\int_{298}^{1073}(26.537+7.6831\times10^{-3}T-1.172\times10^{-6}T^2)\mathrm{d}T\right]\\
&+148.2\times\left[-393.51\times10^3+\int_{298}^{1073}(26.75+42.258\times10^{-3}T-14.25\times10^{-6}T^2)\mathrm{d}T\right]\\
&+1123.8\times\left[-241.82\times10^3+\int_{298}^{1073}(29.16+14.49\times10^{-3}T-2.022\times10^{-6}T^2)\mathrm{d}T\right]\\
&+927.7\times\int_{298}^{1073}(26.88+4.347\times10^{-3}T-0.3265\times10^{-6}T^2)\mathrm{d}T\\
=&283.696\times10^6\ \mathrm{J\cdot s^{-1}}=283.696\ \mathrm{MW}
\end{aligned}
$$

$$
\begin{aligned}
S_o=&78.9\times\left(188+\int_{298}^{1073}\frac{14.15+75.496\times10^{-3}T-17.99\times10^{-6}T^2}{T}\mathrm{d}T\right)\\
&+112.4\times\left(197.6+\int_{298}^{1073}\frac{26.537+7.6831\times10^{-3}T-1.172\times10^{-6}T^2}{T}\mathrm{d}T\right)\\
&+148.2\times\left(213.7+\int_{298}^{1073}\frac{26.75+42.258\times10^{-3}T-14.25\times10^{-6}T^2}{T}\mathrm{d}T\right)\\
&+1123.8\times\left(188.83+\int_{298}^{1073}\frac{29.16+14.49\times10^{-3}T-2.022\times10^{-6}T^2}{T}\mathrm{d}T\right)\\
&+927.7\times\left(130.68+\int_{298}^{1073}\frac{26.88+4.347\times10^{-3}T-0.3265\times10^{-6}T^2}{T}\mathrm{d}T\right)\\
&-8.314\times(0.033\ln0.33+0.047\ln0.047+0.062\ln0.062+0.47\ln0.47+0.388\ln0.388)\\
&-8.314\ln\frac{3}{0.10133}=0.4636\times10^6\ \mathrm{J\cdot s^{-1}}=0.4636\ \mathrm{MW\cdot K^{-1}}
\end{aligned}
$$

依同样的方法计算出其余各点的焓值和熵值一并列入表 4-1。

本套装置采用熵分析法进行分析。

对于单元设备，选取二段转化炉为例予以计算，各单元设备的参数见表 4-3。

二段转化炉的热损失为：

$$Q=\Delta H=H_q-(H_p+H_o)=-278.555-(-285.996+7.681)=-0.24\ \mathrm{MW}$$

$$
\begin{aligned}
W_{\mathrm{L}}&=-T_0(\Delta S_{\mathrm{sys}}+\Delta S_{\mathrm{sur}})=-T_0\Delta S_{\mathrm{sys}}-T_0\frac{Q_{\mathrm{sur}}}{T_0}=-T_0(S_q-S_p-S_m)-Q_{\mathrm{sur}}\\
&=-298\times(0.5997-0.4614-0.0958)-0.24=-12.91\ \mathrm{MW}
\end{aligned}
$$

表 4-3 各单元设备的参数

序 号	名 称	参 数
1	空气压缩机	单级绝热压缩 $P=-0.30$ MW
2	排风机	单级绝热压缩 $P=-0.37$ MW
3	原料甲烷压缩机	三级压缩，中间冷却 $P=-5.07$ MW
4	工艺空气压缩机	三级压缩，中间冷却 $P=-7.51$ MW
5	空气预热器	$Q=11.61$ MW，烟气 $T_{av}=445$ K
6	原料甲烷预热器	$Q=2.72$ MW，烟气 $T_{av}=585$ K
7	一段工艺空气预热器	$Q=1.73$ MW，烟气 $T_{av}=585$ K
8	蒸汽过热器	$Q=10.22$ MW，烟气 $T_{av}=710$ K 蒸汽温度：入口 591 K，出口 713 K
9	二段空气预热器	$Q=3.47$ MW，烟气 $T_{av}=820$ K
10	蒸汽过热器	$Q=29.97$ MW，烟气 $T_{av}=1070$ K 蒸汽温度：入口 591 K，出口 823 K
11	一段转化炉	绝热，内部传热量 14.74 MW
12	二段转化炉	热损失 0.24 MW
13	废热锅炉	$Q=73.30$ MW，由 11 MPa 饱和水产生 11 MPa 饱和蒸汽
	管路 *o-p*	热损失 2.30 MW
	管路 *s-t*	热损失 6.10 MW

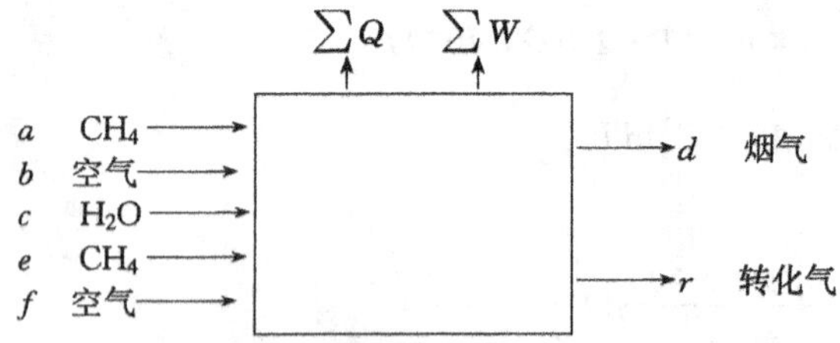

图 4-27 转化装置的能量模型

$$W_S=0,\qquad W_L=W_{id}-W_S=W_{id}$$

$$W_{id}=-12.91\ \text{MW}$$

$$\eta_a=\frac{W_S}{W_{id}}=0$$

对于全套装置，可根据下面的模型（图 4-27）进行计算。

体系与外界交换的功

$$\sum W_S=W_1+W_2+W_3+W_4=0.3+0.37+5.07+7.51=13.25\ \text{MW}$$

体系的焓变

$$\begin{aligned}\Delta H&=H_d+H_r-H_a-H_b-H_c-H_e-H_f\\&=-145.7-351.857+12.695+0.0002+342.094+25.391+0.0001\\&=-117.4\ \text{MW}\end{aligned}$$

则
$$Q=\Delta H-W_S=-117.4-13.25=-130.7\ \text{MW}$$

全装置的热损失 Q_L 包括二段转化炉的热损失 Q_{12}和管道 *o-p*、*s-t* 的热损失。

$$Q_L=-2.04-2.30-6.10=-8.64\ \text{MW}$$

全过程的损耗功

$$\begin{aligned}W_L&=-T_0\Delta S_t=-T_0(\Delta S_{sys}+\Delta S_{sur})\\&=-T_0\left(S_d+S_r-S_a-S_b-S_c-S_e-S_f-\frac{Q_3}{T_0}-\frac{Q_4}{T_0}-\frac{Q_8}{T_{av8}}-\frac{Q_{10}}{T_{av10}}-\frac{Q_{13}}{T_{13}}-\frac{Q_L}{T_0}\right)\\&=-298\times\Big(0.3997+0.5202-0.0315-0.3487-0.3004-0.0632-0.0936\\&\quad+\frac{3.38}{298}+\frac{5.03}{298}+\frac{10.22}{650}+\frac{29.97}{701}+\frac{73.30}{591}+\frac{8.64}{298}\Big)=-96.02\ \text{MW}\end{aligned}$$

全过程的理想功

$$
\begin{aligned}
W_{id} &= \Delta H - T_0 \Delta S \\
&= H_4 + H_{18} - H_1 - H_2 - H_3 - H_5 - H_6 - T_0(S_4 + S_{18} - S_1 - S_2 - S_3 - S_5 - S_6) \\
&= -145.7 - 351.857 + 12.695 + 0.0002 + 342.094 + 25.391 + 0.0001 \\
&\quad - 298 \times (0.3997 + 0.5202 - 0.0315 - 0.3487 - 0.3004 - 0.0632 - 0.0936) \\
&= -141.96\text{MW}
\end{aligned}
$$

全套装置的热力学效率

$$\eta_a = 1 - \frac{W_L}{W_{id}} = 1 - \frac{96.02}{141.96} = 0.3236$$

各单元设备与全套装置的理想功、损耗功、传热量及热力学效率见表 4-4。

表 4-4 各单元设备的理想功、损耗功、传热量及热力学效率

单 元	W_L/MW	%	Q/MW	W_S/MW	W_{id}/MW	η_a/%
1	−0.09	0.09	0	0.30	0.21	70.0
2	−0.12	0.13	0	0.37	0.24	64.9
3	−1.86	1.94	−3.38	5.07	3.21	63.3
4	−2.75	2.86	−5.03	7.51	4.80	64.0
5	−1.56	1.62	11.61	0	2.25	58.7
6	−0.24	0.25	2.72	0	1.09	81.7
7	−0.52	0.54	1.73	0	0.33	38.8
8	−0.40	0.42	−10.22	0	4.25	71.7
9	−0.32	0.33	3.47	0	1.89	85.5
10	−4.39	4.57	−29.97	0	17.23	79.7
11	−48.9	50.92	0	0	−48.9	0
12	−12.91	13.44	−0.24	0	−12.91	0
13	−13.27	13.82	−73.30	0	−49.61	73.25
混合过程 $c+j=n$	−2.36	2.46	0	0	−2.36	0
管路 o-p	−1.64	1.71	−2.30	0	−1.64	0
管路 s-t	−4.70	4.89	−6.10	0	−4.70	0
合 计	−96.02	100			−141.96	32.36

从计算结果来看，本装置的有效能损失主要在一段转化炉、二段转化炉和废热锅炉，其有效能损失分别占全套装置有效能损失的 50.92%、13.44% 和 13.82%。下面分别分析其有效能损失的原因及如何进行改进。

一段转化炉的有效能损失可分为转化管内、转化管外和管间传热三部分。反应管内、外的有效能损失主要由化学反应的不可逆而引起，其本质就在于高级能量的化学有效能通过反应转化成低级的物理有效能和热量有效能。这种有效能损失目前还无法避免，但通过努力可以使其损失减小。本例中采用提高一段转化炉原料的进口温度和提高转化管外的燃烧气温度可以降低管内、外反应过程的有效能损失。而传热过程的有效能损失则是由于管内外的温度差所引起。通过设法提高管内反应气体的温度来降低管内外温差可以降低其损失。但目前尚受到转化管材料耐热性的限制，一般控制在 1053～1253 K 之间。

二段转化炉的反应过程是一个绝热过程，仅少量的散热损失，其有效能损失是属于化学反应过程的有效能损失。同样，采用提高反应温度的方法可以降低其有效能损失。本例中可以采用出一段转化炉辐射段的高温烟气进一步加热入炉空气以提高其温度的方法来减少有效能损失。

废热锅炉的有效能损失属于传热过程的有效能损失，产生的原因是传热过程的温度差，如果能进一步提高所产生蒸汽的温度，则可以使有效能损失得到降低。

4.4.3. 苯加氢生产环己烷装置的热力学分析

苯加氢生产环己烷是以低含硫的纯苯为原料，通过催化剂的催化作用进行的。反应式如下：

$$C_6H_6+3H_2 \longrightarrow C_6H_{12}$$

该反应为放热反应，$\Delta H_{298}^{\ominus}=-205.26\ kJ\cdot mol^{-1}$。在高温下，环己烷可以转化为甲基环戊烷，生产过程必须小心移去热量，保证反应物料的温度不要超过 503 K，并且要准确控制停留时间。

图 4-28 为某一纯环己烷生产装置的流程示意图。液体纯苯通过给料泵升压至 2.31 MPa 后进入反应器，混合器来的氢气同时也进入反应器。在反应器中的催化剂作用下发生上述反

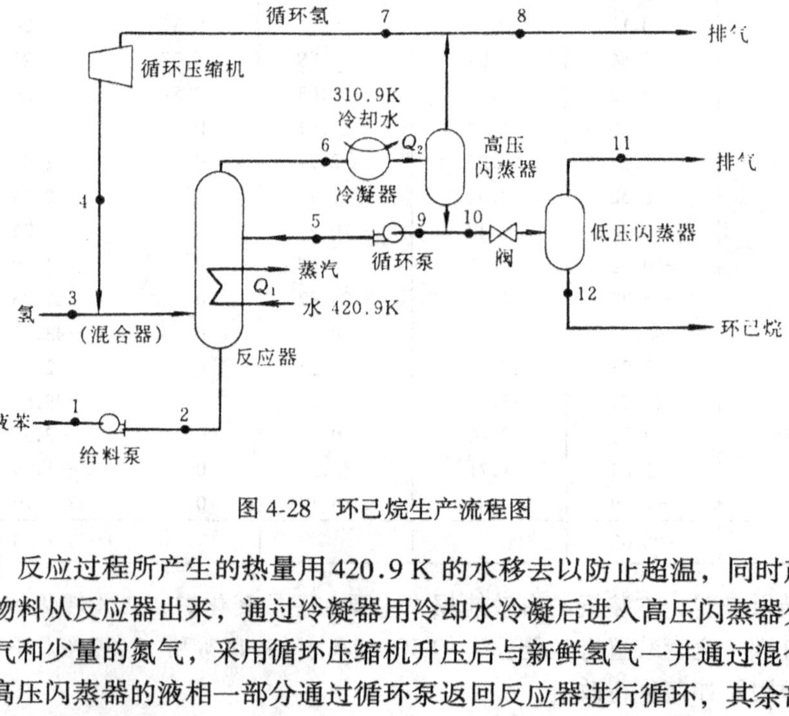

图 4-28 环己烷生产流程图

应生产环己烷，反应过程所产生的热量用 420.9 K 的水移去以防止超温，同时产生饱和水蒸气。反应后的物料从反应器出来，通过冷凝器用冷却水冷凝后进入高压闪蒸器分离成气液两相，气相为氢气和少量的氮气，采用循环压缩机升压后与新鲜氢气一并通过混合器进入反应器循环使用。高压闪蒸器的液相一部分通过循环泵返回反应器进行循环，其余部分则通过减压阀进入低压闪蒸器进一步分离出残余的溶解氢后即作为产品。各物流的组成、流量、温度和压力条件列于表 4-5。

这是一个中等压力下的含氢烃类系统，其热力学性质若采用理想气体状态方程计算会带来较大的误差，宜采用适当的状态方程或是热力学数据表进行计算。本例中是采用 BWRSH 方程计算出物流的焓和熵。其计算结果一并列入表 4-5 中。计算时元素焓以 0 K 和零压为基准，化合物的熵则以 0.10133 MPa 为基准。

本例采用熵分析法进行分析。为使问题更容易处理，根据现有的已知条件，将混合器反应器合并起来作为一个混合器/反应器组合单元来考虑，同理，冷凝器与高压闪蒸器合并成冷凝器/高压闪蒸器组合单元；减压阀与低压闪蒸器合并成减压阀/低压闪蒸器组合单元。这

表 4-5 环己烷生产流程的物流组成、流量、温度和压力条件

物　流	1	2	3	4	5	6
流量/$kmol \cdot h^{-1}$						
H_2	0	0	128.34	29.55	0.27	32.9
N_2	0	0	0.38	3.18	0.06	3.62
C_6H_6	41.79	0	3.18	0	0.02	0.06
$C—C_6H_{12}$	0	41.79	0.73	0.73	25.55	68.04
合计	41.79	41.79	128.72	33.46	25.90	104.62
T/K	310.9	312.4	322.0	335.9	322.2	473.2
$p/10^5$Pa	1.034	23.1	23.1	23.10	22.75	21.72
$H/MJ \cdot h^{-1}$	3570.1	3586.6	1185.2	269.33	−2352	−24289
$S/MJ \cdot h^{-1} \cdot K^{-1}$	7.819	7.846	13.817	4.056	5.734	27.85
物　流	7	8	9	10	11	12
流量/$kmol \cdot h^{-1}$						
H_2	29.55	2.63	0.27	0.44	0.43	0.01
N_2	3.18	0.28	0.06	0.10	0.10	0.004
C_6H_6	0	0	0.02	0.04	0	0.04
$C—C_6H_{12}$	0.73	0.06	25.55	41.69	0.31	41.38
合计	33.46	2.97	25.90	42.27	0.84	41.43
T/K	322.0	322.0	322.0	322.0	322.0	322.0
$p/10^5$Pa	20.68	20.68	20.68	20.68	1.034	1.034
$H/MJ \cdot h^{-1}$	254.9	22.79	−2353	−3840	−15.05	−3825
$S/MJ \cdot h^{-1} \cdot K^{-1}$	4.043	0.361	5.732	9.338	0.178	9.274

样，将整个生产装置分为六个单元设备进行处理。

首先对全套装置进行能量平衡计算。根据已知条件，取 1 h 作为计算基准。求出各单元设备与外界交换的功和热量。

对混合器/反应器组合单元　$W_S=0$

$$Q=\Delta H=H_6-H_5-H_4-H_3-H_2$$
$$=-2428.59+2352.06-269.33-1185.2-3586.6=-5118\ MJ\cdot h^{-1}$$

对冷凝器/高压闪蒸器组合单元　$W_S=0$

$$Q_2=\Delta H=H_7+H_8+H_9+H_{10}-H_6$$
$$=254.91+22.79-2353.25-3840.18+2428.59=-3487\ MJ\cdot h^{-1}$$

给料泵　$W_{S1}=\Delta H=H_2-H_1=3586.6-3570.06=16.54\ MJ\cdot h^{-1}$

循环泵　$W_{S2}=\Delta H=H_5-H_9=-2352.06+2353.25=1.19\ MJ\cdot h^{-1}$

循环压缩机　$W_{S3}=\Delta H=H_4-H_7=269.33-254.91=14.42\ MJ\cdot h^{-1}$

下面，以混合器/反应器组合单元为例进行熵分析法计算，根据题设，取 $T_0=310.9$ K

$$W_{id}=\Delta H-T_0\Delta S=H_6-H_5-H_4-H_3-H_2-T_0(S_6-S_5-S_4-S_3-S_2)$$
$$=-2428.59+2352.06-269.33-1185.2-3586.6$$
$$-310.9\times(27.85-5.734-4.056-13.817-7.846)=-3998\ MJ\cdot h^{-1}$$

$$W_L=-T_0\Delta S_t=-T_0(\Delta S_{sys}+\Delta S_{sur})$$
$$=-T_0\left(S_6-S_5-S_4-S_3-S_2+\frac{Q_{sur}}{T_{sur}}\right)$$
$$=-310.9\times\left(27.85-5.734-4.056-13.817-7.846+\frac{5118}{420.9}\right)=-2660\ MJ\cdot h^{-1}$$

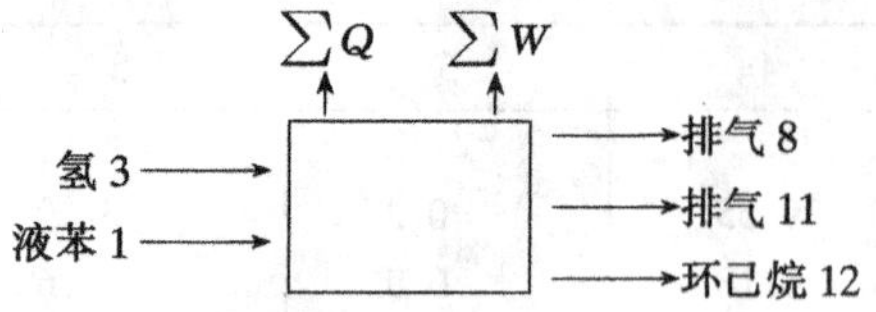

图 4-29　环己烷生产的能量模型

其余各设备及设备组合单元，均按此方法计算，将计算结果列于表 4-6。

全套生产装置可简化成如图 4-29 所示的模型。

$$\sum W_S = W_{S1} + W_{S2} + W_{S3}$$
$$= 16.54 + 1.19 + 14.42 = 32.15\ \mathrm{MJ \cdot h^{-1}}$$
$$\sum Q = Q_1 + Q_2 = -5118 - 3478$$
$$= -8605\ \mathrm{MJ \cdot h^{-1}}$$

表 4-6　各单元设备的熵分析计算结果

单元设备	W_L/MJ·h^{-1}	%	W_{id}/MJ·h^{-1}	W_S/MJ·h^{-1}	η_a/%
给料泵	−8.394	0.23	8.146	16.54	49.25
循环泵	−0.622	0.02	0.568	1.19	47.73
循环压缩机	−4.042	0.11	10.38	14.42	71.98
混合器/反应器	−2660	74.06	−3998	0	0
冷凝器/高压闪蒸器	−882.9	24.59	−882.9	0	0
减压阀/低压闪蒸器	−35.45	0.99	−35.45	0	0
合　计	−3591	100	−4897		26.67

$$\Delta H = H_8 + H_{11} + H_{12} - H_3 - H_1 = 22.79 - 15.05 - 3825.13 - 1185.2 - 3570.06$$
$$= -8573\ \mathrm{MJ \cdot h^{-1}}$$

验算之：$\Delta H = \sum Q + \sum W_S = -8605 + 32 = -8573\mathrm{MJ \cdot h^{-1}}$与前面的计算吻合。

全套装置的理想功

$$W_{id} = \Delta H - T_0 \Delta S$$
$$= H_8 + H_{11} + H_{12} - H_1 - H_3 - T_0(S_8 + S_{11} + S_{12} - S_1 - S_3)$$
$$= 22.79 - 15.05 - 3825.13 - 3570.06 - 1185.2$$
$$-310.9 \times (0.361 + 0.178 + 9.274 - 7.819 - 13.817)$$
$$= -4897\ \mathrm{MJ \cdot h^{-1}}$$

全套装置的损耗功

$$W_L = -T_0(\Delta S_{sys} + \Delta S_{sur}) = T_0\left(S_8 + S_{11} + S_{12} - S_1 - S_3 - \frac{Q_1}{T_B} - \frac{Q_2}{T_C}\right)$$
$$= -310.9 \times \left(5.732 + 0.178 + 9.274 - 7.819 - 13.817 + \frac{5118}{420.9} + \frac{3487}{310.9}\right)$$
$$= -3591\ \mathrm{MJ \cdot h^{-1}}$$

装置的热力学效率

$$\eta_a = 1 - \frac{W_L}{W_{id}} = 1 - \left(\frac{-3591}{-4897}\right) = 0.2667$$

计算结果分析　从计算结果来看，全套装置中有效能损失最大处在混合器/反应器组合单元，占总有效能损失的 74.06%。其中又可以分为传热过程有效能损失和以化学反应过程为主包括流体流动和混合的其他有效能损失两个主要部分。传热过程的有效能损失可以通过下式计算得出：

$$W_{L,传热} = -T_0\left(\frac{T_6 - T_B}{T_6 T_B}\right)Q = -310.9 \times \left(\frac{473 - 420.9}{473 \times 420.9}\right) \times 5118 = -418\ \mathrm{MJ \cdot h^{-1}}$$

仅占本组合单元有效能损失的 15.7%，其余的 84.3% 中主要是化学反应所引起的有效能损失。其本质是通过化学反应使高能级的化学有效能转化成为了低能级的热量有效能，在目前的技术条件下，这种损失是不可避免的。因此，化学反应的不可逆是造成本装置有效能损失的主要原因。

如果能适当提高进入反应器的冷却水温度，可以降低传热过程的不可逆程度，减少传热过程的有效能损失，表现为副产蒸汽的参数提高，有效能值增加。

占有效能损失第二位的是冷凝器/高压闪蒸器组合单元。闪蒸过程有效能损失一般不大，这点可从低压闪蒸器的损耗功数值看出。主要是冷凝器中的传热温差所引起的有效能损失。降低这种损失可采用分级冷凝的方法以降低传热温差，例如采用高温气体预热锅炉给水或是预热原料苯，然后再用冷却水冷却。

4.4.4. 一氧化碳变换装置的热力学分析

在合成氨厂中，一氧化碳变换工序为一个能量消耗很大的工序，长期以来一直是合成氨厂节能研究的重点。通过造气工序得到的原料半水煤气中，含有较多的一氧化碳。一氧化碳不是合成氨的原料，必须除去。生产中广泛采用变换的方法除去一氧化碳，同时制得等量的有效气体氢气。其反应式如下：

$$CO + H_2O(g) \longrightarrow CO_2 + H_2 \qquad \Delta H_{298}^{\ominus} = -41.19\ kJ \cdot mol^{-1}$$

这是一个可逆、放热、且必须在催化剂作用下进行的反应。过程中必须将反应气体预热到催化剂的起始活性温度；为保证一定的一氧化碳转化率，反应过程放出大量的热应随时移走；反应后的高温气体中大量的显热和潜热应予以回收等等。因此，过程中除了反应器外还包含了许多其他单元过程和设备，流程比较复杂。生产流程也多种多样。下面对较为传统的水冷激式两段中温变换流程采用有效能分析法进行讨论。

图 4-30 为一氧化碳变换的工艺流程示意图。从压缩机来的半水煤气进入饱和塔与塔顶喷淋下来的热水逆流接触进行传热和传质被升温增湿。出饱和塔气体在蒸汽混合器中与锅炉

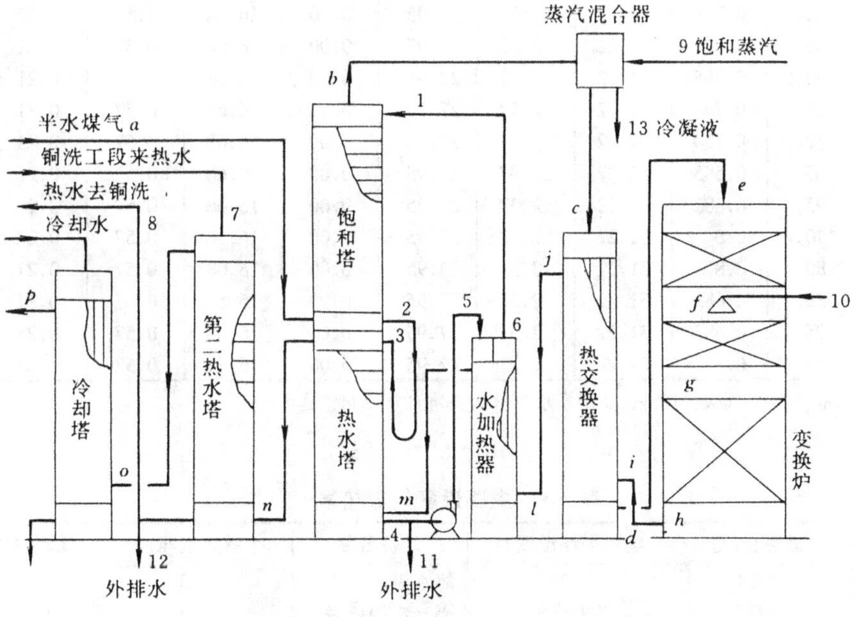

图 4-30　一氧化碳变换工段流程示意图

送来的蒸汽混合以达到反应所需要的蒸汽比，然后进入热交换器中加热到催化剂起始活性温度后送入变换炉一段，在催化剂的作用下进行变换反应。经一段反应后气体的温度和转化率

均升高，从炉外引入冷激水使其降温同时增加气体中的水蒸气含量后进入第二段继续反应。反应完毕后的变换炉出口气体依次经过热交换器、水加热器、热水塔、第二热水塔回收热量后再进入冷却塔冷却至常温进入下一工序。工序中的热水先后经过饱和塔、热水塔、循环泵、水加热器重又进入饱和塔循环使用，起到将出工序的变换气中的水蒸气和显热回收并加入进工序的半水煤气的作用，以降低工序的水蒸气消耗量和加热量。第二热水塔的作用是回收变换工序的热量用于加热铜洗工序的再生铜液以节省铜洗工序的蒸汽消耗量。工序中各点的参数和物料量均列于表 4-7 中。各设备的散热损失见表 4-8。

表 4-7　变换工序各点的参数和物料量

系统点	物料量 kmol	温度 ℃	压力 MPa	气体组成(体积分数)/%							
				H_2	CO	CO_2	O_2	N_2	CH_4	Ar	H_2O
a	1.008	35	0.728	38.36	30.14	8.26	0.30	21.14	0.72	0.27	0.81
b	1.491	127	0.726	25.93	20.37	5.58	0.20	14.29	0.49	0.18	32.96
c	2.020	140.5	0.726	19.14	15.04	4.13	0.15	10.55	0.36	0.13	50.50
d	2.020	375	0.726	19.14	15.04	4.13	0.15	10.55	0.36	0.13	50.50
e	2.020	370	0.721	19.14	15.04	4.13	0.15	10.55	0.36	0.13	50.50
f	2.017	502	0.706	30.45	3.43	15.74	0.00	10.55	0.36	0.13	39.19
g	2.142	407	0.706	28.72	3.24	14.84	0.00	9.94	0.34	0.13	42.73
h	2.142	416	0.691	30.53	1.42	16.66	0.00	9.94	0.34	0.13	40.98
i	2.142	411	0.691	30.53	1.42	16.66	0.00	9.94	0.34	0.13	40.98
j	2.142	187	0.691	30.53	1.42	16.66	0.00	9.94	0.34	0.13	40.98
l	2.142	185	0.691	30.53	1.42	16.66	0.00	9.94	0.34	0.13	40.98
m	2.142	138	0.691	30.53	1.42	16.66	0.00	9.94	0.34	0.13	40.98
n	1.592	109.5	0.685	41.08	1.19	22.41	0.00	13.38	0.46	0.17	20.58
o	1.3584	80	0.685	48.15	2.23	26.67	0.00	15.69	0.54	0.20	6.92
p	1.227	40	0.685	51.22	2.37	27.95	0.00	16.68	0.57	0.21	0.99
1	9.150	131.7	0.726	51.22	2.37	27.95	0.00	16.68	0.57	0.21	0.99
2	8.667	96.9	0.728	51.22	2.37	27.95	0.00	16.68	0.57	0.21	0.99
3	8.667	96.3	0.691	51.22	2.37	27.95	0.00	16.68	0.57	0.21	0.99
4	9.217	130.5	0.685	51.22	2.37	27.95	0.00	16.68	0.57	0.21	0.99
5	9.150	129	0.730	51.22	2.37	27.95	0.00	16.68	0.57	0.21	0.99
6	9.150	132.7	0.730	51.22	2.37	27.95	0.00	16.68	0.57	0.21	0.99
7	4.780	65	0.685	51.22	2.37	27.95	0.00	16.68	0.57	0.21	0.99
8	4.78	95	0.685	51.22	2.37	27.95	0.00	16.68	0.57	0.21	0.99
9	0.6305	170.4	0.8	51.22	2.37	27.95	0.00	16.68	0.57	0.21	0.99
10	0.125	80	0.8	51.22	2.37	27.95	0.00	16.68	0.57	0.21	0.99
11	0.067	130.5	0.685	51.22	2.37	27.95	0.00	16.68	0.57	0.21	0.99
12	0.2336	95	0.685	51.22	2.37	27.95	0.00	16.68	0.57	0.21	0.99
13	0.0015	14.05	0.8	51.22	2.37	27.95	0.00	16.68	0.57	0.21	0.99

注：表中各点的量，均以 *a* 点处为 1 kmol 干半水煤气为基准计算而得。

表 4-8　主要设备的散热量

设备名称	散热量/kJ	物料平均温度/℃	设备名称	散热量/kJ	物料平均温度/℃
变换炉	2314	434	热水塔	753	124
热交换器	1237	299(壳程)	第一水加热器	565	162.5(壳程)
蒸汽混合器	109	170	第二热水器	402	95
饱和塔	739	114			

混合气体总有效能为其物理有效能与化学有效能之和。

$$E_X = E_{X\mathrm{ph}} + E_{X\mathrm{c}}$$

计算混合气体的物理有效能时，既可以将水蒸气作为混合气体中的一个组分一并进行计算，也可以采用将干气与水蒸气分别计算的方法：

$$E_{X\mathrm{ph}} = E_{X\mathrm{ph},干气} + E_{X\mathrm{ph},水蒸气}$$

$$E_{X\mathrm{ph},干气} = n\left[T_0\left(\overline{C}_{p,\mathrm{m}}\ln\frac{T}{T_0} - R\ln\frac{p}{p_0}\right) - \overline{C}_{p,\mathrm{m}}(T - T_0)\right]$$

式中，$\overline{C}_{p,\mathrm{m}} = \sum y_i\overline{C}_{p,i}$为混合干气在 $T_0 \sim T$ 温度范围内的恒压平均摩尔热容。

化学有效能则按照式（3-37）计算：

$$E_{X\mathrm{c,m}} = \sum y_i E^{\ominus}_{X\mathrm{c},i} - RT_0\sum y_i\ln y_i$$

对于水蒸气和水，则通过查取水蒸气表中数据利用式 3-28 直接进行计算更为便利：

$$E_X = (H_0 - H) - T_0(S_0 - S)$$

例如，半水煤气入系统的点 a，压力为 0.7277 MPa，温度为 35℃。采用以温度区间平均温度下的真实摩尔热容值作为该条件下的平均摩尔热容值的近似处理方法，通过查取《小合成氨厂工艺技术与设计手册》中的定压摩尔热容图可查得各组分于该压力下，平均温度为 $(25 + 35)/2 = 30$℃ 的真实摩尔热容见表 4-9。a 点的干基组成见表 4-10。

表 4-9　各组分的平均定压摩尔热容

组　分	H_2	CO	CO_2	O_2	N_2	CH_4	Ar
$C_{p,i}$/kJ·kmol^{-1}·K^{-1}	28.9	29.47	39.41	29.75	29.38	35.77	21.11

表 4-10　a 点的干基组成

组分(体积分数)	H_2	CO	CO_2	O_2	N_2	CH_4	Ar
%	38.67	30.39	8.33	0.302	21.31	0.726	0.272

将上表中的平均摩尔热容和各组分的摩尔分数代入平均摩尔热容计算式中，可计算得 a 点干气的平均摩尔热容为：

$$\begin{aligned}\overline{C}_{p,\mathrm{m}} = &0.3867\times28.90 + 0.3039\times29.47 + 0.0833\times39.41 + 0.00302\times29.75\\ &+ 0.2131\times29.38 + 0.00726\times35.77 + 0.00272\times21.11 = 30.08\ \mathrm{kJ\cdot kmol^{-1}}\end{aligned}$$

$$E_{X\mathrm{ph},干气} = 298\times\left(30.08\ln\frac{308}{298} - 8.314\ln\frac{0.7277}{0.10133}\right) - 30.08\times(35 - 25) = -4892.0\ \mathrm{kJ}$$

对于混合气体中的水蒸气，采用下式计算其物理有效能：

$$E_{X\mathrm{ph},水蒸气} = G_{水蒸气}[T_0(S - S^{\ominus}) - (H - H^{\ominus})]$$

式中，$H^{\ominus}$、$S^{\ominus}$为 298K、0.10133 MPa 下水蒸气的焓、熵值。由于压力高于饱和蒸汽压力，该状态下的水蒸气实际上是不存在的，压力对焓值的影响可以忽略，可直接查取 298K 条件下的值，为 2574 kJ·kg^{-1}。熵值则需由 298K 饱和状态下的熵值推算出来。其值为 6.957 kJ·kg^{-1}·K^{-1}。a 点状态下的水蒸气为 35℃下的饱和蒸汽，查取水蒸气表得：$H = 2565$ kJ·kg^{-1}，$S = 8.3519$ kJ·kg^{-1}·K^{-1}。

$$E_{X\mathrm{ph},水蒸气} = 1.008\times0.0081\times18\times[298\times(8.3519 - 6.9571) - (2564 - 2574)] = 58.5\ \mathrm{kJ}$$

故 a 点的物理有效能为：

$$E_{X\mathrm{ph}} = -4892.0 + 58.5 = -4833.5\ \mathrm{kJ}$$

查得各组分的标准摩尔化学有效能列于表 4-11。

a 点 1 mol 混合湿气所具有的化学有效能为：

表 4-11 各组分的标准摩尔化学有效能

组 分	H_2	CO	CO_2	O_2	N_2	CH_4	Ar	H_2O
$E^{\ominus}_{Xc,i}$/kJ·mol^{-1}	−235.22	−275.35	−20.19	−3.93	−0.71	−830.19	−11.67	−8.62

$$E_{Xc,m}=-0.3836\times235.22-0.3014\times275.35-0.003\times3.93-0.0826\times20.13$$
$$-0.2114\times0.71-0.0072\times830.19-0.0027\times11.67-0.0081\times8.62-8.314\times10^{-3}$$
$$\times298\times(0.03836\ln0.3836+0.3014\ln0.3014+0.0826\ln0.0826+0.003\ln0.003$$
$$+0.2114\ln0.2114+0.0072\ln0.0072+0.0027\ln0.0027+0.0081\ln0.0081)$$
$$=-177.7\ \text{kJ·mol}^{-1}$$

a 点化学有效能为 $E_{Xc}=1.008\times10^3\times(-177.7)=-179120.3$ kJ

a 点总有效能为 $E_X=E_{Xph}+E_{Xc}=-4833.5-179120.3=-18953.8$ kJ

按同样的方法可以计算出体系中各点的有效能值。由于工作量大，且查图时容易引进人为误差，宜采用计算机计算。计算所需定压摩尔热容值采用理想气体定压摩尔热容表达式进行计算，

$$C_p^*/R=A+BT+CT^2+DT^{-2}$$

然后再进行压力校正。理想气体定压摩尔热容表达式中的各常数 A、B、C、D 可从附表 3 中查出。计算结果列于表 4-12 中。

表 4-12 系统各点物料的有效能

系统点	物理有效能 $-E_{Xph}$	化学有效能 $-E_{Xc}$		总有效能 $-E_X=-E_{Xph}-E_{Xc}$
		$N_i\sum y_iE^{\ominus}_{Xc,i}$	$N_iRT_0\sum y_i\ln y_i$	
a	4962	182547	−3437	184082
b	7984	186713	−5651	189046
c	11046	191274	−6779	195559
d	17940	191274	−6779	202435
e	17717	191274	−6779	202212
f	23386	182905	−7010	199281
g	20513	184305	−7292	197526
h	20842	183152	−7137	196857
i	20622	183152	−7137	196637
j	12558	183152	−7137	188537
l	12507	183152	−7137	188522
m	11130	183152	−7137	187145
n	8107	178447	−5550	181004
o	6583	176541	−4395	178729
p	6100	175679	−3717	178061
1	10834			10834
2	4910			4910
3	4846			4846
4	10678			10678
5	10327			10327
6	11005			11005
7	935			935
8	2584			2584
9	2957	4573		2957
10	43.0			43.0
11	77.6			77.6
12	126.3			126.3
13	2.0			2.0

在计算出了体系中各点的有效能以后，就可以对全系统及各单元设备进行有效能衡算了。本例中全部以入饱和塔处 a 点为 1 kmol 干气为计算基准。

对全系统有 $W_L=\sum E_{X,in}-\sum E_{X,out}$

$$\sum E_{X,in}=E_{X,a}+E_{X,9}+E_{X,7}+E_{X,10}=-184082-7530-935-43=-192590\ \mathrm{kJ}$$

$$\sum E_{X,out}=E_{X,p}+E_{X,8}=-178061-2584=-180645\ \mathrm{kJ}$$

$$W_L=\sum E_{X,in}-\sum E_{X,out}=-192590-(-180645)=-11945\ \mathrm{kJ}$$

全系统的有效能效率为：

$$\eta_{E_X}=\frac{\sum E_{X,out}}{\sum E_{X,in}}=\frac{-180645}{-192590}=0.938$$

下面选择变换炉这一单元设备为例进行有效能衡算。

一段催化层 $W_L=E_{X,e}-E_{X,f}=-202212-(-199281)=-2931\ \mathrm{kJ}$

水冷激段 $W_{L,2}=E_{X,f}+E_{X,10}-E_{X,g}=-199281-43-(197526)=-1798\ \mathrm{kJ}$

二段催化层 $W_{L,3}=E_{X,g}-E_{X,h}=-197526-(-196857)=-669\ \mathrm{kJ}$

变换炉总有效能损失

$$W_{L,变总}=E_{X,e}+E_{X,10}-E_{X,h}=-202212-43-(-196857)=-5398\ \mathrm{kJ}$$

亦可 $W_{L,变总}=W_{L,1}+W_{L,2}+W_{L,3}=-2931-1798-669=-5398\ \mathrm{kJ}$

其结果相同。

其中由于散热所造成的有效能损失为：

$$W_{L,散热}=Q_L\left(1-\frac{T_0}{T}\right)=-2314\times\left(1-\frac{298}{707}\right)=-1338\ \mathrm{kJ}$$

过程不可逆造成的有效能损失为：

$$W_{L,不可逆}=-5398-(-1338)=-4060\ \mathrm{kJ}$$

占整个变换炉有效能损失的 $\frac{-4060}{-5398}=0.752$

变换炉有效能效率 $\eta_{E_X}=\frac{E_{X,out}}{E_{X,in}}=\frac{E_{X,h}}{E_{X,e}+E_{X,10}}=\frac{-196853}{-202212-43}=0.973$

按照同样的方法可以对其他单元设备进行有效能衡算，其计算结果列于表 4-13。

表 4-13 各设备的有效能衡算结果

项 目	热量/kJ	%	功损项目	散热损失	不可逆损失	总计	%
进项			变换炉	1338	4060	5398	45.19
半水煤气带入	184082	95.58	热交换器	592.4	595.6	1188	9.95
饱和蒸汽带入	7530	3.91	饱和塔	169.9	790.1	960	8.04
铜洗工段来热水	935	0.49	热水塔	187.7	121.3	309	2.59
冷凝水	43	0.02	蒸汽混合器	35.7	979.3	1015	8.50
合计	192590	100	第一水加热器	178.3	520.7	699	5.85
出项			第二水加热器	76.4	423.3	499.7	4.18
变换气带出	178061	92.46	冷却塔		668	668	5.59
向铜洗工段供热水	2584	1.34	管道散热	1002.4		1002.4	8.39
功损	11945	6.20	向外排水		205.9	205.9	1.72
合计	192590	100	合计	3580.8	8364.2	11945	100

注：在整个功损中，散热损耗的功占 29.88%，过程不可逆损耗功占 70.02%。

计算结果分析　从表 4-13 所列出的结果来看，整个系统中，以变换炉的有效能损失为最大，约占整个有效能损失的近一半。其中又以过程的不可逆损失占绝大部分，主要是化学反应过程的推动力所造成的。因此，可以得出结论，化学反应过程的不可逆因素是系统有效能损失的主要原因。如前面所讨论过的，其本质是高能级的化学有效能通过化学反应降级成为了低能级的物理和热量有效能。在目前的技术水平条件下，这种损失是不可避免的。另外，散热造成的有效能损失也占据了总有效能损失的 30%左右，这种外部损失应通过对设备进行保温使其尽量减少，特别是对于高温设备如变换炉、热交换器等，尤为重要。

冷激过程所造成的有效能损失也比较大，采用间接换热降温的方式可以降低这部分损失，目前很多原本采用冷激降温的设备都已经改为间接换热的方式以降低过程有效能损失。

变换工序的能量消耗主要表现在蒸汽的消耗量上。变换反应是一个可逆、放热、物质的量不变的反应，降低反应温度和增加反应气体中的蒸汽量均可以提高一氧化碳的转化率。在保证转化率不变的前提下，欲降低蒸汽消耗量，应该设法降低反应温度。因此，最有效的方法就是采用低温催化剂使反应在较低温度下进行。目前绝大多数的小合成氨厂均采用了中变串低变的工艺流程，还有不少厂采用了全低变流程，节省蒸汽的效果明显。

打破工序与工序的界限，将全厂甚至更大的范围作为一个整体考虑，设置换热网络进行合理的换热匹配，做到能量最大限度的合理利用，是现代化工企业的一个显著特点，本例中第二热水塔的设置就是一个很典型的例子。由于温度低，出热水塔变换气所携带的大量水蒸气的潜热和显热在本工序已无法利用，而将此热量回收用于铜洗工序的铜液再生却可以满足要求，设置第二热水塔回收这部分热量用于加热再生铜液以取代原有的蒸汽加热，起到了节省蒸汽的作用。

思 考 题

4-1. 热力学分析方法主要有哪几种？各种方法的特点是什么？

4-2. 什么是热利用线图？如何作出热利用线图？如何利用热利用线图进行热力学分析？

4-3. 什么是 T-Q 图，T-Q 图与热利用线图有何共同点和不同点？为什么采用 T-Q 图也可以反映出过程的有效能损失？采用 T-Q 图有何优点？

4-4. 实际生产中，为什么不宜采用控制过高的产品纯度的方法来保证产品质量？

4-5. 如何计算分离过程的理论能耗？

4-6. 为什么通常条件下采用多段吸收可以降低能量消耗？是不是在任何情况下采用两段吸收的能耗都要比采用一段吸收低？为什么？

4-7. 什么是可逆精馏？

4-8. 在生产中应如何降低压缩过程的能耗？

4-9. 影响兰金循环热效率的主要因素是什么？提高兰金循环热效率的关键是什么？

4-10. 提高兰金循环效率的主要措施有哪些？理想的兰金循环的热效率可能达到 100%吗？为什么？

4-11. 什么是再热循环？为什么采用再热循环可以提高兰金循环的热效率？

4-12. 简单林德循环损耗功很大的主要原因是什么？

4-13. 化工装置热力学分析的基本步骤如何？

习 题

4-1. 试求使 2 MPa 的干饱和蒸汽膨胀到终压为 0.05 MPa 的兰金循环的热效率，并与同样温度范围内工作的卡诺循环的热效率进行比较。

4-2. 设有一台锅炉，每小时产生压力为 2.5 MPa，温度为 350℃的水蒸气 4.5t，锅炉的给水温度 30℃，给水压力为 2.5 MPa。已知锅炉的热效率为 70%，锅炉采用发热量为 29260 $kJ \cdot kg^{-1}$的煤作为燃料，求该锅炉每小时的耗煤量（锅炉效率 η_B＝蒸汽吸收的热量/燃料可提供的热量）。

4-3. 压缩机出口的氨，压力为 1.418 MPa，温度为 50℃，若按下述不同的过程膨胀到 0.10133 MPa，求氨膨胀后的温度及过程的损耗功，设环境温度为 25℃。(1) 绝热节流膨胀；(2) 可逆绝热膨胀。

4-4. 某空气预热器采用高温气体预热空气，高温气体（标准状态）的流量为 33600 $m^3 \cdot h^{-1}$，入口温度为 300℃，出口温度为 150℃，在此温度范围内 $C_{p_m} = 32.7\ kJ \cdot kmol^{-1} \cdot K^{-1}$；空气的入口温度和出口温度分别为 35℃ 和 180℃，在此温度范围内的 $C_{p_m} = 30.2\ kJ \cdot kmol^{-1} \cdot K^{-1}$，设热损失忽略不计，环境温度为 25℃，常压操作。求：(1) 预热的空气量；(2) 空气预热器的损耗功与热力学效率；(3) 如果高温气体条件不变，空气流量不变，但进出口温度均提高 15℃，预热器的热力学效率是否会变化？若会变化，应该是提高还是降低？为什么？

4-5. 某理想兰金循环的蒸汽参数为：进透平机的压力为 $p_1 = 6$ MPa，温度 $t_1 = 540$℃，透平机出口压力 $p_2 = 0.008$ MPa，如忽略所有过程的不可逆损失，试求：(1) 透平机出口乏气的干度与透平机输出的功量；(2) 水泵消耗的功量；(3) 循环所作出的净功；(4) 循环的热效率。

4-6. 求采用简单的林德循环制备 1 kg 液态空气所消耗的能量，操作条件为：初态温度为 288K，压缩后压力为 5.065 MPa，膨胀后的压力为 0.10133 MPa（设为理想过程）。

＊5. 化工企业节能技术简介

5.1. 能量的合理利用

能量的合理利用是指在用能过程中尽可能地减少过程的能量损失，将能量最大限度的加以利用。

如前一章所述，要完成一个过程，存在一个理论上的能耗极限值，此极限值是在过程推动力无限小，且没有任何能量耗散效应的条件下完成该过程所需要的最低能耗。而任何实际过程只能是在存在明显的过程推动力和不可避免的摩擦等能量耗散效应的条件下才能进行，从而使得耗能过程必有实际能耗高于理论能耗；而产能过程的实际所得则低于理论所得。换言之，任何实际过程的能量损耗是不可避免的。其中的部分或全部应视为是合理的损失。然而，在现实生产中，并非所有的能量损失都是合理的，如对于相同的生产过程或产品，不同厂家的能量消耗各不相同就是明显的例子。迄今为止中国化工行业在节能方面已经取得了显著的成绩，但与工业发达国家相比仍然存在有较大的差距，目前中国化工行业能耗水平整体上相当于工业先进国家 20 世纪 70 年代末的水平。化工万元产值能耗约为发达国家的 2.5～6 倍；大多数化工产品单位能耗比国外同类产品高出许多，如合成氨和乙烯的单位能耗约比国际先进水平高出 1 倍；就能源利用率而言，中国目前工业能源利用率仅为美国和日本的一半左右；主要耗能设备的技术水平也低于国际先进水平。因此，应该认识到，虽然实际过程能量的损耗是不可避免的，但是，目前的能量消耗中，有相当一部分属于不合理的损耗，在很大程度上是可以避免的。实际生产过程中存在着巨大的节能潜力。

化工过程的能耗由两部分组成。第一部分是理想功，即完成过程所必须的最小功。它也是理论上必须消耗的功，不存在节能潜力；第二部分则是属于能量损耗。其中又可分为不可避免的能量损耗与可以避免的能量损耗两类。第一类是为保证过程能以必要的速度进行所需要的推动力及由于各种目前尚无法消除的能量耗散效应所造成的。从理论上讲，它属于能量损耗，但可视为为完成过程所必需的能量损耗，如果没有这部分能量消耗，过程将只能以无限慢的速度进行，显然，这种速度无法满足工业生产的需要。这部分能量损耗虽然在目前条件下可视为不可避免的，但随着时代的发展和科学技术的进步有可能适当的降低，却无法消除。第二类则是由于实际过程存在的各种不合理的不可逆因素而造成的能量损失，例如过大的过程推动力，过大的流体阻力和散热损失等。这部分损失属于可以避免的能量损失，即可以通过对过程进行分析和改造得以减少甚至消除。节能工作的任务就是设法通过各种措施来减少这部分能量损耗。下面将围绕这个内容来进行讨论。

5.1.1. 能量的有效利用

所谓能量的有效利用，就是指在生产过程中，采用最合理的过程推动力，以力求过程的最小能量降级损失，即在技术及经济条件许可的前提下，采取各种措施，尽量减少过程的不可逆损失。真正做到“能”尽其用。这就必然涉及到如何按照所提供的能量的品质使其最大限度的得以利用，对于需供能的系统如何供给最合理能源的问题。在此，引入“能级”的概念。能级就是单位能量中所含的有效能，以“Ω”表示。若以 E 表示体系的总能量，E_X 表

示体系所具有的有效能，则

$$\Omega = E_X / E \tag{5-1}$$

对于高级能量，$\Omega=1$；僵态能量，$\Omega=0$；低级能量，$0<\Omega<1$。任何耗能过程得以进行的必要条件是所供给的能级必须高于所需的能级，而最合理的供给方式应使过程具有最恰当的过程推动力，以使过程的不可逆损失降到最低。因此，在用能过程中，应尽量做到供需的能级匹配，既保证过程能以必要的速度进行，又不会由于推动力过大而造成过大的能量损耗。

(1) 按质用能，按需供能　按质用能就是按照提供能量的能级合理地安排其用途，使其最大限度的得到利用。而按需供能则是按照用能系统对需求能源的要求根据最佳推动力的原则提供能级相当的能源。防止大材小用，高能低用。二者的实质都是防止在用能过程中出现过大的推动力而引起能量不必要的贬质，造成损耗，真正做到“能”尽其用，供需匹配。

例如目前广泛存在的火力发电，就是能量利用不合理的典型例子，没有做到按质用能。对于煤、石、天然气等各种燃料，若按照其低热值计，其能级基本为1，即其中的能量全部为有效能，属于高级能量。如果不存在不可逆损失，理论上应该可以全部转化为功。通过前面的蒸汽动力循环的讨论可知，实际的热-功转化效率仅为25%～40%。究其原因，主要是在锅炉中的燃烧过程与传热过程的高度不可逆所造成的，也就是通过化学反应和传热过程将高能级的化学能转换成了较低能级的热能，转换过程中发生了较大程度的能量贬质。同时由于受到目前锅炉材料耐热性能的限制，不可能得到温度很高的水蒸气，因而无法得到较高能级的热能，所以能量的贬质程度很高。同理，采用燃烧燃料直接作为热源也是一种很大的浪费。如果能将高能级的化学能直接转换成高能级的电能，则过程的能量转化率可以大大提高，理论上可达100%。采用燃料电池可以完成这种转化过程。目前燃料电池已经开发并已在某些领域得到应用，其转化率远高于蒸汽动力循环。但由于受到技术水平的限制，目前尚未能在工业中大规模的应用。

又如例题3-17所示，各种不同参数的水蒸气也存在一个如何按照其能级予以合理应用的问题。通过有效能的计算可知，高温高压的过热水蒸气具有较强的作功能力，适宜用于作功，若用于加热则造成了作功能力的损失。反之，饱和水蒸气虽然焓值较大却作功能力弱，适宜用于加热而不适宜用于作功。如果能合理的按质用能，可以使得能量损失较小，反之则会造成较大的损失。

(2) 采用最佳的过程推动力　过程的推动力是过程能以一定的速度完成必不可少的条件。推动力为无限小的所谓可逆过程由于速度无限慢，所需时间无限长，因而对于实际生产过程毫无意义。然而，过程的推动力也是造成能量损耗的根本原因。因此，过程的推动力既不可能消除，也不应该过大。应该以能够满足工业生产的过程速度而又不至于造成过大的能量损耗为目标，在目前的生产技术水平条件下尽量将可避免的能量损失部分减少至可能的最低限度，此即为过程的最佳推动力。

a. 传热过程　前已讨论，在其他条件不变时，传热过程的能量损失主要取决于传热温度差。传热温度差越大，则过程的能量损失越大，但同时所需要的设备却越小。也就是随传热温度差的增大，能量消耗费用增加而设备费用降低。因此，传热过程的最佳推动力应该是以传热过程的总费用最小为目标予以确定。此条件下的能量损耗应该视为目前条件下不可避免的能量损耗。对于传热过程采用热利用线图进行分析是很好的方法。为使传热过程的有效能损失达到可能条件下的最小，应采用各种方法使图中供热曲线与受热曲线之间的距离达到

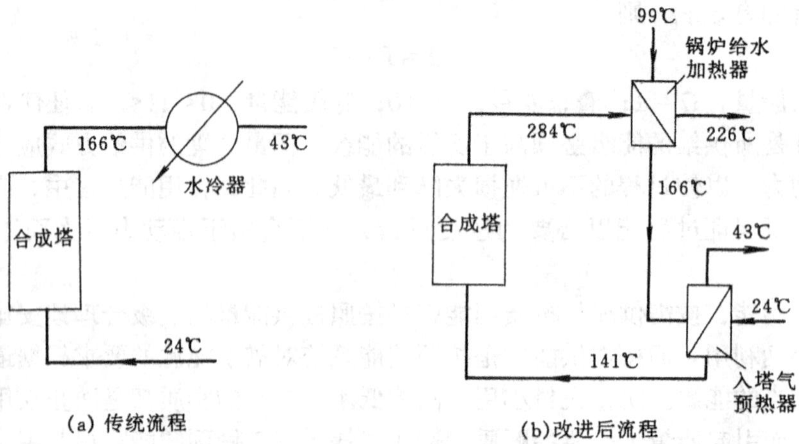

图 5-1　合成氨生产流程图

最小。通常可以在热利用线图上采用将受热曲线进行整体平移或分段平移的方法来实现此目的。下面，通过一个生产实例来进一步熟悉热利用线图在生产中的应用。

在合成氨厂中，氨的合成反应$\frac{1}{2}N_2+\frac{3}{2}H_2 = NH_3$为一放热反应，且必须在高温及有催化剂存在的条件下进行。这样，常温下的反应气体需预先加热至催化剂的起始活性温度以上进入合成塔才能进行反应。而反应后的气体最终又必须冷却至接近常温以便进行氨的分离。因而整个工艺过程除了反应以外，还存在着反应气体的加热和合成气体的冷却问题。生产中是采用出塔高温合成气体加热入塔冷气体。传统的合成工艺流程如图 5-1（a）所示，入塔气的初温为 24℃，进入合成塔后在塔内换热器中被反应后的高温气体加热到 410℃，然后进入催化剂层进行反应。出催化剂层的高温气体温度为 453℃，进入塔内换热器放出热量加热入塔冷气体，本身温度降至 166℃后从合成塔流出，由于其温度较低而难以利用，进入塔外换热器被冷却水冷却到 43℃后再送到后面进一步进行冷却。整个过程的反应热除了用于加热入塔气体外，主要由冷却水带走，没有被利用。该过程的热利用线图如图 5-2 所示。图中曲线 *abcd* 为出触媒层的高温气体降温过程的放热曲线，曲线 *efj* 为入塔冷气体的升温曲线。二线之间的面积就是该传热过程的有效能损失。由图看出，二线之间的距离较大，即过程的有效能损失比较大，有必要进行改进。由已知数据及热利用线图可知，在塔内换热器的高温端传热温度差并不大，为 43℃，再降低的余地已很小。而在低温端则比较大，达 166－24＝142℃。这是过程有效能损失较大的原因。如果能设法将其降低，则过程的有效能损失可以降低。若将受热曲线整体向左平移又受到低温端传热温差的限制。但如果采用将其断开后进行分段平移则是可行的。因此，在设计上将原有的塔内换热器截为两段，在其中适当的位置插入另一个换热器用以加热高压锅炉给水或是直接产生蒸汽。改造后的流程如图 5-1（b）所示，热利用线则作于原图 5-2 中。图中曲线 *nm* 为外加的换热器，而原来的高温段受热曲线 *ef* 则被平移至左边变成了 *e′j′*，即经过节能改造后，冷气体的受热曲线变成了 *e′j′mnfj*，

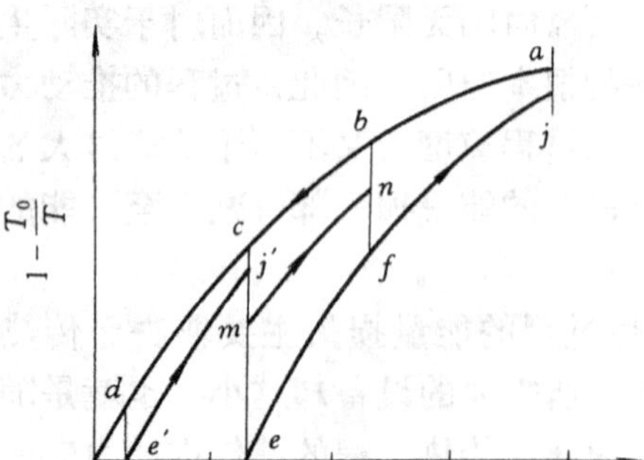

图 5-2　合成氨换热系统有效能图

与原过程相比，高温气体的放热曲线与低温气体的受热曲线之间的面积大大的缩小了，说明整个过程的有效能损失大大的减小了。从效果上看，原来排放到环境中的热量（即冷却水带走的热量）现在被用来产生水蒸气，因此整个过程的热效率与有效能效率均得到较大的提高。

对于某些需要采用制冷剂制冷的降温过程，当降温的幅度较大时，如果采用单一温度的冷源，往往会造成制冷剂与被冷物料之间的平均温差过大而引起较大的有效能损失。例如前述的合成氨厂出合成塔的气体还需要冷却到 223K 以使体系中的氨冷凝从而得到分离。如果采用单一的冷源进行降温，则需将制冷剂液氨的汽化温度控制在 213K 左右，如图 5-3 所示，虽然低温端的温差较小，但高温端的温差却很大。因而有效能损失大。若采用不同温度的冷却剂将其冷却，如分别采用 278K、259K、239K 和最终采用 213K 的制冷剂进行冷却，从图中可以看出，过程的有效能损失大大的减少了，表现为与原方法相比，冷却和被冷却两条线之间的面积减小了很多。而且高温端可以直接采用环境温度下的冷却水作为冷却剂，使能耗得到了降低。类似的天然气液化过程也可以采用相同的方法进行冷却。这种方法称为梯级冷却的方法

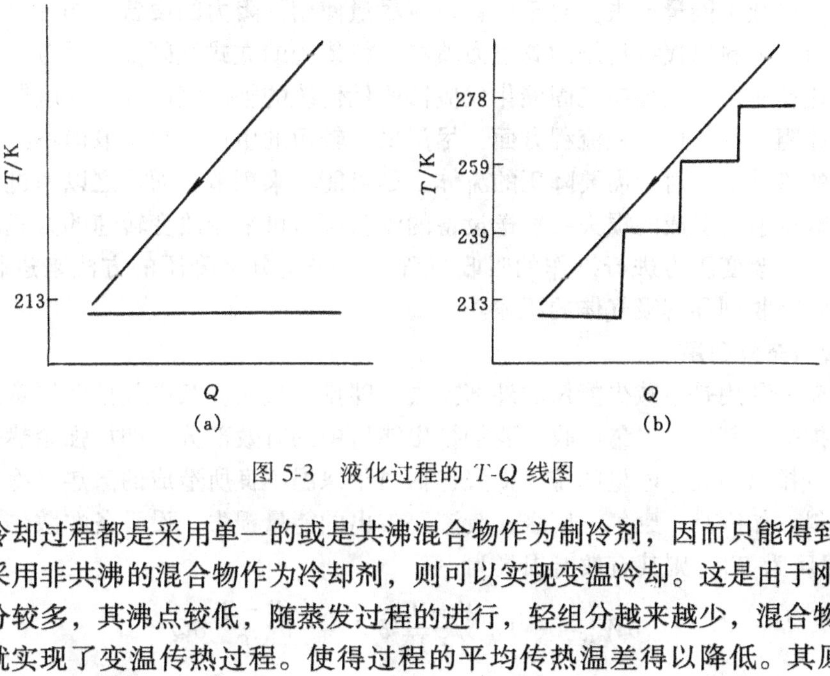

图 5-3　液化过程的 T-Q 线图

通常的冷却过程都是采用单一的或是共沸混合物作为制冷剂，因而只能得到恒定的制冷温度。如果采用非共沸的混合物作为冷却剂，则可以实现变温冷却。这是由于刚开始时混合物中的轻组分较多，其沸点较低，随蒸发过程的进行，轻组分越来越少，混合物的沸点随之升高。这样就实现了变温传热过程。使得过程的平均传热温差得以降低。其原理如图 5-4 所示。

b. 传质过程　与传热过程相似，对于吸收，精馏以及液液萃取等传质过程，引起过程有效能损耗的直接因素也是过程的推动力。因此，设法降低过程推动力是降低过程有效能损失的关键。而相互接触的两相流量比越大，则过程推动力也就越大。前已讨论，目前降低过程推动力的主要措施就是：①采用逆流传质过程，与并流传质过程相比，逆流传质可以在较小的平均推动力条件下进行，因而液相与气相的流量比可以较小；②如上一章中讨论过的，在条件允许的情况下，可采用分段传质的方法，以降低过程的推动力。③对于精馏过程而言，尽量采用较低的回流比操作。

c. 流动过程　对于流体的流动过程，应设法降低流动过程的机械能损失。流体流动过程的流动阻力是造成机械能损失的直接原因。化工厂中有相当多用于流体输送的动力装置如

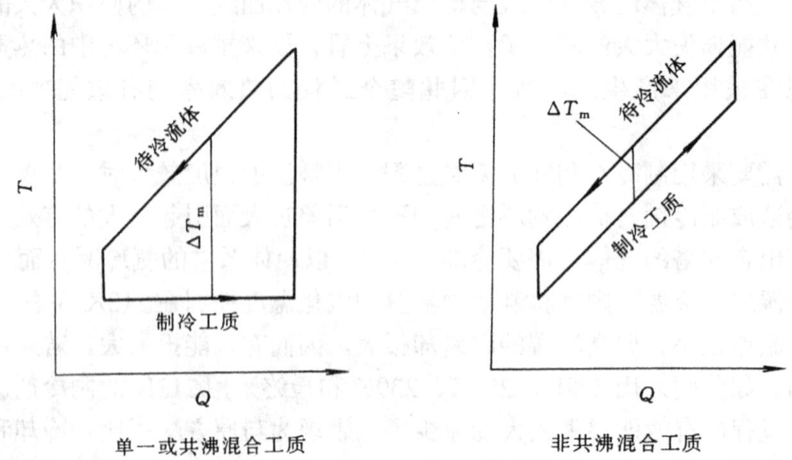

图 5-4　蒸发器的平均传热温差 ΔT_m

泵、压缩机等都是用于克服流动过程的阻力。生产中可通过对设备和流程进行改造而尽量降低阻力损失，以减少能量损失。对于设备，应尽量使用低阻力的设备。如在填料塔中采用各种新型低阻力的填料以代替传统的高阻力填料；将传统的立式气固催化反应器改为低阻力的卧式气固催化反应器；以径向气固催化反应器取代传统的轴向气固催化反应器等均可明显地起到降低流体阻力的作用。在流程方面，尽量采用较短的生产流程，取消不必要的弯头和造成较大阻力的管件等。对于需要降压的流体，尽可能不采用节流而代之以通过膨胀机回收能量的方式以减少节流造成的损失；输送设备的流量调节可采用改变转速的方式取代传统的节流方式。对于以改变压力进行操作的吸收过程，应采用分级降压的方法来进行吸收液的解吸，可以节省吸收剂和解吸气体的压缩功。

5.1.2. 能量的充分利用

能量的充分利用是指减少能量的外部损失，即排出损失。其中包括两层意思，其一为设法减少排出损失；其二为尽量回收必要的排出能量中的有效部分，即加强余热的回收利用。

(1) 减少排出损失　能量的排出损失包括由于保温不良所造成的散热（冷）损失及由于体系排出物料，如产品、废气、废水、废渣等带出的能量损失。设设备的散热（冷）损失为 δQ，环境温度为 T_0，则其有效能损失为：

$$\delta W_L = -T_0 \frac{T - T_0}{T \cdot T_0} \delta Q = -\frac{T - T_0}{T} \delta Q \tag{5-2}$$

式中，T 为体系的表面温度。

设设备的保温层厚度为 d，其导热系数为 λ，散热面积为 $\mathrm{d}A$，则通过此面积的热量为：

$$\delta Q = \mathrm{d}A \left(\frac{\lambda}{d}\right)(T - T_0)$$

代入上式，可得：

$$\delta W_L = -\mathrm{d}A \left(\frac{\lambda}{d}\right) \frac{(T - T_0)^2}{T} \tag{5-3}$$

上式表明，通过表面散热引起的有效能损失除与散热面积、保温层厚度和导热系数有关以外，主要取决于体系的表面温度。体系与环境的温差越大，有效能损失越大；在相同的温差条件下，体系的温度越低，有效能损失越大。因此，低温下体系的保温更重要，这与前面的讨论结果是一致的。将 $(T-T_0)^2/T$ 对 T 作图，如图 5-5 所示。图中取 $T_0=290K$，可以看出，低温下的曲线（左侧）远较高温下曲线（右侧）要陡得多，说明当体系温度低于环境温度时，有效能损失随温度的降低而急剧的增加。计算表明，其他条件均相同时，温度为 84K 的低温物体与温度为 1000K 的高温物体应具有相同的保温层厚度。

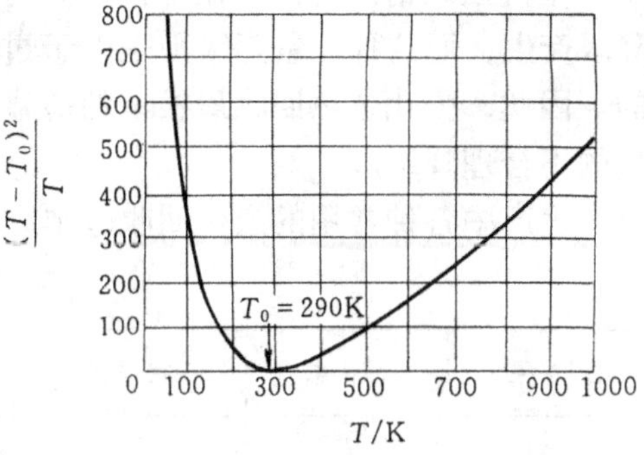

图 5-5　散热有效能损失随温度变化曲线

（2）减少泄露损失　除必要的排出损失之外，在生产中往往还存在着由于各种原因所造成的泄露损失，俗称跑、冒、滴、漏。这种损失虽然看起来很小，但由于长期的泄露，造成的损失也是相当可观的。例如某一泄露点每小时泄露 423K 的蒸汽 15kg，就相当于每年损失标准煤 16.4t。

对于易挥发性物质的储存，例如汽油、酒精等若采用固定容积的容器储存，由于在低液位时上部空间很大，会造成很大的蒸发损失。据报道，一个 1500kt/a 处理量的炼油厂，蒸发损失可达 4000t 轻质油品/a。如果改用容积可变的内浮顶罐储存，则可以使损失大大的减少。至于生产中的化工产品及原料的泄露，除直接造成损失外，往往还造成环境的污染，更需要严格加强管理，防止泄露。

（3）加强余热的回收利用　化工生产中往往有大量的工艺气体或液体需要降温后进入下一工序，或是一些物料如各种气体、液体、固体需要排出体系而带走可观的热量。生产中将这种生产过程中热能转换设备及用能设备未能用上的热能称为余热。例如硫酸生产过程中焙烧炉出口的 SO_2 炉气温度约 900℃，在进入下工序之前需降至常温，大型合成氨厂中二段转化炉出口气体温度近 1000℃，需降温至 380℃左右送入下工序等等。据统计，中国余热数量平均达 40 多 Mt 标准煤，其数量相当可观，余热资源巨大。因此，强化余热的回收无疑是节能降耗的得力措施。也是各种节能措施中最后的关卡。

对于余热的回收，一般应根据其数量和品位采取相应的回收措施。生产中，根据其温度的高低，大致将其分为高、中、低三档，凡温度在 500℃以上的可视为高温热源；温度在 250～500℃之间的为中温热源；温度在 250℃以下的为低温热源。对于高温热源，由于其品位较高，作功能力强，因此，最有效的方法就是充分利用其作功能力将其尽量转化为功。生产中广泛使用余热锅炉以产生高温高压蒸汽，然后将其通过透平机作功。余热的温度越高，其作功能力越强。对于中温余热，由于其品位不够高，转换为功的能力较弱，一般宜用于加热，比如利用其产生低压饱和蒸汽以作加热之用，或是直接用于加热工艺物流及用于预热空气等。低温热源的特点是品位不高，且传热效率低，排出量大，在化工企业中分布很广，利用比较困难。目前生产中仅少量的能被利用。相当多的部分只能白白的排入环境中去。且在很多情况下，不仅不能被利用，反而要消耗冷却水将其移去。对于低温热源，采用热泵将其升温至可利用的程度是利用低温热源的良好途径，亦可将其回收用于生活、采暖或是其他可应用的场所，例如农业方面的温室供热和温水养鱼等应用。对于数量特别大且有稳定来源的低温热源，也可以考虑采用低沸点工质用于低温余热发电，如采用氟里昂透平蒸气动力循环，据报道，其理论热效率约为 8%～14%。

值得强调指出的是，在各种不同的生产转换过程中，其低温余热多数是由高品位的能量降级产生，而这种能量降级则是由于过程不合理的不可逆因素（主要是传热温差）所引起的。因此，强化余热回收最根本的措施仍然是尽量的设法降低过程的不可逆因素，以减少能量的不合理降级。

生产中各种常用的余热回收基本方法如表 5-1 所示，可供参考。

表 5-1　余热回收的基本方法

对　象	形　态	状　态	回收方法	回收后形态	利用方法
炉子排气	气体余热	排气	空气预热器	热风	自身循环
			直接利用	热风	再利用
		水蒸气	热泵	蒸汽	再利用
热废水	液体余热	冷凝水	闪蒸后-热泵	蒸汽	再利用
			回收冷凝水	热水	锅炉供水
		间接冷却水	有机介质冷却	热水、蒸汽	直接利用或发电
			蒸发冷却	蒸汽	
		直接冷却水	热泵	蒸汽、热水	空调
产品显热	固体余热	热介质	余热锅炉	蒸汽	直接利用或发电
副产气体	排放潜热		燃烧	热	再利用
			回收	燃料	利用
工艺压力	剩余压力		燃气轮机	电力	利用
旋转体	剩余动力		发电(直流)	电力	利用
			飞轮	动力	再利用

5.1.3. 能量的综合利用

能量的综合利用是指在生产中将各种不同形式的能源按照合理匹配的原则予以合理的方式加以利用。

在化工生产企业中，不同的用能场合需要提供不同形式的能源。有的需要功，如流体的输送、压缩等。有的需要热，如精馏、干燥等。功是能级为 1 的高级能量，而热的能级小于 1，属低级能量。另外，化工过程本身的特点决定了很多过程本身也可以作为能源向外提供能量，如放热反应放出热量，高温流体降温过程放出热量等，热能能级的高低随温度的不同而不同。因此，在生产中，如何在能量的供与需之间进行合理匹配是一个很重要的课题。当前，采用热电联产、综合用能的总能系统越来越受到人们的重视。

就将热转变为功的效率而言，当前中国的平均水平约为 30%左右。即每消耗 1 kJ 的热，仅有 0.3kJ 可转化为功。其余 0.7kJ 中除约 0.1kJ 可以回收用于本系统外，还有约 0.6kJ 只能由冷却水所带走。与此同时，大多数热能用户却不得不采用燃烧燃料来直接供热或产生蒸汽用以间接供热，这种方式造成很大的浪费。若能使燃料燃烧过程所得到的高温烟道气在锅炉中产生高温高压蒸汽，将此高温高压蒸汽通过抽汽式透平或背压式透平作功并提高排出蒸汽的参数使之达到可以用于供热的温度作为热源，这样，将供热与作功结合起来进行热电联产。与热电分产相比，可以使燃料的有效能利用率和热利用率均得到大幅度的提高，这种方式称为热电联产的总能系统。表 5-2 为一典型的热电联产总能系统与热电分产的有效能分析比较。两个系统的基本工作参数均为：发电量度 18000kW，工艺用热 $2.09\times10^8 kJ\cdot h^{-1}$。锅炉热效率为 0.85，透平等熵效率为 0.80，工艺过程的热效率为 0.722，燃料重油热值为 $4.06\times10^4 kJ\cdot kg^{-1}$。发电用的蒸汽参数为 $p=9.8MPa$、$T=773K$，冷却水温为 313K，工艺用低压蒸汽为 $p=0.294MPa$ 的饱和蒸汽，给水温度和环境温度为 293K。

表 5-2 热电联产与热电分产的有效能分析比较

项目		$-E_X$ 热电分产		$-E_X$ 热电联产	
		$\times10^{-6}kJ\cdot h^{-1}$	%	$\times10^{-6}kJ\cdot h^{-1}$	%
输入	燃料	5.49	100	3.77	100
输出	有效利用	0.89	16.2	0.903	23.9
	燃烧损失	2.06	37.5	1.415	37.5
	锅炉传热损失	1.56	28.4	0.676	17.9
	锅炉排烟损失	0.17	3.1	0.117	3.1
	锅炉散热损失	0.095	1.7	0.064	1.7
	透平损失	0.211	3.9	0.178	4.7
	冷凝器损失	0.047	0.9	—	—
	加热器散热损失	0.079	1.4	0.079	2.1
	加热器传热损失	0.399	6.2	0.34	9.0
	有效能损失小计	4.6	83.8	2.867	76.1

表 5-2 表明：与热电分产相比，热电联产的总能系统只用一台高压锅炉，取消了低压锅炉，锅炉的燃烧损失减少[(2.06－1.415)/2.06]×100%＝31.3%，锅炉传热损失减少[(1.56－0.676)/1.56]×100%＝56.7%，无冷凝器损失，总能系统有效能损失减少[(4.6－2.867)/4.6]×100%＝37.7%，燃料减少[(5.49－3.77)/5.49]×100%＝31.3%，其节能效果相当显著。目前，随着社会的发展，能源消费剧增，节能工作愈显重要。工业发达国家已经把“热电联产”的概念发展为泛指任何两种或两种以上能源物质同时生产的“现代联产技术”了，包括同时生产热水、蒸汽、冷气、电能、机械能、空调能源等等。这种联产技术效率高、能耗低，可大量节约燃料。通常可使能源利用率提高 15%～30%。现代联产技术的发展，对节约能源，保证和改善生态环境具有重要的意义，是节能的重要途径之一。

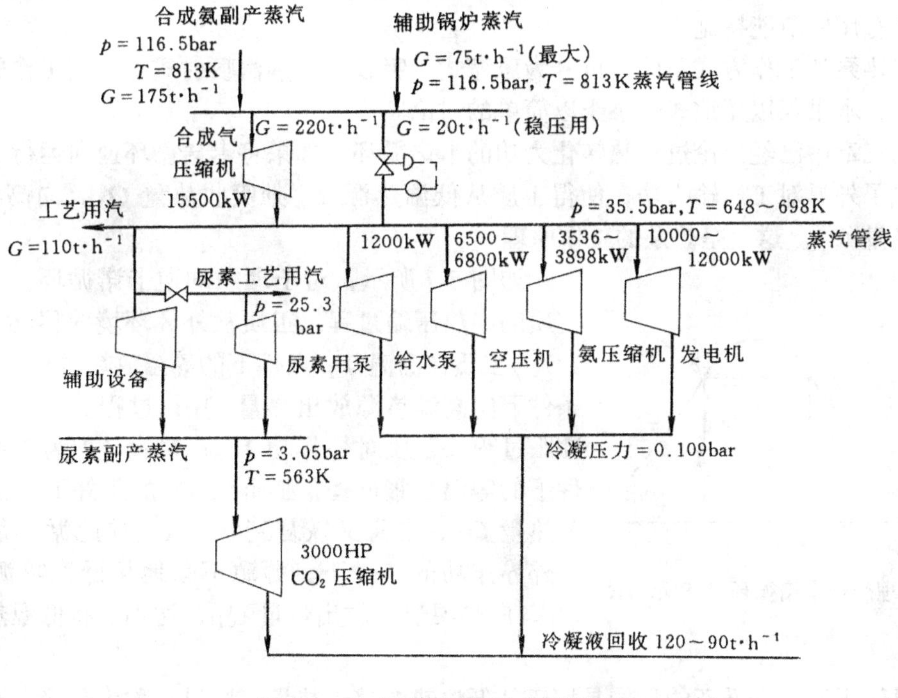

图 5-6 某大型氨厂的热能利用系统

1bar＝10^5Pa；1HP＝745.7W

对于化工过程的余热，如反应热和高温流体降温放热等，在利用过程中，也应遵循能级匹配的原则予以利用。在这方面，大型合成氨厂的热能系统就是综合利用化学反应热、热能与动力配合的典型例子。图 5-6 为某大型氨厂的热能利用系统示意图。该厂利用高温气体的余热产生高压蒸汽（$p=11.65$MPa，$T=813$K），该高压蒸汽进入背压式透平直接驱动离心式压缩机，排出 3.35MPa、648～698K 的过热蒸汽。这些蒸汽分为三部分。一部分通过凝汽式透平机作功驱动工艺设备和发电，一部分作工艺加热之用，还一部分用于驱动辅助设备，并排出 0.305MPa、563K 的低压蒸汽供驱动低压透平机。这样，将高压蒸汽进行多次利用，同时满足了动力和工艺加热的需要，使这部分能量得到了充分利用。

若是待回收的热能级别较低，难以直接利用，除了可以采用热泵将其提高温度加以利用外，有时也可以采用改变工艺条件的方法提高温度以提高其使用价值。例如前面所提到的精馏过程采用升高操作压力来提高塔顶馏分冷凝温度的方法使之能够得以利用。又如硫酸生产中三氧化硫的吸收过程是一个放热数量可观的生产过程，但通常的吸收温度仅为 50～70℃，其热量不便利用，只能采用冷却水带走，既浪费了能量，又多消耗了冷却水，但如果能设法将吸收温度提高，则其利用就可以变为现实了。

5.2. 化工企业节能新技术

5.2.1. 热泵技术

（1）热泵原理　在前面的讨论当中不止一次地提到了热泵，例如精馏过程分析，低温余热的有效利用等。热泵就是一种将热量从低温热源移到高温热源的能量利用装置。其作用是将难以直接利用的处于低温状态下的热量通过热泵使其升高到可以直接应用的较高温度。根据热力学第二定律，热量不可能自发地从低温热源传到高温热源，因此，热泵要达到其工作目的，必须以消耗部分有用的功作为代价。目前，热泵装置在化工企业中应用很广，已成为一种非常有用的节能措施。

根据热泵的工作方式不同，可分为压缩式、吸收式、蒸汽喷射式等。其工作的基本原理大致相同，本书仅以压缩式热泵予以简单的讨论。

在第三章中已经讨论过将热转化为功的卡诺循环，如果将卡诺循环逆向运行，则循环的作用变成了外界对工质输入功，使得工质从低温热源 T_L 处吸收热量 Q_L，向高温热源 T_H 处放出热量 Q_H。这就是热泵的工作原理。

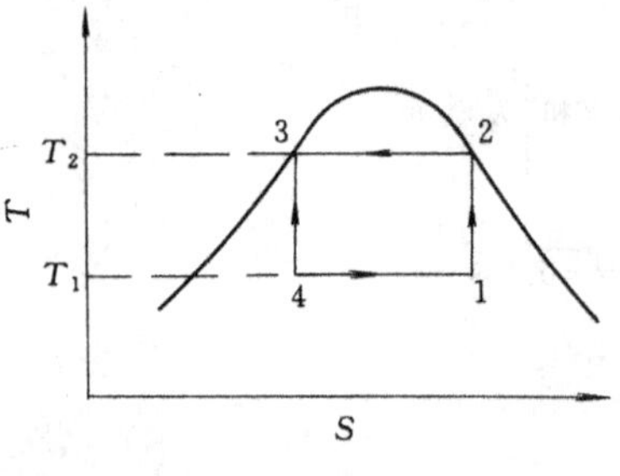

图 5-7　理想逆卡诺循环 T-S 示意图

如图 5-7 所示，对于理想的逆卡诺循环，过程 1-2 为工质的绝热压缩过程，工质从外界环境获得功 W_S；过程 2-3 为工质在高温 T_H 条件下的等温放热过程，工质在 T_H 条件下向高温热源放出热量 Q_H；过程 3-4 为工质的绝热膨胀过程，工质对外作功 W_S'；过程 4-1 为工质在 T_L 条件下的等温膨胀过程，工质在 T_L 的条件下自低温热源吸收热量 Q_L，自身又恢复到状态 1。如此循环往复，工质在外界作功的条件下，源源不断地从低温热源吸收热量 Q_L，向高温热源放出热量 Q_H，达到了将低温热升高温度的目的。

如果使用逆卡诺循环的目的是用于从低温热源移走热量，则过程称为制冷，制冷过程采用制冷系数 ξ 来衡量过程。定义为：

$$\xi=\frac{\text{循环自低温热源移走的热量}}{\text{循环过程所消耗的功}}=\left|\frac{Q_L}{W_S}\right|$$

与卡诺循环的推导过程相似，逆卡诺制冷循环的制冷系数为 $\xi=\frac{T_L}{T_H-T_L}$。

如果使用逆卡诺循环的目的是为了得到高温热量 Q_H。则过程为制热的热泵循环，热泵循环以获热系数 ω 来衡量，定义为：

$$\omega=\frac{\text{循环向高温热源放出的热量}}{\text{循环过程所消耗的功}}=\left|\frac{Q_H}{W_S}\right|$$

逆卡诺热泵循环的获热系数为 $$\omega=\frac{T_H}{T_H-T_L} \tag{5-4}$$

由此可见，制冷过程与制热过程并无本质的区别，仅仅是所关心的对象不同而已。对于逆卡诺循环热泵，其获热系数与工质无关，仅与高温热源与低温热源的温度有关。

实际压缩式热泵循环是工作在气液两相之间的循环。理想压缩式热泵循环的流程示意图与 *T-S* 图如图 5-8（a）和图 5-8（b）所示。该循环包括蒸发器、冷凝器、压缩机和节流阀四个设备。来自蒸发器的工质蒸汽为状态 1，进入压缩机被压缩至状态 2，其温度与压力均升高，然后进入冷凝器，工质在冷凝器中高温 T_H 的条件下放出热量 Q_H，本身被冷凝成状态 3 的饱和液体，该高压液体经过节流阀降压和降温后为状态 4，再进入蒸发器，在蒸发器中，工质在低温 T_L 条件下从低温热源吸收低温热量 Q_L，本身恢复到状态 1。至此完成一个循环。

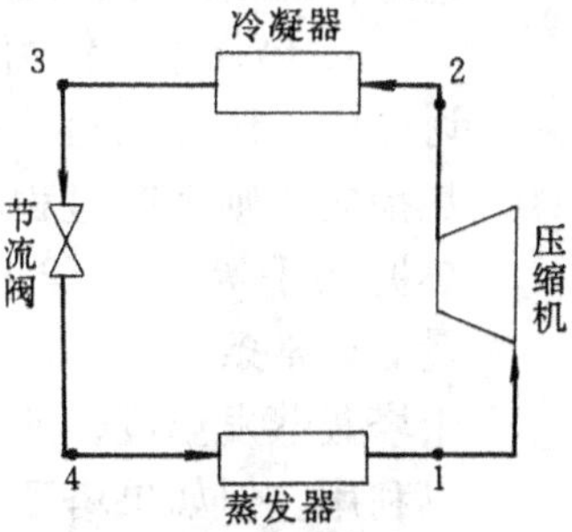

(a)流程示意

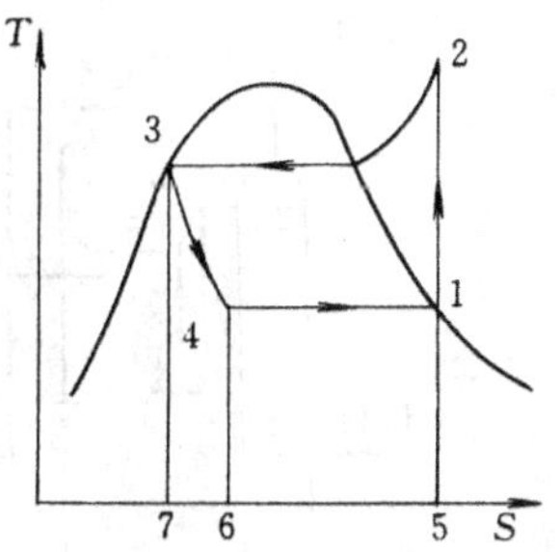

(b) T－S 图

图 5-8 压缩式热泵流程示意及 *T-S* 图

下面对理想的压缩式热泵循环进行分析和计算，取单位质量的工质为计算基准。

过程 1—2 为等熵压缩过程，工质从外界得到功，$Q=0$

$$W_S=\Delta H=H_2-H_1$$

过程 2—3 为等压放热过程，$W_S=0$

$$Q_H=\Delta H=H_3-H_2$$

该热量亦可在 *T-S* 图中用曲线 2-3 下的面积表示，即 32573 所包围的面积。

过程 3—4 为节流过程，节流过程为等焓过程

$$H_4=H_3$$

过程 4—1 为低温下等压吸热过程，$W_S=0$

$$Q_L=\Delta H=H_1-H_4$$

同样，该热量也可以用曲线 4—1 下面的面积表示，即 41564 所包围的面积。

循环的获热系数为 $\omega=\left|\frac{Q_H}{W_S}\right|=\frac{H_2-H_3}{H_2-H_1}$ (5-5)

根据热力学第一定律，循环过程 $\Delta H=0$，$Q=W_S$，

则 $Q_H+Q_L=-W_S$ 或 $Q_H=-W_S-Q_L$

或 $|Q_H|=|Q_L|+|W_S|$ （$Q_H<0, Q_L$ 与 $W_S>0$）

从 T-S 图也可以看出，面积 32573 为 Q_H（放热为负），面积 41564 为 Q_L（吸热为正），故面积 3214673 即为过程所消耗的功（亦为正）。因此，工质向高温热源放出的热量 q_H 在数值上应为工质从低温热源所吸热 Q_L 与工质从外界所获得的功 W_S 之和。所以，热泵的获热系数总是大于 1。

另外，通过 T-S 图还可以看出，当高温热源 T_H 与低温热源温度 T_L 相差值越大，则过程所消耗的功越大，获热系数就越小。因此，若将低温热源的温度提升得太高，在经济上往往不合算。

(2) 热泵应用举例　前已述，化工企业中低温热的数量往往是相当大的，由于其温度低，使用受到限制。很多情况下不仅不能得以利用，反而需要消耗大量的冷却水来将其移走。虽然从理论上说，凡需要将热源的温度升高的场合下均可采用热泵，但在需要将温度提升太高时，经济上往往并不合算。目前，热泵应用最普遍的用途是用于空调系统。由于热泵的获热系数恒大于 1，所以采用热泵供热采暖远比用电直接加热要经济得多，特别是在温度要求并不高的生活采暖方面。热泵在工业中的用途也非常广泛。由于它对于节能有着非常重要的意义。随着能源危机的逐步逼近，热泵的应用越来越引起人们的重视。

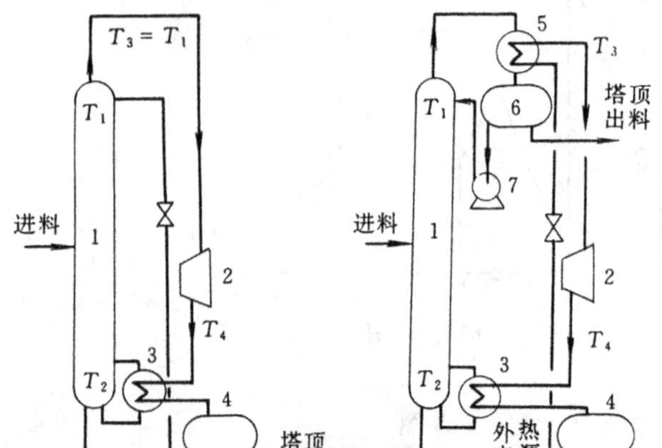

(a)开式热泵流程　　(b)闭式热泵流程

图 5-9　精馏系统的热泵流程示意图

1—精馏塔；2—热泵（压缩机）；3—塔底换热器；4—介质储罐；5—塔顶换热器；6—回流罐；7—回流泵

a. 热泵用于精馏过程　在精馏部分的讨论中，已经知道，如果不考虑设备的散热损失，则精馏过程塔顶冷凝器所放出的热量几乎等于塔釜再沸器所需加热的热量。通常条件下，由于塔顶冷凝温度要低于塔釜蒸发温度，所以塔顶冷凝热无法加以利用。但如果塔顶组分与塔釜组分的沸点相差不太大时，可以采用热泵将塔顶组分所释放出来的冷凝热予以升温后用于塔釜再沸器中加热。精馏中使用的热泵可分为开式与闭式两种方式，分别如图 5-9 的 (a)、(b) 所示。

图 5-9 (a) 所示的为开式热泵方式。热泵压缩机所压缩的工质就是塔顶馏出的蒸汽。塔顶馏出的蒸汽进入压缩机被压缩，其压力和温度均升高，出压缩机的高温气体进入再沸器在其中冷凝放出热量作为再沸器的能源，本身被冷凝。冷凝液一部分作为塔顶回流液返回塔顶，另一部分则作为产品。

图 5-9 (b) 所示的为闭式热泵方式。热泵工质蒸汽自塔顶冷凝器出来进入压缩机压缩升高温度和压力，然后进入塔釜在其中冷凝放出热量以加热塔釜液，工质液体再进入塔顶冷凝器吸收塔顶馏分的冷凝热，自身汽化完成一个循环。

与闭式热泵相比，开式热泵将塔顶馏分的冷凝和塔釜液的汽化放在同一个设备中进行，不仅节省了塔顶冷凝器，而且减少了全过程的温差，节能效果比闭式热泵要好。但由于热泵工质与塔顶物料为同一物质，在塔操作不稳定时，容易污染物料，因此，自动化程度要求高。

b. 热泵用于蒸发过程　在蒸发过程中，热泵也可以用于节能。如图 5-10 所示的单效蒸发中，蒸发器顶部排出的二次蒸汽进入压缩机进行直接压缩，将其温度提高至所需的加热蒸汽的温度。然后导入加热室加热被蒸发物质，自身被冷凝，冷凝水则排出。通过经济分析，采用热泵方式与采用多效蒸发方式相比较，经优化设计的机械压缩式热泵蒸发系统，其成本约相当于三效到四效之间，证明热泵确实具有良好的节能效果。

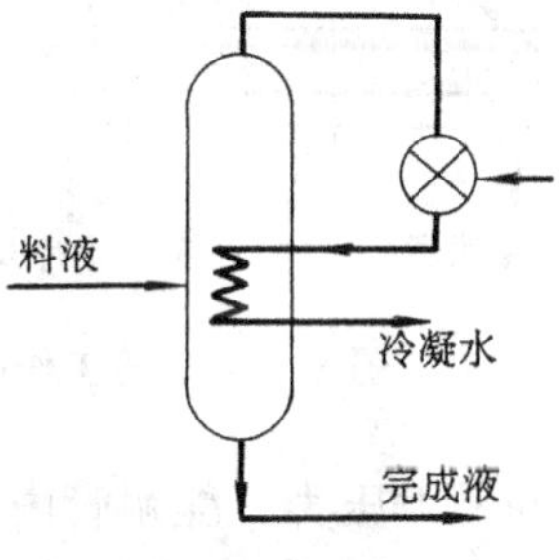

图 5-10　机械式热泵蒸发

c. 热泵用于干燥过程　在完全使用新风的干燥过程中，可以采用热泵来回收系统所排出的热量。如图 5-11（a），在干燥室的进风口与排风口之间设置热泵，将热泵的蒸发器装于干燥室的排风口处，以吸收排风中的热能；将热泵的冷凝器装于干燥室的进风口处，向其提供热能。

对于采用回风再循环的干燥过程，热泵的安装方式如图 5-11（b）所示，由干燥室排出的湿空气流过热泵蒸发器将其热量传给热泵工质，使其受热蒸发。空气本身被冷却，其中的水蒸气冷凝后被分离出去。热泵工质蒸汽进入压缩机加压升温后进入冷凝器，在冷凝器中放热以加热脱水后的干燥空气。此空气提高温度后又回到干燥室。用这种方法，可以大大提高干燥过程的效率。

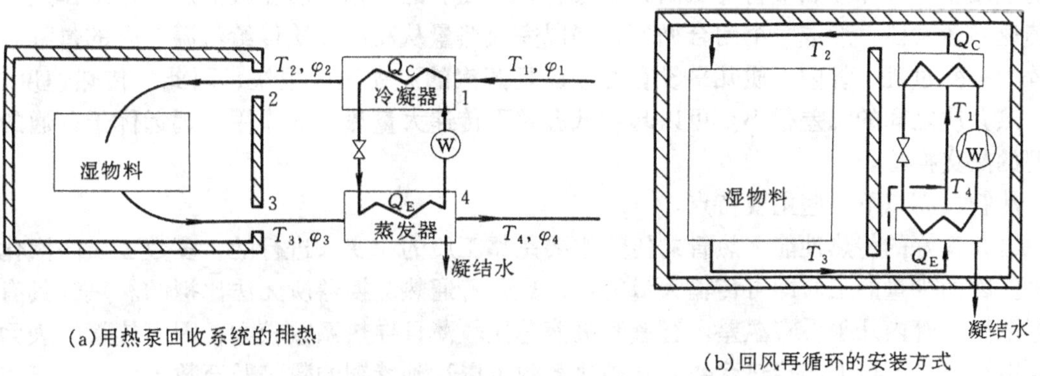

图 5-11　热泵干燥

5.2.2. 热管技术

热管是一种高效的热传递元件，它是通过密闭管内工质的蒸发和冷凝并以声速为极限来进行传输热量。因而具有极快的热传导速度，其导热能力远远超过任何已知的金属。它所传输的热量通常要比相同温差下一般对流系统以显热方式传输热量要大相当多的数量级。例如采用一根直径为 25mm、长 1m 的紫铜棒，将其一端 100mm 的长度插入炽热的火焰中加热，当导热量为 1000W 时，铜棒两端的温差必须大于 4000℃，这事实上根本就无法实现。但如果采用相同尺寸的热管来实现这个过程，则是极易实现的。且热管两端的外壁表面温差有 30℃ 甚至更小就能实现。由于热管能高效地传输热量，故与其他传热设备相比，在传输相同的热量时，其体积可以小得多。

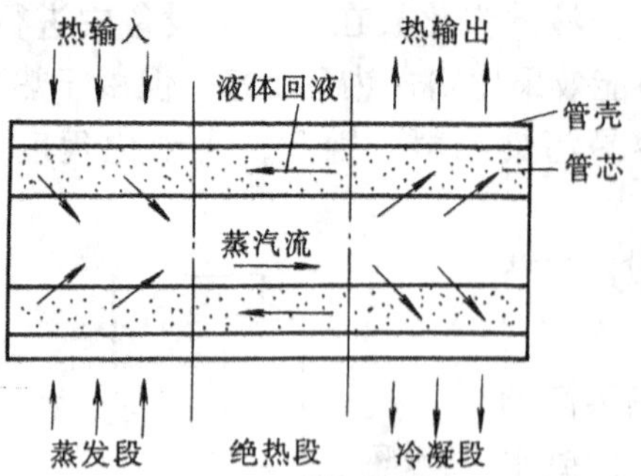

图 5-12　热管工作原理

根据其构造和用途不同，热管有不同的形式，本书只简单介绍应用最为广泛的吸液芯热管，亦称为毛细管式热管。

如图 5-12 所示，吸液芯热管由密封的管壳、紧贴在热管内壁面的毛细结构吸液芯和工质三个基本部分组成。热管的内部空腔在工质注入之前必须保持真空状态。整个热管从纵向看，可以分为蒸发段、绝热段与冷凝段三部分。从横断面看，从外至内可以分为管壳、吸液芯和蒸汽腔三部分。管壳通常由具有良好的导热性能的薄壁金属材料制成，要求能够承受管内工质的最大压力，能耐管内工质的腐蚀。吸液芯的作用是使工质液体在其中流动，为一种导热性能良好的多孔物质。要求其具有高效的输送液体的性能，且与工质液体有良好的润湿性。热管工质是传导热量的媒体，一般要求具有大的汽化潜热和导热系数，较低的粘度，在工作温度范围内有合适的蒸汽压。另外一点相当重要的是工质必须与管壳和吸液芯具有良好的相容性，所谓相容性是指工质不会与管壳及吸液芯发生化学反应而产生不凝性气体。热管的工质必须根据热管的使用温度范围进行选择，因为每一种工质均具有其合适的温度使用范围。

热管在工作时，蒸发段插入高温介质中，冷凝段则插入低温介质中。在蒸发段中，吸液芯内的工质液体从高温介质中吸收热量而蒸发。汽化后的工质蒸汽进入蒸汽腔。由于蒸汽不断的产生，使蒸发段中压力逐渐增大，于是在蒸发段与冷凝段之间形成压力差，在此压力差的推动下，工质蒸汽在蒸汽腔中从蒸发段沿轴向流向冷凝段，在冷凝段中放出热量，本身被冷凝成液相，此冷凝热被管外低温介质吸收，冷凝后的液相介质在吸液芯的毛细作用下沿吸液芯返回蒸发段，形成一个闭合循环，得以完成热量从高温介质传给低温介质的过程。由于过程为相变过程，管内工质几乎没有温差，且蒸汽的流动速度很快，因此，传热速度极快，冷、热介质之间的温差很小。可以起到低温差下传递大量热量的作用，远远优于普通的其他类型的热交换器。

热管具有以下一些主要特点。

(1) 良好的传热性能　热管的传热主要是靠工质的相变来进行的，多数工质的汽化潜热很大，因而少量的工质即可传输大量的热，这是普通热交换器所无法比拟的。热管具有良好的等温性，管内几乎没有温差。管壁和吸液芯比较薄且导热系数较大，因而热管的表面温度梯度很小，具有很大的传热系数。其传热系数可以达到紫铜的数倍乃至数千倍。由于传热温差小，由此引起的传热过程有效能损失就小，对于节能有特别重要的意义。

(2) 结构简单紧凑，维修方便　热管具有极大的传热系数，因而与其他类型的换热器相比，热管换热器具有较小的体积。由于每一根热管元件都是永久密封且独立的，可以随意的根据换热的需要改变其数目，即使个别元件损坏也不影响其他元件的传热，也不会造成冷、热流体的相互混合，且容易更换。

(3) 具有热流密度变换的能力　热管中蒸发和冷凝的空间是分开的，因此可以实现热流密度变换，例如，可以在加热端采用高热流密度输入，而在冷却端采用低热流密度输出，反之亦可。变换比例可以在较大的范围内变化，这种性能在实际中被广泛利用，例如用于太阳能的收集等。

(4) 适用温度范围广　根据不同的温度使用要求，选用不同的工质即可在不同的温度范围内使用。其温度变化范围可以在－270～2300℃之间。热管换热器还有一个很大的优点是热管的热源温度不受限制，可以是火焰、烟道气、水蒸气、日光等其他热源。

热管是一种传热效果极佳的换热元件，几乎可以用于所有的换热场合，特别是用于气-气换热过程，更能体现出其优越性。目前很多生产过程都采用了热管换热器，取得了良好的节能效果。如图5-13为热管废热锅炉在以煤为原料的小型合成氨厂的造气工段回收上、下行煤气余热的流程示意图。

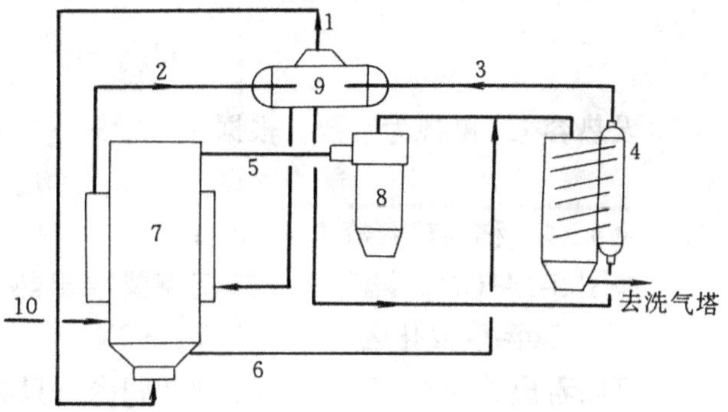

图5-13　小化肥生产上、下行煤气余热回收

1，2，3—蒸汽；4—热管（热虹吸管）蒸汽发生器；5，6—煤气；7—造气炉；8—旋风除尘器；9—汽包；10—煤

5.2.3. 夹点技术与热回收换热网络

在上一章已对各种主要的化工单元过程的节能进行了分析，指出了各过程的节能方向及主要措施。但是，由于单元过程或设备所讨论的范围过于狭窄，人们往往很难在其所处的范围内达到最佳的节能效果。例如，在某一个工序的设计中，由于受到工艺条件的限制，无法将换热器的冷、热流体按照最佳推动力的原则予以组合，因而造成过程推动力过大，导致了有效能的无偿降级。况且，局部的最优化并不一定能够保证整体的最优化。因此，仅着眼于单元过程的节能研究，多数情况下很难达到最佳的节能效果。若首先进行单个设备（或工序）的优化设计，然后将其组成一个网络，再从整体上进行最优化处理，创立一个能满足设计要求的流程方案，即过程集成，就可以达到全过程的最优化。过程集成方法中目前最实用的是夹点技术（亦称挟点技术）。当前，在世界范围内，夹点技术已成功地应用在很多项目中，取得了显著的节能效果。通常，采用夹点技术用于新厂设计，比传统方法可节能30%～50%，节约投资10%左右。用于老厂改造，通常可节能20%～35%。由于能取得明显的节能和降低生产成本的效益，夹点技术已日益受到人们的重视。

从系统工程的角度来看，过程工业的生产系统可以分为以下三个子系统：工艺工程子系统、热回收换热网络子系统和蒸汽动力公用工程子系统。从能量利用角度来看，这三个子系统是相互影响、密切相关的。要达到全过程能量的最优化利用，必须三个子系统整体优化。夹点技术最初是源于热回收换热网络的优化集成。现在已逐步发展到应用于总能系统。且并不局限于过程的总能耗最小，而是发展到以总费用最低为目标，并考虑到过程系统的安全性、可操作性、对不同工况的适用性和对环境的影响等非定量的工程目标。本篇仅讨论夹点技术在换热网络的应用。

（1）*T-H* 图上的复合曲线　上一章已经讨论过 *T-H* 图和表示传热过程的热利用线图。在以整体过程为对象的过程热力学分析中，必须讨论换热网络的复合热利用曲线。在过程工业的生产系统中，通常总是有多股热流体需要放热降温，同时也会有多股冷流体需要加热升温。对于这类问题，可以将所有放热流体复合成一根热复合曲线，同样，也可以将所有的受热流体复合成一根冷复合曲线。

设有一股物流 i 与外界交换热量 δQ，本身温度变化 $\mathrm{d}T$，

$$\delta Q_i = m_i C_{p,i} \mathrm{d}T$$

当温度从 T_1 变化至 T_2 时，传递的热量为：

$$Q_i = m_i \int_{T_1}^{T_2} C_{p,i} \mathrm{d}T$$

设热容 C_p 可视为常数，根据热力学第一定律，有：

$$Q_i = m_i C_{p,i}(T_2 - T_1) = \Delta H_i$$

式中，$m_i C_{p,i}$称为热容流率，$\mathrm{kW \cdot K^{-1}}$。

如图 5-14（a），设有三股热流需要放出热量，其热容流率分别为 $m_A C_{p,A}$、$m_B C_{p,B}$、$m_C C_{p,C}$，其温度变化区间分别为 $T_2 \to T_5$、$T_1 \to T_3$、$T_2 \to T_4$，将其热利用线作于 T-H 图中，可以看出，在 T_1 到 T_2 的温度区间内，只有一股热流提供热量，其数值为（$T_1 - T_2$）$m_B C_{p,B} = \Delta H_1$，所以在此温度区间复合曲线即为热流 $m_B C_{p,B}$的放热曲线；在 T_2 到 T_3 的温度区间内，有三股热流同时提供热量，该温度区间称为三股物流的同温区，总的放热量为 $(T_2 - T_3)(m_A C_{p,A} + m_B C_{p,B} + m_C C_{p,C}) = \Delta H_2$，因此，在此温度区间内复合曲线的斜率发生了改变，纵坐标不变而横坐标上的距离等于原来三股热流在横坐标上的叠加。同样，在以下的温度区间内，也可以按同样的方法进行处理。即当在 $T_i \to T_{i+1}$温区范围内有 j 股物流放出热量时，采用下式计算该温区内的总热量，即焓差：

$$\Delta H_i = \sum_j m_j C_{pj}(T_i - T_{i+1})$$

式中　j 为第 i 温区中的物流量。

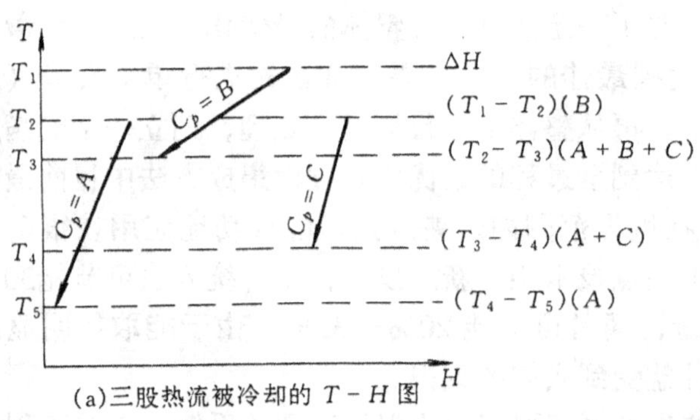

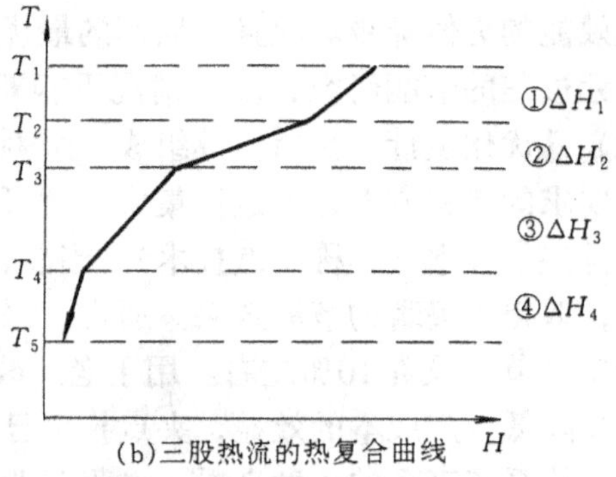

图 5-14　复合温-焓线

这样，将各温区的放热曲线连接起来，即为放热过程的热复合曲线，如图 5-14（b）所示。按同样的方法，也可以作出多股冷流体在受热过程的冷复合曲线。

(2) 夹点　当某一工艺过程中有多股热流与多股冷流进行换热时，将所有的热流合并成一根热复合曲线，所有的冷流合并成一根冷复合曲线，然后将二者作于同一 T-H 图中。在 T-H 图中，冷、热复合曲线的组合有以下三种不同情况，如图 5-15 所示。

a. 如图 5-15（a）所示，在横坐标方向上冷、热流的复合曲线没有重叠，表示全部冷流的加热均由加热公用工程完成。同样，全部热流的冷却均由冷却公用工程完成。此时，加热的公用工程供热量 Q_H 与冷却的公用工程供冷量 Q_C 为最大。过程的热量全部没有回收。

b. 如图 5-15（b）所示，将冷复合曲线向左平移，使两条复合曲线在横坐标方向上产生部分重叠。表示热流放出的热量中有部分能用于加热冷流，即能得到部分回收。加热公用工程供热量与冷却公用工程供冷量均同时减少相同量。但冷、热流体间的传热温差很大，热量的回收没有达到最合理值。

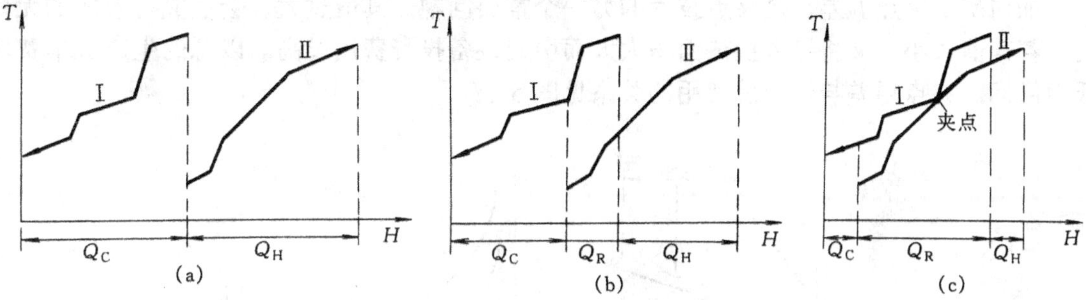

图 5-15　换热系统的集成

c. 将冷复合曲线继续向左平移至冷、热两条复合曲线在某一点重合，如图 5-15（c）所示。在该条件下冷、热复合曲线在横坐标方向上的重叠达到最大，表示热流所放出的热量的回收量最大，加热公用工程供热量与冷却公用工程供冷量均达到最小值。能量的利用最合理。但在两线的重合点处传热温差为零，此点即称为夹点。夹点处的温差即为夹点温差。

在夹点条件下操作由于传热温差为零，因而所需的传热面积为无限大，显然这是不现实的。但通过技术经济评价可以确定出一个可以接受的最小温差——夹点温差。因此，夹点温差可以认为是冷、热复合曲线之间传热温差最小之处。确定了夹点温差后的冷热复合曲线图如图 5-16 所示。图中的 B、F 两点间的纵坐标之差即为夹点温差，为整个换热体系中的温差最低处。与热利用线图相似，在相同横坐标范围之内（图中的 AC 范围内），两条线之间的面积定性的代表传热过程的有效能损失。可以认为在夹点温差条件下造成的有效能损失属于不可避免损失。图中冷复合曲线的右端部分 GH，已不能从热复合曲线中获得热量，只能采用公用加热工程加热。GH 的热量为目前夹点温度下整个换热网络所需的最小加热量。同理，热复合曲线的最左端 CD 也只能利用公用冷却工程冷却。CD 的冷却量为目前夹点温度下换热网络所需的最小冷却量。

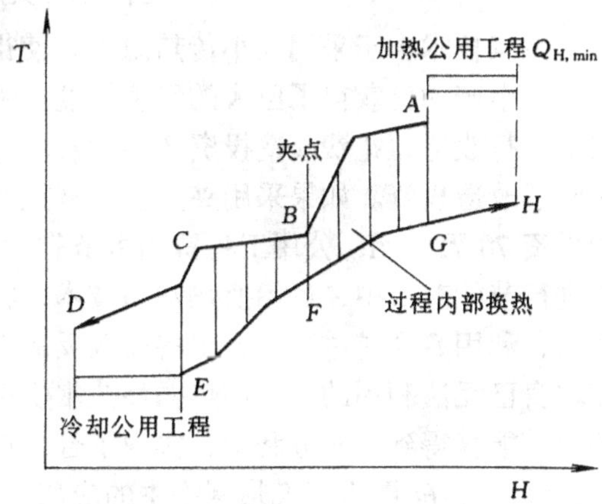

图 5-16　冷热复合温-焓线

夹点是冷热复合温焓线中温差最小之处，它将整个换热网络分成两部分，夹点以上为热端，在热端只有换热和加热公用工程，无任何热流量流出。夹点之下则为冷端，只存在换热和冷却公用工程，无任何热量输入。若在夹点之下输入热量 Q'，相当于将图中冷复合曲线向右平移，结果将造成加热公用工程与冷却公用工程同时增加热量和冷量，其量均为 Q'；同样，在夹点之上移走热量 Q'，亦会造成相同结果。如果将夹点之上的热量 Q'' 导入夹点之下，则加热公用工程加热量会增加 Q''，冷却公用工程亦将增加相同数量的冷却量。因此，为达到最小加热和冷却公用工程量，应用夹点方法必须遵循下面的设计原则。

① 夹点之上不应设置任何公用工程冷却器；

② 夹点之下不应设置任何公用工程加热器；

③ 不应有跨越夹点的传热。

如何确定夹点温差，是夹点技术的另一个重要问题。其值过大，会造成有效能的无效损失；若其值过小，又将导致换热面积太大而引起设备投资费用过高。以总的生产成本费用最低为目标。夹点温差与生产总费用的关系见图 5-17。

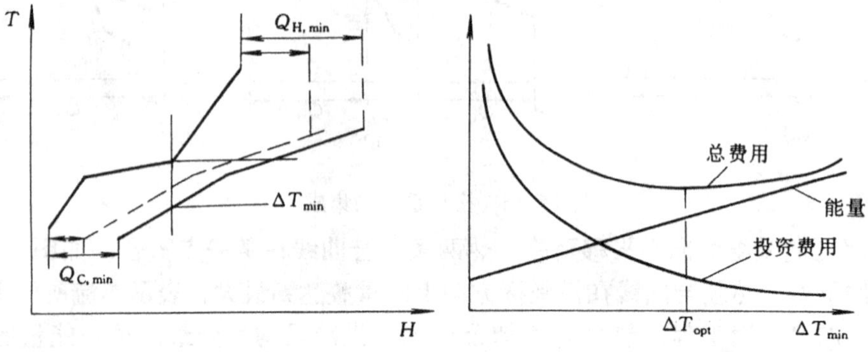

(a)　　(b)

图 5-17　夹点温差与费用的关系

夹点技术由于采用最小传热温差，使得过程有效能损失最小，因而大大降低了能耗，在设计和生产中已获得了巨大的经济效益。例如，美国联碳公司采用夹点技术对乙烯装置换热网络进行改造，花费改造投资 30 万美元，而公用工程费用可节省 45 万美元/a。仅 8 个月就收回了改造投资。如果采用夹点技术来重新设计该换热网络，则相对于原始设计而言，可减少投资 70 万美元，公用工程费用可节省 65 万美元，经济效益十分可观。我国的小合成氨厂在进行节能改造中，运用换热网络技术，将全厂的合成工序、变换工序、精炼工序组成换热网络，利用氨合成过程所放出的高温反应热产生蒸汽提供变换工序作为反应物料，将变换工序本身已无法利用的余热加热循环热水供精炼工序加热再生铜液。使生产过程的热能做到了按照其能级得到了充分利用，实现了合成氨厂的蒸汽自给，获得了良好的经济效益。

利用 *T-H* 图进行换热网络中的应用分析只是夹点技术中的内容之一，但基本上反映出了夹点技术的本质。更详细的资料请参阅有关的专著。

5.2.4. 膜分离

(1) 概述　分离过程是化工生产中一个相当重要的过程，其能量消耗在化工生产中占据了较大的比重。其主要原因是传统的分离过程多采用将均相的物系通过吸收能量转变成非均相物系从而进行分离，因此过程需要消耗大量的能量，例如精馏、吸收、蒸发过程等。如果能使这些分离过程在不发生相变的条件下进行，则能耗将可以大大的降低。膜分离过程就是一种一般不发生相变的分离方法，因而与传统的分离方法相比，能耗较低。

膜分离是指分子混合状态的气体或液体，借助膜的选择渗透作用以及膜两侧的能量差（如压差、浓度差、电位差等）对混合物中溶质和溶剂进行分离、提纯的过程。膜分离过程的优点如下。

a. 一般不发生相变，因而能耗低。

b. 其过程在常温下进行，特别适合热敏性物质的分离。

c. 膜分离技术不耗化学试剂和添加剂，不会污染产品。

膜技术从膜的种类、分离的原理及过程特性，有很大差异。近 20 多年来，作为一种新兴的化工分离单元操作，膜分离得到很大发展并日益受到重视。下面仅介绍几种已工业化了的膜技术。

(2) 反渗透　反渗透是利用反渗透膜选择性地只透过溶剂（通常是水）的性质，对溶液施加压力克服溶剂的渗透压，使溶剂从溶液中透过反渗透膜而分离出来的过程。

反渗透膜能截留水中的各种无机离子、胶体物质和大分子溶质，从而制取纯水，或用于大分子有机物溶液的预浓缩。由于反渗透过程简单，能耗低，已经大规模应用于海水和苦咸水淡化，锅炉用水软化和废水处理，并与离子交换结合制取高纯水。目前其应用范围正在扩大，开始用于乳品、果汁的浓缩以及生化和生化制品的分离和浓缩等。

渗透是由于化学位梯度存在而引起的自发扩散现象，其原理如图 5-18 所示：在恒温容器中，用半透膜将容器隔成两个部分，一边为纯溶剂（如水），另一边为含有不挥发溶质的溶液（如盐水溶液）。半透膜的性能只允许溶剂分子通过而不允许溶质分子通过。由于纯溶剂的化学位高于溶液中溶剂的化学位，溶剂分子将透过半透膜从纯溶剂侧向溶液侧渗透，见图 5-18（a)，使溶液侧的压力和溶液中溶剂的化学位随之增加。当溶液中溶剂的化学位与纯溶剂的化学位相等时，渗透达到动平衡状态，如图 5-18（b）所示，此时膜两侧的压力差（即二液面之间的液柱静压差）称为渗透压。

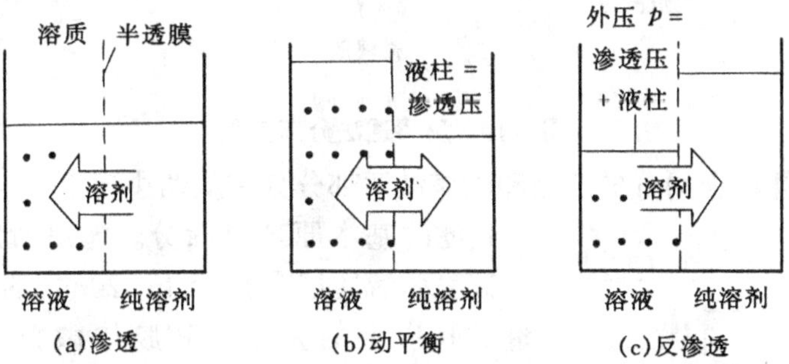

图 5-18　渗透与反渗透

若在溶液上方施加高于渗透压的压力，可使溶液中的溶剂透过半透膜向纯溶剂一侧反向渗透，如图 5-18（c）所示，这是因为在恒温条件下对溶液施加高于渗透压的压力时，溶液中溶剂的化学位将升高以致大于纯溶剂的化学位，因而导致溶液中的溶剂向纯溶剂中反向渗透，这种现象是渗透现象的逆过程，称为反渗透。

反渗透法分离过程常用的有一级、一级多段、二级和多级等四种形式，见图 5-19。当物料一次通过反渗透器即可达到分离目的时，采用一级流程。它操作简单，能量消耗少。当一级流程达不到分离要求时，可用一级多段或二级流程。若物料分离困难，必须经过多次重复方能提纯的，可采用多级流程。但随着级数增多，操作也随之复杂，能量消耗也增大。

反渗透采用非对称性膜与复合膜，一般反渗透过程的操作压差为 2～10MPa。反渗透器的形式有平板式、管式、卷式及中空纤维式等。

反渗透技术多用于处理电解质水溶液、有机水溶液和液体有机混合物等。反渗透技术的最大规模应用是苦咸水与海水淡化，据 1984 年统计，用反渗透法制造的淡水已占世界淡化装置总产水量的 20%。

(3) 超滤　超滤是一种以压力差为推动力，按粒径选择分离溶液中所含的微粒和大分子的膜分离操作。其示意图如图 5-20 所示，超滤器中有超滤膜，膜的两侧存在压力差。当液体混合物从高压侧流过超滤器时，原料液中的溶剂和小于超滤膜孔径的小分子溶质在压力差的作用下透过膜上微孔成为滤液或透过液，大于膜孔径的大分子溶质则被截留在高压侧构成

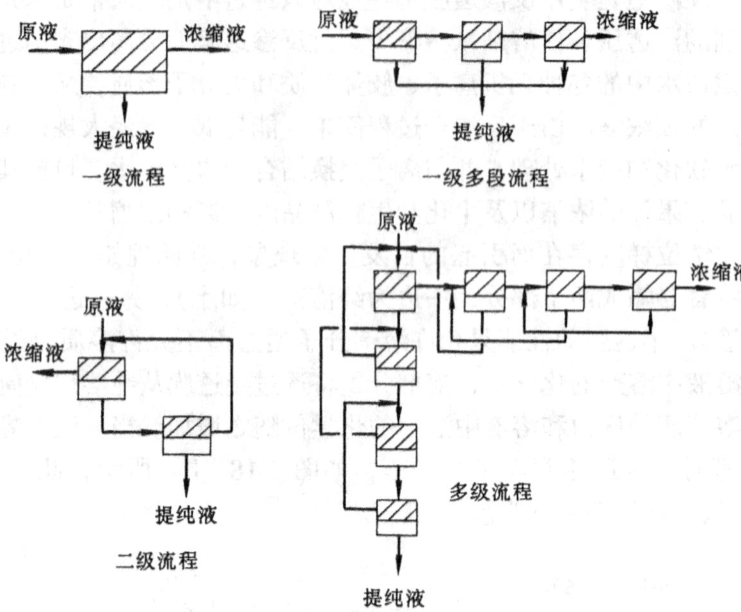

图 5-19　反渗透法分离流程

浓缩液。从而将液体混合物分成滤液和浓缩液两部分分别从两边流出。

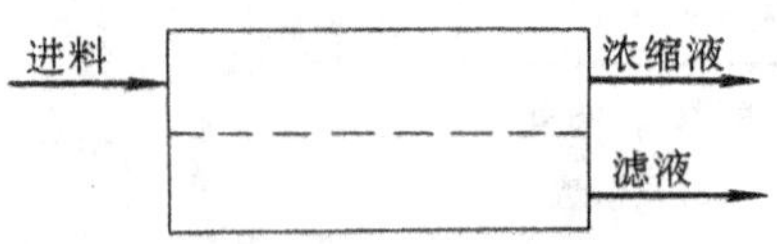

图 5-20　超滤示意图

超滤的基本原理是筛分。超滤所用的膜为非对称性膜，其表面活性层有孔径 1～20nm 的微孔，能够截留分子量 500 以上的大分子和胶体微粒。超滤所用压差为 0.1～0.5MPa，所需压差比反渗透要低得多。由于超滤膜表层的孔不规则和不均一，很难准确确定孔径，通常均用它所能截留的物质的分子量来定义超滤膜的孔的大小，称为膜的截留分子量。一般定义能截留 90%的物质的分子量为膜的截留分子量。此外，分子的形状和刚性对截留性能也有影响，在选膜时应予以注意。

透过超滤膜的溶剂通量与操作压差有关，压差越大，渗透通量越大，但当压差达到一定值时，膜面形成凝胶层，渗透通量趋于定值，此时的通量称为临界渗透通量。因此，过高的压差不仅无益而且有害，应把实际超滤操作压差控制在接近临界渗透通量时的压差。

操作温度高时，料液粘度小，扩散系数大，传质系数高，有利于提高渗透通量。因此，只要膜与料液的物化稳定性允许，应尽可能采用较高的操作温度。

超滤广泛地应用于化工、医药、食品、机械、电子和环境工程等工业。例如：

① 纯水制备　超滤广泛用于去除水中极细颗粒，包括灰尘、细菌、病毒，制取电子工业中应用的超纯水和医药工业中用于注射剂、眼药水等的无菌纯净水；

② 工业废水的处理及有用物质的回收　已用于电泳过程淋洗水的处理，纺织工业中含聚乙烯醇废水的处理，食品和造纸工业废水的处理；

③ 产品加工　在食品，饮料、医药、生化工业中，用于各种大分子物质的分离和浓缩。

如图 5-21 为某厂电泳涂漆的流程。被涂工件在电泳槽中被涂上漆，工件离开电泳槽后，先经预冲洗，再置于循环冲洗区，然后送往烘房。电泳槽中的漆液以一定流量抽出，先经预过滤器，再进入超滤器，浓缩后的水性漆仍返回漆槽，过滤所得净水用泵送往预冲洗区、主冲洗区和后冲洗区作为涂件冲洗用水。预冲洗区冲下的浓漆水再送回漆槽中，这样基本形成一个闭路循环系统，基本上消除了污水的排放问题，而且使冲洗水中的漆料得到了回收，创造了良好的经济效益。

(4) 电渗析　电渗析是在直流电场作用下，利用离子交换膜的选择渗透性，产生阴阳离子的定向迁移，达到溶液的分离、提纯和浓缩。

离子交换膜是一种由高分子材料制成的具有离子交换基团的薄膜。其基本原理如图 5-22 所示：在两电极间交替放置阴离子膜和阳离子膜，在两膜所形成的隔室中充入含离子的水溶液（如 NaCl 水溶液)。在直流电场的作用下，溶液中的阳离子向阴极方向运动，这些离子很容易通过阳膜，但被阴膜所挡住，同样，溶液中的阴离子向阳极运动，并通过阴膜，而被阳膜所阻挡。结果是使图 5-22 中的隔室 2 和 4 中的离子浓度增加，而与其相间的隔室 3 的离子浓度下降，分别引出浓缩的盐水和淡水。

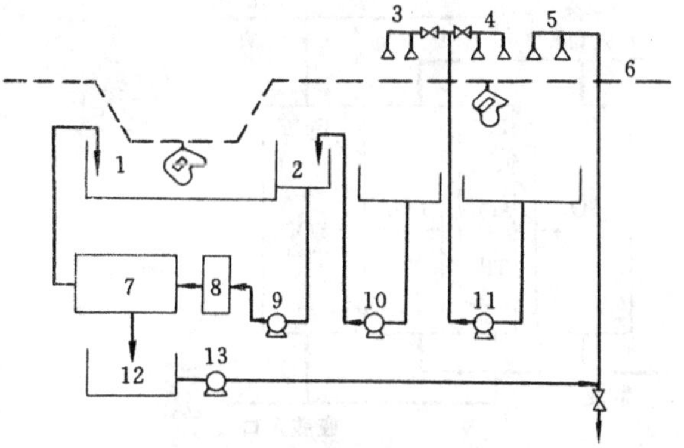

图 5-21　超滤电泳涂漆流程图

1—电泳槽；2—副槽；3—预冲洗；4—主冲洗；5—后冲洗；6—烘房；7—超过滤器；8—预过滤器；9—电泳漆循环泵；10—回槽液泵；11—循环冲洗泵；12—超滤液槽；13—后冲洗泵

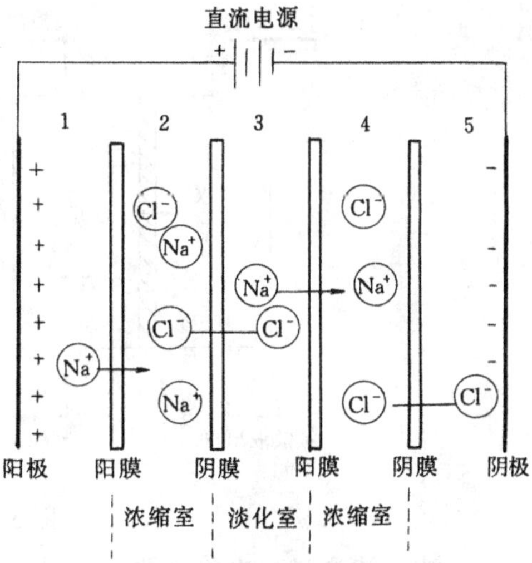

图 5-22　电渗析过程示意图

目前电渗析技术主要用于水的脱盐和浓缩，例如苦咸水和海水的淡化制取饮用水和生产用水、海水浓缩、真空蒸发制食盐。电渗析法用于废水处理，既可使废水得到净化，又可回收废水中某些有价值的组分，例如从电镀废水中可回收铜、锌、镍、铬等重金属离子；从合成纤维厂排放的废水中回收硫酸盐。在化工生产中电渗析法可用于分离离子性物质与非离子性物质，例如甲醛与丙酮反应生成季戊四醇，还生成副产物甲酸，利用电渗析法可以对季戊四醇进行有效的精制。在食品工业中，电渗析被大规模地用于牛奶和乳清的脱盐。在医药工业中，电渗析可用于人血浆的提纯。

(5) 气体膜分离　气体膜分离是指利用气体混合物中各组分在膜中渗透速率的不同而使各组分分离的过程。它以压差为驱动力，依据气体组分在膜内的溶解度和扩散系数的差别实现分离。气体分子首先被吸附到膜的表面溶解，然后沿浓度梯度在膜中扩散，最后从膜的另一侧解吸出来。因此要根据分离对象来选择、研制合适的膜，以取得高分离效能。

目前，气体膜分离技术已广泛应用在合成氨弛放气中回收氢气，以及石油化工、天然气提氦、天然气净化、三次采油中 CH_4/CO_2 的分离。在所有膜过程应用中，气体膜约占 9.32%。中国目前比较成熟的气体分离膜产品有氮氢膜分离器和膜法空气富氧技术，前者已成功的应用于化肥厂合成氨弛放气及炼油厂干气中的氢回收，后者则已用于玻璃厂窑炉燃烧节能。

（6）浓差渗透　浓差渗透也称为扩散渗透，是利用膜两侧溶液中的浓度差作为迁移扩散的推动力的，并借助膜的选择透过性使溶液中的溶质进行扩散，以达到混合物分离的目的。

如图 5-23 为钛白粉生产中利用浓差渗透回收漂洗废酸中的废硫酸及其中的硫酸亚铁的示意图，阴离子交换膜将渗透器分成两个室，水与废酸分别从各一个室相向而入，因为废酸侧的溶质浓度远高于水侧，因而在浓度差的作用下，废酸侧的硫酸及其他离子有向水侧迁移扩散的趋势。但阴离子交换膜只允许阴离子通过，阳离子不能透过，因而水侧中的 $SO_4^{=}$ 浓度逐步增加，直至达到动平衡状态，而废酸侧中的阳离子 Fe^{++} 及其他阳离子的含量也会逐步增加。其结果是在扩散液中回收到硫酸，而废残液中的硫酸亚铁也得到了提浓。这样，既回收到了有价值的产品，又减少了对环境的污染。

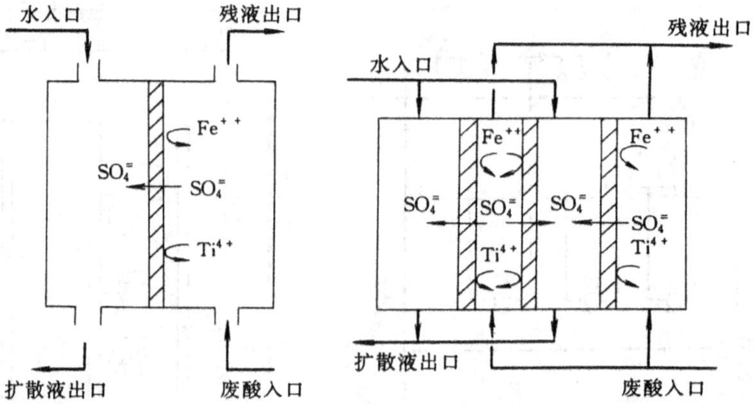

图 5-23　浓差渗透示意图

在浓差渗透过程中除主要过程外，还存在着次要过程，即在通过膜的迁移扩散中，也会夹带少量阳离子透过膜进入水侧，因而扩散液中也会含有少量的硫酸亚铁和其他盐，同时也会有水分子透过膜向废酸侧迁移扩散的现象。

思　考　题

5-1. 化工过程的损耗功都是可能消除的吗？为什么？

5-2. 什么是能量的有效利用？生产中常采用哪些方法实现能量的有效利用？

5-3. 什么是能量的综合利用？为什么采用热电联产可以提高能量的利用率？

5-4. 什么是热泵？其工作原理如何？为什么采用热泵可以降低能量消耗？某热泵使用 1 kJ 的电能可获得 4 kJ 的热能，是不是违反了能量守恒定律？

5-5. 热管的工作原理是怎样的？为什么说热管是一种很好的节能元件？

5-6. 什么是夹点技术？采用夹点技术为什么可以取得较好的节能效果？在设计当中应根据怎样的原则确定夹点温度？

5-7. 和传统的分离技术相比较，为什么采用膜技术可以降低分离过程能耗？常见的膜分离技术主要有哪几种？其分离基本原理是怎样的？

主要参考文献

1 朱自强,徐汛合编．化工热力学．第二版．北京:化学工业出版社,1991
2 骆赞椿,徐汛编著．化工节能热力学原理．北京:烃加工出版社,1990
3 冯霄,李勤凌编著．化工节能原理与技术．北京:化学工业出版社,1998
4 袁一,胡德生编著．化工过程热力学分析法．北京:化学工业出版社,1985
5 张联科主编．化工热力学．北京:化学工业出版社,1980
6 古启贤主编．化工热力过程．北京:化学工业出版社,1992
7 陈钟秀,顾飞燕编．化工热力学．北京:化学工业出版社,1993
8 涂淑凤,李前谋编．化工热力学．广州:华南理工大学出版社,1992
9 于遵宏等编著．大型合成氨厂工艺过程分析．北京:中国石化出版社,1993
10 徐株宏,傅良合编．化工节能实例选编．北京:化学工业出版社,1989
11 朱明善编著．能量系统的㶲分析．北京:清华大学出版社,1988
12 张润霞,肖继昌编．企业热平衡与节能技术．北京:石油工业出版社,1993
13 陈洪钫主编．基本有机化工分离工程．北京:化学工业出版社,1981

附表 1　常见物质的临界参数和偏心因子

物　质	分子式	T_c/K	p_c/atm	v_c/$cm^3 \cdot mol^{-1}$	Z_c	ω
氩	Ar	150.8	48.1	74.9	0.291	0.0
溴	Br_2	584	102	127	0.270	0.132
氯	Cl_2	417	76	124	0.275	0.074
氦(4)	He	5.2	2.24	57.3	0.301	0.0
氢	H_2	33.2	12.8	65.0	0.305	0.0
氖	Ne	44.4	27.2	41.7	0.311	0.0
氮	N_2	126.2	33.5	89.5	0.290	0.040
氧	O_2	154.6	49.8	73.4	0.288	0.021
氨	NH_3	405.6	111.3	72.5	0.242	0.250
一氧化碳	CO	132.9	34.5	93.1	0.295	0.041
二氧化碳	CO_2	304.2	72.8	94.0	0.274	0.225
二硫化碳	CS_2	552	78	160	0.28	0.123
硫氧化碳	COS	375	58	140	0.26	0.099
四氯化碳	CCl_4	556.4	45.0	276	0.272	0.193
三氯甲烷	$CHCl_3$	536.4	54	239	0.293	0.214
氯化氢	HCl	324.6	82.0	81.0	0.25	0.266
氰化氢	HCN	456.8	53.2	139	0.197	0.399
硫化氢	H_2S	373.2	88.2	98.5	0.284	0.100
氧化二氮	N_2O	309.6	71.5	97.4	0.274	0.160
一氧化氮	NO	180	64	58	0.25	0.600
二氧化氮	NO_2	431.4	100	170	0.480	0.86
二氧化硫	SO_2	430.8	77.8	122	0.268	0.273
三氧化硫	SO_3	491.0	81	130	0.26	0.510
水	H_2O	647.1	217.6	56	0.23	0.348
甲烷	CH_4	190.6	45.4	99	0.288	0.007
乙烷	C_2H_6	305.4	48.2	148	0.285	0.091
丙烷	C_3H_8	369.3	41.9	203	0.281	0.145
正丁烷	C_4H_{10}	425.2	37.5	255	0.274	0.193
异丁烷	C_4H_{10}	408.1	36.0	263	0.283	0.176
正戊烷	C_5H_{12}	469.6	33.3	304	0.262	0.251
异戊烷	C_5H_{12}	460.4	33.4	306	0.273	0.227
乙烯	C_2H_4	282.4	49.7	129	0.276	0.086
丙烯	C_3H_6	365.0	45.6	181	0.275	0.148
1-丁烯	C_4H_8	419.6	39.7	240	0.277	0.187
乙炔	C_2H_2	308.3	60.6	113	0.271	0.184
乙酸	CH_3COOH	594.5	57.1	171	0.200	0.450
丙酮	$(CH_3)_2CO$	508.2	46.4	209	0.232	0.318
甲醇	CH_3OH	512.6	79.9	118	0.224	0.556
乙醇	C_2H_5OH	516.2	63.0	167	0.248	0.635
苯	C_6H_6	562.1	48.3	259	0.271	0.210
甲苯	$C_6H_5CH_3$	591.7	40.6	316	0.264	0.257

注：1 atm＝101 325 Pa。

附表 2　一些物质的热力学性质

表中　$\Delta H_f^{\ominus}$——标准生成热，$kJ \cdot mol^{-1}$；

$\Delta G_f^{\ominus}$——标准生成自由焓，$kJ \cdot mol^{-1}$；

$S^{\ominus}$——标准熵，$J \cdot mol^{-1} \cdot K^{-1}$；

$\Delta H_C^{\ominus}$——标准燃烧热，$kJ \cdot mol^{-1}$。

（一）单质和无机化合物

物质			$\Delta H_f^{\ominus}$	$\Delta G_f^{\ominus}$	$S^{\ominus}$
名称	化学式	聚集状态			
碳	C	石墨	0	0	5.694
氯	Cl_2	气	0	0	222.9
氮	N_2	气	0	0	191.5
氢	H_2	气	0	0	130.6
氧	O_2	气	0	0	205.0
硫	S	单斜	0.2971	0.09623	32.55
	S	斜方	0	0	31.88
一氧化碳	CO	气	-110.5	-137.3	197.9
二氧化碳	CO_2	气	-393.5	-394.4	213.6
碳酸钙	$CaCO_3$	固	-1207	-1129	92.88
氧化钙	CaO	固	-635.5	-604.2	39.75
氢氧化钙	$Ca(OH)_2$	固	-986.6	896.8	76.15
硫酸钙	$CaSO_4$	固	-1433	-1320	106.7
氯化氢	HCl	气	-92.31	-95.27	184.8
氟化氢	HF	气	-268.6	-270.7	173.5
硝酸	HNO_3	液	-173.2	-79.91	155.6
水	H_2O	气	-241.8	-228.6	188.7
	H_2O	液	-285.8	-237.2	69.94
硫化氢	H_2S	气	-20.15	-33.02	205.6
硫酸	H_2SO_4	液	-800.8	-687.0	156.9
氧化氮	NO	气	90.37	86.69	210.6
二氧化氮	NO_2	气	33.85	51.84	240.5
氨	NH_3	气	-46.19	-16.64	192.5
碳酸氢铵	NH_4HCO_3	固	-852.9	-670.7	118.4
二氧化硫	SO_2	气	-296.9	-300.4	248.5
三氧化硫	SO_3	气	-395.2	-370.4	256.2

（二）有机化合物

物质			$\Delta H_f^\ominus$	$\Delta G_f^\ominus$	$S^\ominus$	$\Delta H_C^\ominus$
名称	化学式	聚集状态				
甲烷	CH_4	气	-74.81	-50.75	187.9	-890.3
乙烷	C_2H_6	气	-84.68	-32.90	229.5	-1500
丙烷	C_3H_8	气	-103.8	-23.50	269.9	-2220
正丁烷	C_4H_{10}	气	-124.7	-15.70	310.0	-2878.5
异丁烷	C_4H_{10}	气				-2868.8
正戊烷	C_5H_{12}	气	-146.4	8.201	348.4	-3536
乙烯	C_2H_4	气	52.26	68.12	219.5	-1411
丙烯	C_3H_6	气	20.40	62.72	266.9	-2058.5
1-丁烯	C_4H_8	气	1.170	72.05	307.4	
乙炔	C_2H_2	气	226.7	209.2	200.8	-1300
氯乙烯	C_2H_3Cl	气	35.56	51.88	263.9	-1271.5
苯	C_6H_6	液	48.66	123.0	173.3	-3268
		气	82.93	129.7	269.7	
甲醇	CH_3OH	液	-238.7	-166.4	127.0	-726.5
		气	-200.7	-162.0	239.7	
乙醇	C_2H_5OH	液	-277.7	-174.9	161.0	-1367
		气	-235.1	-168.6	282.6	
甲醛	CH_2O	气	-117.0	-113.0	218.7	-570.8
乙醛	C_2H_4O	液	-192.3	-128.2	160.0	-1160
		气	-166.2	-128.9	250.0	
丙酮	$(CH_3)_2CO$	液	-248.2	-155.7		-1790
		气	-216.7	-152.7		-1821
甲酸	$CHOOH$	液	-424.7	-361.4	129.0	-254.6
		气	-378.6			
乙酸	CH_3COOH	液	-484.5	-390.0	160.0	-874.5
		气	-432.2	-374.0	282.0	
尿素	$(NH_2)_2CO$	固	-332.9	-196.8	104.6	-631.7

附表 3　理想气体摩尔定压热容的常数

$C_p^{\ominus}/R = A + BT + CT^2 + DT^{-2}$式中的常数 $A.B.C.D$ 数据 T（Kelvins）从 298 K 到 T_{max}

化学物质	分子式	T_{max}	A	10^3B	10^6C	$10^{-5}D$
链烷烃						
甲烷	CH_4	1500	1.702	9.081	−2.164	
乙烷	C_2H_6	1500	1.131	19.225	−5.561	
丙烷	C_3H_8	1500	1.213	28.785	−8.824	
正丁烷	C_4H_{10}	1500	1.935	36.915	−11.402	
异丁烷	C_4H_{10}	1500	1.677	37.853	−11.945	
正戊烷	C_5H_{12}	1500	2.464	45.351	−14.111	
正己烷	C_6H_{14}	1500	3.025	53.722	−16.791	
正庚烷	C_7H_{16}	1500	3.570	62.127	−19.486	
正辛烷	C_8H_{18}	1500	8.163	70.567	−22.203	
异烯烃						
乙烯	C_2H_4	1500	1.424	14.394	−4.392	
丙烯	C_3H_6	1500	1.637	22.706	−6.915	
异丁烯	C_4H_8	1500	1.967	31.630	−9.873	
异戊烯	C_5H_{10}	1500	2.691	39.753	−12.447	
异己烯	C_6H_{12}	1500	3.220	48.189	−15.157	
异庚烯	C_7H_{14}	1500	3.768	56.588	−17.847	
异辛烯	C_8H_{16}	1500	4.324	64.960	−20.521	
有机物						
乙醛	C_2H_4O	1000	1.693	17.978	−6.158	
乙炔	C_2H_2	1500	6.132	1.952		−1.299
苯	C_6H_5	1500	−0.206	39.064	−13.301	
1,3-丁二烯	C_4H_6	1500	2.734	26.786	−8.882	
环己烷	C_6H_{12}	1500	−3.376	63.249	−20.928	
乙醇	C_2H_6O	1500	3.518	20.001	−6.002	
苯乙烷	C_2H_{10}	1500	1.124	55.380	−18.476	
氧化乙烯	C_2H_4O	1000	−0.385	23.463	−9.296	
甲醛	CH_2O	1500	2.264	7.022	−1.877	
甲醇	CH_4O	1500	2.211	12.216	−3.450	
甲苯	C_7H_3	1500	0.290	47.052	−15.716	
苯乙烯	C_3H_3	1500	2.050	50.192	−16.662	
无机物						
空气		2000	3.355	0.575		−0.016
氨	NH_3	1800	3.578	3.020		−0.186
溴	Br_2	3000	4.493	0.056		−0.154
一氧化碳	CO	2500	3.376	0.557		−0.031
二氧化碳	CO_2	2000	5.457	1.045		−1.157
二硫化碳	CS_2	1800	6.311	0.805		−0.906
氯	Cl_2	3000	4.442	0.089		−0.344
氢	H_2	3000	3.249	0.422		0.033
硫化氢	H_2S	2300	3.931	1.490		−0.232
氯化氢	HCl	2000	3.156	0.623		0.151
氰化氢	HCN	2500	4.736	1.359		−0.725
氮	N_2	2000	3.280	0.593		0.040
氧化亚氮	N_2O	2000	5.328	1.214		−0.928
一氧化氮	NO	2000	3.387	0.629		0.014
二氧化氮	NO_2	2000	4.982	1.195		−0.792
四氧化二氮	N_2O_4	2000	11.660	2.257		−2.787
氧	O_2	2000	3.639	0.506		−0.227
二氧化硫	SO_2	2000	5.699	0.801		−1.015
三氧化硫	SO_3	2000	8.060	1.056		−2.028
水	H_2O	2000	3.470	1.450		0.121

附表 4 某些气体在不同温度区间的平均摩尔定压热容

单位：J·mol^{-1}·K^{-1}

温度/℃	H_2	N_2	CO	空气	O_2	NO	H_2O	CO_2
25	28.84	29.12	29.14	29.17	29.37	29.85	33.57	37.17
100	28.97	29.17	29.22	29.27	29.64	29.89	33.82	38.71
200	29.11	29.27	29.36	29.38	30.05	30.23	34.21	40.59
300	29.16	29.44	29.58	29.59	30.51	30.34	34.37	42.29
400	29.21	29.66	29.86	29.92	30.99	30.55	35.18	43.77
500	29.27	29.95	30.17	30.23	31.44	30.92	35.73	45.09
600	29.33	30.25	30.50	30.54	31.87	31.25	36.31	46.25
700	29.42	30.53	30.82	30.85	32.24	31.59	36.89	47.29
800	29.54	30.83	31.14	31.16	32.60	31.92	37.50	48.24
900	29.61	31.14	31.47	31.46	32.94	32.25	38.11	49.12
1000	29.82	31.41	31.74	31.77	33.23	32.52	38.69	49.87
1100	30.00	31.69	32.02	32.05	33.51	32.80	39.28	50.63
1200	30.12	31.94	32.28	32.30	33.76	33.05	39.85	51.25
1300	30.34	32.18	32.52	32.54	33.99	33.27	40.42	51.84
1400	30.49	32.38	32.71	32.74	34.17	33.45	40.88	52.30
1500	30.65	32.58	32.91	32.94	34.32	33.64	41.38	53.09
1600	30.90	32.82	33.15	33.17	34.60	33.86	41.63	53.35
1700	31.05	32.97	33.30	33.33	34.75	33.99	42.38	53.56
1800	31.24	33.15	33.48	33.51	34.93	34.16	42.84	54.14
1900	31.40	33.29	33.61	33.65	35.07	34.28	43.26	54.43
2000	31.58	33.45	33.76	33.81	35.24	34.41	43.64	54.81
2100	31.75	33.59	33.89	33.95	35.40	34.54	44.02	55.10
2200	31.90	33.70	34.00	34.07	35.53	34.63	44.39	55.40

温度/℃	HCl	Cl_2	CH_4	SO_2	C_2H_4	SO_3	C_2H_6	NH_3
25	29.12	33.97	35.77	39.92	43.72	50.67	52.84	35.46
100	29.16	34.48	37.57	41.21	47.49	53.72	57.57	36.62
200	29.20	35.02	40.25	42.89	52.43	57.49	63.89	38.16
300	29.29	35.48	43.05	44.43	57.11	60.84	69.96	39.67
400	29.37	35.77	45.90	45.77	61.38	63.68	75.77	41.17
500	29.54	36.02	48.74	46.94	65.27	66.19	81.13	42.64
600	29.71	36.23	51.34	47.91	68.83	68.32	86.11	44.09
700	29.92	36.40	53.97	48.79	72.05	70.17	90.71	45.52
800	30.17	36.53	56.40	49.54	75.10	71.84	95.06	
900	30.42	36.69	58.74	50.25	77.95	73.30	99.12	
1000	30.67	36.82	60.92	50.84	80.46	74.73	102.8	
1100	30.92	36.90	62.93	51.38	82.89	76.02	106.3	
1200	31.17	37.40	64.81	51.84	85.06	77.15	109.4	

注：本表中的数据除 NH_3 外均取自《O A Hougen，K M Watson，R A Ragatz. Chemical Process Principles. 1959》并按 1cal＝4.184J 换算成 SI 单位，NH_3 的数据是根据下式计算出来的：

$$\bar{C}_p = 25.89 + 3.300\times10^{-2}T - 3.046\times10^{-6}T^2$$

附表 5　HCl、NaOH、H_2SO_4 的溶解和稀释积分热

H_2O 分子数	$-\Delta H_t^{\ominus}$	$-\Delta H_{sn}^{\ominus}$	$-\Delta H_{DH}^{\ominus}$
HCl(g)，$-\Delta H_t^{\ominus}=92.311$，水溶液			
1	118.537	26.225	26.225
2	141.131	48.819	22.594
3	149.164	56.852	8.033
4	153.515	61.204	4.352
5	156.360	64.049	2.845
10	161.799	69.488	5.439
20	164.088	71.777	2.289
30	164.904	72.592	0.815
40	165.335	73.002	0.410
50	165.590	73.258	0.256
100	166.159	73.848	0.590
200	166.515	74.203	0.355
300	166.678	74.366	0.163
400	166.770	74.458	0.092
500	166.833	74.521	0.063
700	166.921	74.609	0.088
1000	166.996	74.684	0.075
2000	167.134	74.822	0.138
3000	167.193	74.881	0.059
4000	167.226	74.915	0.034
5000	167.243	74.931	0.016
7000	167.285	74.973	0.042
10000	167.306	74.994	0.021
20000	167.352	75.040	0.046
50000	167.389	75.078	0.038
100000	167.410	75.099	0.021
∞	167.456	75.145	0.046
NaOH(Cr)，$-\Delta H_t^{\ominus}=426.726$，水溶液			
3	455.612	28.870	28.870
4	461.156	34.434	5.564
5	464.487	37.740	3.306
10	469.227	42.509	4.769
20	469.591	42.844	0.335
30	469.457	42.719	−0.126
40	469.340	42.593	−0.126
50	469.252	42.509	−0.084
100	469.060	42.342	−0.167
200	469.026	42.258	−0.084
300	469.047	42.300	−0.042
500	469.098	42.384	0.084
1000	469.190	42.468	0.084
2000	469.286	42.551	0.083
5000	469.386	42.677	0.126
10000	469.449	42.719	0.042
50000	469.528	42.802	0.083
∞	469.595	42.886	0.084
H_2SO_4(l)，$-\Delta H_t^{\ominus}=811.319$，水溶液			
0.5	827.051	15.732	15.732
1.0	839.394	28.075	12.343
1.5	848.222	36.903	8.828
2	853.243	41.924	5.021
3	860.314	48.995	7.071
4	865.377	54.057	5.062
5	869.352	58.032	3.975
10	878.347	67.028	8.996
25	883.619	72.300	5.272
50	884.665	73.346	1.046
100	885.293	73.973	0.627
500	888.054	76.735	2.762
1000	889.895	78.576	1.841
5000	895.753	84.433	5.857
10000	898.388	87.069	2.636
100000	904.957	93.638	6.569
500000	906.631	95.312	1.674
∞	907.510	96.190	0.878

附表 6　水和水蒸气的热力学性质

(一) 饱和水与干饱和蒸汽表*(按温度排列)

温度	压力	比体积		密　度		焓		汽化潜热	熵	
		液体	蒸汽	液体	蒸汽	液体	蒸汽		液体	蒸汽
t	p	v'	v''	ρ'	ρ''	H'	H''	r	S'	S''
℃	10^5Pa	$m^3 \cdot kg^{-1}$	$m^3 \cdot kg^{-1}$	$kg \cdot m^{-3}$	$kg \cdot m^{-3}$	$kJ \cdot kg^{-1}$	$kJ \cdot kg^{-1}$	$kJ \cdot kg^{-1}$	$kJ \cdot kg^{-1} \cdot K^{-1}$	$kJ \cdot kg^{-1} \cdot K^{-1}$
0.01	0.006112	0.0010002	206.3	999.80	0.004847	0.00	2501	2501	0.0000	9.1544
1	0.006566	0.0010001	192.6	999.90	0.005192	4.22	2502	2498	0.0154	9.1281
2	0.007054	0.0010001	179.9	999.90	0.005559	8.42	2504	2496	0.0306	9.1018
3	0.007575	0.0010001	168.2	999.90	0.005945	12.63	2506	2493	0.0458	9.0757
4	0.008129	0.0010001	157.3	999.90	0.006357	16.84	2508	2491	0.0610	9.0498
5	0.008719	0.0010001	147.2	999.90	0.006793	21.05	2510	2489	0.0762	9.0241
6	0.009347	0.0010001	137.8	999.90	0.007257	25.25	2512	2487	0.0913	8.9978
7	0.010013	0.0010001	129.1	999.90	0.007746	29.45	2514	2485	0.1063	8.9736
8	0.010721	0.0010002	121.0	999.80	0.008264	33.55	2516	2482	0.1212	8.9485
9	0.011473	0.0010003	113.4	999.70	0.008818	37.85	2517	2479	0.1361	8.9238
10	0.012277	0.0010004	106.42	999.60	0.009398	42.04	2519	2477	0.1510	8.8994
11	0.013118	0.0010005	99.91	999.50	0.01001	46.22	2521	2475	0.1658	8.8752
12	0.014016	0.0010006	93.84	999.40	0.01066	50.41	2523	2473	0.1805	8.8513
13	0.014967	0.0010007	88.18	999.30	0.01134	54.60	2525	2470	0.1952	8.8276
14	0.015974	0.0010008	82.90	999.20	0.01206	58.78	2527	2468	0.2098	8.8040
15	0.017041	0.0010010	77.97	999.00	0.01282	62.97	2528	2465	0.2244	8.7806
16	0.018170	0.0010011	73.39	998.90	0.01363	67.16	2530	2463	0.2389	8.7574
17	0.019364	0.0010013	69.10	998.70	0.01447	71.34	2532	2461	0.2534	8.7344
18	0.02062	0.0010015	65.09	998.50	0.01536	75.53	2534	2458	0.2678	8.7116
19	0.02196	0.0010016	61.34	998.40	0.01630	79.72	2536	2456	0.2821	8.6890
20	0.02337	0.0010018	57.84	998.20	0.01729	83.90	2537	2451	0.2964	8.6665
22	0.02643	0.0010023	51.50	997.71	0.01942	92.27	2541	2449	0.3249	8.6220
24	0.02982	0.0010028	45.93	997.21	0.02177	100.63	2545	2444	0.3532	8.5785
26	0.03360	0.0010033	41.04	996.71	0.02437	108.99	2548	2440	0.3812	8.5358
28	0.03779	0.0010038	36.73	996.21	0.02723	117.35	2552	2435	0.4090	8.4938
30	0.04241	0.0010044	32.93	995.62	0.03037	125.71	2556	2430	0.4366	8.4523
35	0.05622	0.0010061	25.24	993.94	0.03962	146.60	2565	2418	0.5049	8.3519
40	0.07375	0.0010079	19.55	992.16	0.05115	167.50	2574	2406	0.5723	8.2559
45	0.09584	0.0010099	15.28	990.20	0.06544	188.40	2582	2394	0.6384	8.1688
50	0.12335	0.0010121	12.04	988.04	0.08306	209.3	2592	2383	0.7038	8.0753
55	0.15740	0.0010145	9.578	985.71	0.1044	230.2	2600	2370	0.7679	7.9901
60	0.19917	0.0010171	7.678	983.19	0.1302	251.1	2609	2358	0.8311	7.9084

续表

温度	压力	比体积		密度		焓		汽化潜热	熵	
		液体	蒸汽	液体	蒸汽	液体	蒸汽		液体	蒸汽
t	p	v'	v''	ρ'	ρ''	H'	H''	r	S'	S''
℃	10^5Pa	$m^3\cdot kg^{-1}$	$m^3\cdot kg^{-1}$	$kg\cdot m^{-3}$	$kg\cdot m^{-3}$	$kJ\cdot kg^{-1}$	$kJ\cdot kg^{-1}$	$kJ\cdot kg^{-1}$	$kJ\cdot kg^{-1}\cdot K^{-1}$	$kJ\cdot kg^{-1}\cdot K^{-1}$
65	0.2501	0.0010199	6.201	980.49	0.1613	272.1	2617	2345	0.8934	7.8297
70	0.3117	0.0010228	5.045	977.71	0.1982	293.0	2626	2333	0.9549	7.7544
75	0.3855	0.0010258	4.133	974.85	0.2420	314.0	2635	2321	1.0157	7.6815
80	0.4736	0.0010290	3.408	971.82	0.2934	334.9	2643	2308	1.0753	7.6116
85	0.5781	0.0010324	2.828	968.62	0.3536	355.9	2651	2295	1.1342	7.5438
90	0.7011	0.0010359	2.361	965.34	0.4235	377.0	2659	2282	1.1925	7.4787
100	1.01325	0.0010435	1.673	958.31	0.5977	419.1	2676	2257	1.3071	7.3547
110	1.4326	0.0010515	1.210	951.02	0.8264	461.3	2691	2230	1.4184	7.2387
120	1.9854	0.0010603	0.8917	943.13	1.121	503.7	2706	2202	1.5277	7.1298
130	2.7011	0.0010697	0.6683	934.84	1.496	546.3	2721	2174	1.6354	7.0272
140	3.614	0.0010798	0.5087	926.10	1.966	589.0	2734	2145	1.7392	6.9304
150	4.760	0.0010906	0.3926	916.93	2.547	632.2	2746	2114	1.8418	6.8383
160	6.180	0.0011021	0.3068	907.36	3.253	675.6	2758	2082	1.9427	6.7508
170	7.920	0.0011144	0.2426	897.34	4.122	719.2	2769	2050	2.0417	6.6666
180	10.027	0.0011275	0.1939	886.92	5.157	763.1	2778	2015	2.1395	6.5858
190	12.553	0.0011415	0.1564	876.04	6.394	807.5	2786	1979	2.2357	6.5074
200	15.551	0.0011565	0.1272	864.68	7.862	852.4	2793	1941	2.3308	6.4318
210	19.080	0.0011726	0.1043	852.18	9.588	897.7	2798	1900	2.4246	6.3577
220	23.201	0.0011900	0.08606	840.34	11.62	943.7	2802	1858	2.5179	6.2849
230	27.979	0.0012087	0.07147	827.34	13.99	990.4	2803	1813	2.6101	6.2133
240	33.480	0.0012291	0.05967	813.60	16.76	1037.5	2803	1766	2.7021	6.1425
250	39.776	0.0012512	0.05006	799.23	19.28	1085.7	2801	1715	2.7934	6.0721
260	46.94	0.0012755	0.04215	784.01	23.72	1135.1	2796	1661	2.8851	6.0013
270	55.05	0.0013023	0.03560	767.87	28.09	1185.3	2790	1605	2.9764	5.9297
280	64.19	0.0013321	0.03013	750.69	33.19	1236.9	2780	1542.9	3.0681	5.8573
290	74.45	0.0013655	0.02554	732.33	39.15	1290.0	2766	1476.3	3.1611	5.7827
300	85.92	0.0014036	0.02164	712.45	46.21	1344.9	2749	1404.3	3.2548	5.7049
310	98.70	0.001447	0.01832	691.09	54.58	1402.1	2727	1325.2	3.3508	5.6233
320	112.90	0.001499	0.01545	667.11	64.72	1462.1	2700	1237.8	3.4495	5.5353
330	128.65	0.001562	0.01297	640.20	77.10	1526.1	2666	1139.6	3.5522	5.4412
340	146.08	0.001639	0.01078	610.13	92.76	1594.7	2622	1027.0	3.6605	5.3361
350	165.37	0.001741	0.008803	574.38	113.6	1671	2565	893.5	3.7786	5.2117
360	186.74	0.001894	0.006943	527.98	144.0	1762	2481	719.3	3.9162	5.0530
370	210.53	0.00222	0.00493	450.45	203	1893	2331	438.4	4.1137	4.7951
374	220.87	0.00280	0.00347	357.14	288	2032	2147	114.7	4.3258	4.5029
374.15	221.297	0.00326	0.00326	306.75	306.75	2100	2100	0.0	4.4296	4.4296

临界参数

$t_c = 374.15℃$　　$\rho_c = 306.75\ kg\cdot m^{-3}$

$p_c = 221.29\times10^5\ Pa$　　$H_c = 2100\ kJ\cdot kg^{-1}$

$v_c = 0.00326\ m^3\cdot kg^{-1}$　　$S_c = 4.430\ kJ\cdot kg^{-1}\cdot K^{-1}$

（二）饱和水与干饱和蒸汽表（按压力排列）

压力	温度	比体积		密度		焓		汽化潜热	熵	
		液体	蒸汽	液体	蒸汽	液体	蒸汽		液体	蒸汽
p	t	v'	v''	ρ'	ρ''	H'	H''	r	S'	S''
10^5Pa	℃	$m^3 \cdot kg^{-1}$	$m^3 \cdot kg^{-1}$	$kg \cdot m^{-3}$	$kg \cdot m^{-3}$	$kJ \cdot kg^{-1}$	$kJ \cdot kg^{-1}$	$kJ \cdot kg^{-1}$	$kJ \cdot kg^{-1} \cdot K^{-1}$	$kJ \cdot kg^{-1} \cdot K^{-1}$
0.010	6.92	0.0010001	129.9	999.0	0.00770	29.32	2513	2484	0.1054	8.975
0.020	17.514	0.0010014	66.97	998.6	0.01493	73.52	2533	2459	0.2609	8.722
0.030	24.097	0.0010028	45.66	997.2	0.02190	101.04	2545	2444	0.3546	8.576
0.040	28.979	0.0010041	34.81	995.9	0.02873	121.42	2554	2433	0.4225	8.473
0.050	32.88	0.0010053	28.19	994.7	0.03547	137.83	2561	2423	0.4761	8.393
0.060	36.18	0.0010064	23.74	993.6	0.04212	151.50	2567	2415	0.5207	8.328
0.070	39.03	0.0010075	20.53	992.6	0.04871	163.43	2572	2409	0.5591	8.274
0.080	41.54	0.0010085	18.10	991.6	0.05525	173.9	2576	2402	0.5927	8.227
0.090	43.79	0.0010094	16.20	990.7	0.06172	183.3	2580	2397	0.6225	8.186
0.10	45.84	0.0010103	14.68	989.8	0.06812	191.9	2584	2392	0.6492	8.149
0.15	54.00	0.0010140	10.02	986.2	0.09980	226.1	2599	2373	0.7550	8.007
0.20	60.08	0.0010171	7.647	98.2	0.1308	251.4	2609	2358	0.8321	7.907
0.25	64.99	0.0010199	6.202	980.5	0.1612	272.0	2618	2346	0.8934	7.830
0.30	69.12	0.0010222	5.226	978.3	0.1913	289.3	2625	2336	0.9441	7.769
0.40	75.88	0.0010264	3.994	974.3	0.2504	317.7	2636	2318	1.0261	7.670
0.45	78.75	0.0010282	3.574	972.6	0.2797	329.6	2641	2311	1.0601	7.629
0.50	81.35	0.0010299	3.239	971.0	0.3087	340.6	2645	2404	1.0910	7.593
0.55	83.74	0.0010315	2.963	969.5	0.3375	350.7	2649	2298	1.1193	7.561
0.60	85.95	0.0010330	2.732	968.1	0.3661	360.0	2653	2293	1.1453	7.531
0.70	89.97	0.0010359	2.364	965.3	0.4230	376.8	2660	2283	1.1918	7.479
0.80	93.52	0.0010385	2.087	962.9	0.4792	391.8	2665	2273	1.2330	7.434
0.90	96.72	0.0010409	1.869	960.7	0.5350	405.3	2670	2265	1.2696	7.394
1.0	99.64	0.0010432	1.694	958.6	0.5903	417.4	2675	2258	1.3026	7.360
1.5	111.38	0.0010527	1.159	949.9	0.8627	467.2	2693	2226	1.4336	7.223
2.0	120.23	0.0010605	0.8854	943.0	1.129	504.8	2707	2202	1.5302	7.127
2.5	127.43	0.0010672	0.7185	937.0	1.393	535.4	2717	2182	1.6071	7.053
3.0	133.54	0.0010733	0.6057	931.7	1.651	561.4	2725	2164	1.672	6.992
3.5	138.88	0.0010786	0.5241	927.1	1.908	84.5	2732	2148	1.728	6.941
4.0	143.62	0.0010836	0.4624	922.8	2.163	604.7	2738	2133	1.777	6.897
4.5	147.92	0.0010883	0.4139	918.9	2.416	623.4	2744	2121	1.821	6.857
5.0	151.84	0.0010927	0.3747	915.2	2.669	640.1	2749	2109	1.860	6.822
6.0	158.84	0.0011007	0.3156	908.5	3.169	670.5	2757	2086	1.931	6.761
7.0	164.96	0.0011081	0.2728	902.4	3.666	697.2	2764	2067	1.992	6.709
8.0	170.42	0.0011149	0.2403	896.9	4.161	720.9	2769	2048	2.046	6.663

续表

压力	温度	比体积		密度		焓		汽化潜热	熵	
		液体	蒸汽	液体	蒸汽	液体	蒸汽		液体	蒸汽
p	t	v'	v''	ρ'	ρ''	H'	H''	r	S'	S''
10^5Pa	℃	$m^3 \cdot kg^{-1}$	$m^3 \cdot kg^{-1}$	$kg \cdot m^{-3}$	$kg \cdot m^{-3}$	$kJ \cdot kg^{-1}$	$kJ \cdot kg^{-1}$	$kJ \cdot kg^{-1}$	$kJ \cdot kg^{-1} \cdot K^{-1}$	$kJ \cdot kg^{-1} \cdot K^{-1}$
9.0	175.35	0.0011213	0.2149	891.8	4.654	742.8	2774	2031	2.094	6.623
10.0	179.88	0.0011273	0.1946	887.1	5.139	762.7	2778	2015	2.138	6.587
11.0	184.05	0.0011331	0.1775	882.5	5.634	781.1	2781	2000	2.179	6.554
12.0	187.95	0.0011385	0.1633	878.3	6.124	798.3	2785	1987	2.216	6.523
13.0	191.60	0.0011438	0.1512	874.3	6.614	814.5	2787	1973	2.251	6.495
14.0	195.04	0.0011490	0.1408	870.3	7.103	830.0	2790	1960	2.284	6.469
15.0	198.28	0.0011539	0.1317	866.6	7.593	844.6	2792	1947	2.314	6.445
16.0	201.36	0.0011586	0.1238	863.1	8.080	858.3	2793	1935	2.344	6.422
17.0	204.30	0.0011632	0.1167	859.7	8.569	871.6	2795	1923	2.371	6.400
18.0	207.10	0.0011678	0.1104	856.3	9.058	884.4	2796	1912	2.397	6.379
19.0	209.78	0.0011722	0.1047	853.1	9.549	896.6	2798	1901	2.422	6.350
20.0	212.37	0.0011766	0.09958	849.9	10.041	908.5	2799	1891	2.447	6.340
22.0	217.24	0.0011851	0.09068	843.8	11.03	930.9	2801	1870	2.492	6.305
24.0	221.77	0.0011932	0.08324	838.1	12.01	951.8	2802	1850	2.534	6.272
26.0	226.03	0.0012012	0.07688	835.2	13.01	971.7	2803	1831	2.573	6.242
28.0	230.04	0.0012088	0.07141	827.3	14.00	990.4	2803	1813	2.611	6.213
30	233.83	0.0012163	0.06665	822.2	15.00	1008.3	2804	1796	2.646	6.186
35	242.54	0.0012345	0.05704	810.0	17.53	1049.8	2803	1753	2.725	6.125
40	250.33	0.0012520	0.04977	798.7	20.09	1087.5	2801	1713	2.796	6.070
45	257.41	0.0012690	0.04404	788.0	22.71	1122.1	2798	1676	2.862	6.020
50	263.91	0.0012857	0.03944	777.8	25.35	1154.4	2794	1640	2.921	5.973
60	275.56	0.0013185	0.03243	758.4	30.84	1213.0	2785	1570.8	3.027	5.890
70	285.80	0.0013510	0.02737	740.2	36.54	1267.4	2772	1504.9	3.122	5.814
80	294.98	0.0013838	0.02352	722.6	42.52	1317.0	2758	1441.1	3.208	5.745
90	303.32	0.0014174	0.02048	705.5	48.83	1363.7	2743	1379.3	3.287	5.678
100	310.96	0.0014521	0.01803	688.7	55.46	1407.7	2725	1317.0	3.360	5.615
110	318.04	0.001489	0.01598	671.6	62.58	1450.2	2705	1255.4	3.430	5.553
120	324.63	0.001527	0.01426	654.9	70.13	1491.1	2685	1193.5	3.496	5.492
130	330.81	0.001567	0.01277	638.2	78.30	1531.5	2662	1130.8	3.561	5.432
140	336.63	0.001611	0.01149	620.7	87.03	1570.8	2638	1066.9	3.623	5.372
160	347.32	0.001710	0.009318	584.8	107.3	1650	2582	932.0	3.746	5.247
180	356.96	0.001837	0.007504	544.4	133.2	1732	2510	778.2	3.871	5.107
200	365.71	0.00204	0.00585	490.2	170.9	1827	2410	583	4.015	4.928
220	373.7	0.00273	0.00367	366.3	272.5	2016	2168	152	4.303	4.591
221.29	374.15	0.00326	0.00326	306.75	306.75	2100	2100	0	4.430	4.430

（三）未饱和水与过热蒸汽表

压力 p	0.01 10^5 Pa			0.05 10^5 Pa			0.10 10^5 Pa			0.50 10^5 Pa			1.0 10^5 Pa			2.0 10^5 Pa		
温度	$t_{sat}=6.92$ ℃ $H''=2513$ kJ·kg^{-1} $v''=129.9$ m^3·kg^{-1} $S''=8.975$ kJ·kg^{-1}·K^{-1}			$t_{sat}=32.88$ ℃ $H''=2561$ kJ·kg^{-1} $v''=28.19$ m^3·kg^{-1} $S''=8.393$ kJ·kg^{-1}·K^{-1}			$t_{sat}=45.84$ ℃ $H''=2584$ kJ·kg^{-1} $v''=14.68$ m^3·kg^{-1} $S''=8.149$ kJ·kg^{-1}·K^{-1}			$t_{sat}=81.35$ ℃ $H''=2645$ kJ·kg^{-1} $v''=3.239$ m^3·kg^{-1} $S''=7.593$ kJ·kg^{-1}·K^{-1}			$t_{sat}=99.64$ ℃ $H''=2675$ kJ·kg^{-1} $v''=1.694$ m^3·kg^{-1} $S''=7.360$ kJ·kg^{-1}·K^{-1}			$t_{sat}=120.23$ ℃ $H''=2707$ kJ·kg^{-1} $v''=0.8854$ m^3·kg^{-1} $S''=7.127$ kJ·kg^{-1}·K^{-1}		
t	v	H	S	v	H	S	v	H	S	v	H	S	v	H	S	v	H	S
℃	m^3·kg^{-1}	kJ·kg^{-1}	kJ·kg^{-1}·K^{-1}	m^3·kg^{-1}	kJ·kg^{-1}	kJ·kg^{-1}·K^{-1}	m^3·kg^{-1}	kJ·kg^{-1}	kJ·kg^{-1}·K^{-1}	m^3·kg^{-1}	kJ·kg^{-1}	kJ·kg^{-1}·K^{-1}	m^3·kg^{-1}	kJ·kg^{-1}	kJ·kg^{-1}·K^{-1}	m^3·kg^{-1}	kJ·kg^{-1}	kJ·kg^{-1}·K^{-1}
0	0.0010002	0.0	0.0000	0.0010002	0.0	0.0000	0.0010002	0.0	0.0000	0.0010002	0.1	0.0000	0.0010001	0.1	0.0000	0.0010000	0.2	0.0000
10	131.3	2518	8.995	0.0010003	41.9	0.1511	0.0010003	41.9	0.1511	0.0010003	42.0	0.1511						
20	136.0	2537	9.056	0.0010018	83.7	0.2964	0.0010018	83.7	0.2964	0.0010018	83.8	0.2964	0.0010018	83.9	0.2964	0.0010017	84.0	0.2964
30	140.7	2556	9.117	0.0010044	125.6	0.4368	0.0010044	125.6	0.4363	0.0010044	125.6	0.4363						
40	145.4	2575	9.178	28.87	2574	8.434	0.0010079	167.5	0.5715	0.0010079	167.5	0.5715	0.0010079	167.5	0.5715	0.0010078	167.6	0.5716
50	150.0	2594	9.238	29.80	2593	8.492	15.00	259	8.170	0.0010121	209.3	0.7031	0.0010121	209.3	0.7031	0.0010120	209.4	0.7033
60	154.7	2613	9.296	30.73	2612	8.549	15.35	2611	8.227	0.0010171	251.1	0.8307	0.0010171	251.1	0.8307	0.0010170	251.2	0.8307
70	159.4	2632	9.352	31.65	2631	8.605	15.81	2630	8.283	0.0010228	293.0	0.9546						
80	164.0	2651	9.046	32.58	2650	8.659	16.27	2649	8.337	0.0010290	334.9	1.0748	0.0010289	334.9	1.0748	0.0010289	335.0	1.0748
90	168.7	2669	9.459	33.50	2669	8.712	16.74	2669	8.390	3.324	2663	7.640						
100	173.3	2688	9.510	34.43	2688	8.764	17.20	2688	8.442	3.420	2683	7.693	1.695	2676	7.361	0.0010434	419.0	1.3067
120	182.6	2726	9.609	36.28	2726	8.863	18.13	2726	8.542	3.608	2722	7.795	1.795	2717	7.465	0.0010603	503.7	1.5269
140	191.9	2764	9.703	38.13	2764	8.957	19.06	2764	8.636	3.795	2761	7.890	1.889	2757	7.562	0.9357	2749	7.227
160	201.1	2803	9.793	39.93	2803	9.047	19.98	2802	8.727	3.982	2799	7.981	1.984	2796	7.654	0.9840	2790	7.324
180	210.4	2841	9.880	41.83	2841	9.135	20.90	2841	8.814	4.169	2838	8.069	2.078	2835	7.743	1.032	2830	7.415
200	219.8	2880	9.963	43.68	2880	9.219	21.83	2879	8.897	4.355	2877	8.152	2.172	2875	7.828	1.080	2870	7.501
220	229.1	2918	10.044	45.53	2918	9.299	22.76	2918	8.978	4.540	2916	8.233	2.266	2914	7.910	1.128	2910	7.583
240	238.3	2958	10.121	47.37	2958	9.376	23.63	2957	9.056	4.726	2956	8.311	2.359	2954	7.988	1.175	2950	7.663
260	247.6	2997	10.196	49.22	2997	9.451	24.60	2997	9.131	4.912	2995	8.386	2.452	2993	8.064	1.222	2990	7.740
280	256.9	3037	10.269	51.07	3037	9.524	25.53	3037	9.203	5.098	3035	8.460	2.545	3033	8.139	1.269	3030	7.815
300	266.2	3077	10.340	52.92	3077	9.595	26.46	3077	9.274	5.284	3076	8.531	2.638	3074	8.211	1.316	3071	7.887
400	312.6	3280	10.665	62.16	3280	9.921	31.08	3280	9.601	6.212	3279	8.858	3.102	3278	8.541	1.549	3276	8.219
500	359.0	3490	10.958	71.39	3490	10.214	35.70	3490	9.895	7.136	3489	9.152	3.565	3488	8.833	1.781	3487	8.512
600	405.6	3707	11.226	80.64	3707	10.482	40.32	3707	10.162	8.058	3707	9.419	4.028	3706	9.097	2.013	3705	8.776

注：粗水平线之上为未饱和水，粗水平线之下为过热蒸汽。以下各页含义相同。

续表

压力 p	4.0 10^5 Pa			6.0 10^5 Pa			8.0 10^5 Pa			10 10^5 Pa			20 10^5 Pa			30 10^5 Pa		
温度	$t_{sat}=143.62$ ℃ $H''=2738$ kJ·kg^{-1} $v''=0.4624$ m^3·kg^{-1} $S''=6.897$ kJ·kg^{-1}·K^{-1}			$t_{sat}=158.84$ ℃ $H''=2757$ kJ·kg^{-1} $v''=0.3156$ m^3·kg^{-1} $S''=6.761$ kJ·kg^{-1}·K^{-1}			$t_{sat}=170.42$ ℃ $H''=2769$ kJ·kg^{-1} $v''=0.2408$ m^3·kg^{-1} $S''=6.663$ kJ·kg^{-1}·K^{-1}			$t_{sat}=179.88$ ℃ $H''=2.778$ kJ·kg^{-1} $v''=0.1946$ m^3·kg^{-1} $S''=6.587$ kJ·kg^{-1}·K^{-1}			$t_{sat}=212.37$ ℃ $H''=2.799$ kJ·kg^{-1} $v''=0.09958$ m^3·kg^{-1} $S''=6.340$ kJ·kg^{-1}·K^{-1}			$t_{sat}=233.83$ ℃ $H''=2.804$ kJ·kg^{-1} $v''=0.066685$ m^3·kg^{-1} $S''=6.186$ kJ·kg^{-1}·K^{-1}		
t	v	H	S	v	H	S	v	H	S	v	H	S	v	H	S	v	H	S
℃	m^3·kg^{-1}	kJ·kg^{-1}	kJ·kg^{-1}·K^{-1}	m^3·kg^{-1}	kJ·kg^{-1}	kJ·kg^{-1}·K^{-1}	m^3·kg^{-1}	kJ·kg^{-1}	kJ·kg^{-1}·K^{-1}	m^3·kg^{-1}	kJ·kg^{-1}	kJ·kg^{-1}·K^{-1}	m^3·kg^{-1}	kJ·kg^{-1}	kJ·kg^{-1}·K^{-1}	m^3·kg^{-1}	kJ·kg^{-1}	kJ·kg^{-1}·K^{-1}
0	0.0010000	0.5	0.0000	0.0009998	0.7	0.0000	0.0009997	0.9	0.0000	0.0009996	1.1	0.0000	0.0009991	2.1	0.0000	0.0009986	3.1	0.0000
20	0.0010017	84.1	0.2964	0.0010015	84.3	0.2964	0.0010015	84.5	0.2962	0.0010014	84.7	0.2960	0.0010009	85.7	0.2957	0.0010004	86.7	0.2956
40	0.0010078	167.7	0.5716	0.0010076	167.9	0.5716	0.0010076	168.1	0.5714	0.0010075	168.3	0.5712	0.0010070	169.2	0.5708	0.0010065	170.1	0.5707
50	0.0010120	209.5	0.7030	0.0010118	209.7	0.7028	0.0010118	209.9	0.7026	0.0010117	210.1	0.7024	0.0010112	210.9	0.7020	0.0010107	211.8	0.7018
60	0.0010170	251.3	0.8303	0.0010168	251.5	0.8302	0.0010167	251.7	0.8300	0.0010166	251.8	0.8298	0.0010161	252.6	0.8294	0.0010157	253.5	0.8290
80	0.0010288	335.1	1.0745	0.0010287	335.2	1.0744	0.0010286	335.3	1.0742	0.0010285	335.4	1.0740	0.0010280	336.2	1.0731	0.0010275	337.0	1.0726
100	0.0010433	419.1	1.3063	0.0010432	419.1	1.3062	0.0010431	419.2	1.3060	0.0010430	419.3	1.3058	0.0010424	420.1	1.3048	0.0010419	420.9	1.3038
120	0.0010602	503.7	1.5265	0.0010601	503.7	1.5265	0.0010600	503.8	1.5263	0.0010598	503.9	1.5261	0.0010593	504.7	1.5252	0.0010587	505.4	1.5244
140	0.0010798	589.1	1.738	0.0010797	589.1	1.738	0.0010795	589.1	1.737	0.0010794	589.2	1.737	0.0010787	589.9	1.736	0.0010782	590.6	1.735
150	0.4709	2754	6.928	0.0010906	632.1	1.840	0.0010904	632.1	1.840	0.0010902	632.1	1.840	0.0010895	632.8	1.838	0.0010889	633.4	1.837
160	0.4840	2776	6.980	0.3167	2759	6.767	0.0011020	675.3	1.941	0.0011018	675.4	1.941	0.0011011	675.9	1.939	0.0011004	676.4	1.938
180	0.5094	2818	7.077	0.3348	2805	6.869	0.2473	2792	6.715	0.1949	2778	6.588	0.0011267	768.2	2.136	0.0011258	763.7	2.134
200	0.5341	2859	7.166	0.3520	2849	6.963	0.2609	2839	6.814	0.2060	2827	6.692	0.0011561	852.4	2.328	0.0011551	852.6	2.326
220	0.5585	2900	7.251	0.3688	2891	7.051	0.2739	2883	6.905	0.2169	2874	6.788	0.1021	2821	6.385	0.0011891	943.5	2.514
240	0.5827	2941	7.332	0.3855	2933	7.135	0.2867	2926	6.991	0.2274	2918	6.877	0.1084	2875	6.491	0.05826	2823	6.225
260	0.6068	2982	7.410	0.4019	2975	7.215	0.2993	2969	7.073	0.2377	2962	6.961	0.1143	2924	6.585	0.07294	2882	6.337
280	0.6307	3023	7.486	0.4181	3017	7.292	0.3118	3011	7.151	0.2478	3005	7.040	0.1200	2972	6.674	0.07220	2937	6.438
300	0.6545	3065	7.560	0.4342	3059	7.366	0.3240	3054	7.226	0.2578	3048	7.116	0.1255	3019	6.757	0.08119	2988	6.530
400	0.7723	3273	7.895	0.5136	3270	7.704	0.3842	3267	7.568	0.3065	3263	7.461	0.1511	3240	7.122	0.09929	3229	6.916
500	0.8890	3485	8.190	0.5919	3483	8.001	0.4432	3481	7.866	0.3539	3479	7.761	0.1755	3468	7.429	0.1161	3456	7.231
600	1.0054	3703	8.455	0.6697	3701	8.266	0.5018	3699	8.132	0.4010	3693	8.027	0.1995	3690	7.701	0.1325	3682	7.506

续表

压力 p	40 10^5 Pa			50 10^5 Pa			60 10^5 Pa			70 10^5 Pa			80 10^5 Pa			90 10^5 Pa		
温度	$t_{sat}=250.33$ ℃ $H''=2.801$ kJ·kg^{-1} $v''=0.04977$ m^3·kg^{-1} $S''=6.070$ kJ·kg^{-1}·K^{-1}			$t_{sat}=263.91$ ℃ $H''=2.794$ kJ·kg^{-1} $v''=0.03944$ m^3·kg^{-1} $S''=5.973$ kJ·kg^{-1}·K^{-1}			$t_{sat}=275.56$ ℃ $H''=2.785$ kJ·kg^{-1} $v''=0.03243$ m^3·kg^{-1} $S''=5.890$ kJ·kg^{-1}·K^{-1}			$t_{sat}=285.80$ ℃ $H''=2.772$ kJ·kg^{-1} $v''=0.02737$ m^3·kg^{-1} $S''=5.184$ kJ·kg^{-1}·K^{-1}			$t_{sat}=294.98$ ℃ $H''=2.758$ kJ·kg^{-1} $v''=0.02352$ m^3·kg^{-1} $S''=5.745$ kJ·kg^{-1}·K^{-1}			$t_{sat}=303.32$ ℃ $H''=2.743$ kJ·kg^{-1} $v''=0.02048$ m^3·kg^{-1} $S''=5.678$ kJ·kg^{-1}·K^{-1}		
t	v	H	S	v	H	S	v	H	S	v	H	S	v	H	S	v	H	S
℃	m^3·kg^{-1}	kJ·kg^{-1}	kJ·kg^{-1}·K^{-1}	m^3·kg^{-1}	kJ·kg^{-1}	kJ·kg^{-1}·K^{-1}	m^3·kg^{-1}	kJ·kg^{-1}	kJ·kg^{-1}·K^{-1}	m^3·kg^{-1}	kJ·kg^{-1}	kJ·kg^{-1}·K^{-1}	m^3·kg^{-1}	kJ·kg^{-1}	kJ·kg^{-1}·K^{-1}	m^3·kg^{-1}	kJ·kg^{-1}	kJ·kg^{-1}·K^{-1}
0	0.0009981	4.2	0.0002	0.0009976	5.2	0.0004	0.0009971	6.2	0.0004	0.0009966	7.2	0.0004	0.0009961	8.2	0.0004	0.0009956	9.2	0.0004
20	0.0010000	87.6	0.2953	0.0009995	88.5	0.2951	0.0009991	89.4	0.2948	0.0009987	90.4	0.2945	0.0009983	91.3	0.2943	0.0009978	92.3	0.2941
40	0.0010061	171.0	0.5704	0.0010056	171.9	0.5699	0.0010052	172.8	0.5694	0.0010048	173.7	0.5689	0.0010043	174.6	0.5686	0.0010038	175.5	0.5681
50	0.0010103	212.7	0.7012	0.0010098	213.6	0.7005	0.0010094	214.4	0.7000	0.0010090	215.3	0.6995	0.0010085	216.2	0.6992	0.0010080	217.1	0.6986
60	0.0010152	254.4	0.8282	0.0010147	255.3	0.8273	0.0010143	256.1	0.8268	0.0010139	256.9	0.8263	0.0010134	257.8	0.8260	0.0010129	258.7	0.8253
80	0.0010270	337.8	1.0718	0.0010265	338.7	1.0709	0.0010261	339.5	1.0702	0.0010257	340.3	1.0694	0.0010254	341.2	1.089	0.0010249	342.1	1.0682
100	0.0010414	421.7	1.3030	0.0010408	422.5	1.3020	0.0010403	423.3	1.3012	0.0010400	424.1	1.3003	0.0010398	424.9	1.2996	0.0010393	425.7	1.2988
120	0.0010582	506.2	1.5236	0.0010576	506.9	1.5223	0.0010571	507.7	1.5215	0.0010567	508.4	1.5205	0.0010564	509.1	1.5198	0.0010559	509.8	1.5189
140	0.0010776	591.2	1.734	0.0010769	591.9	1.733	0.0010763	592.6	1.732	0.0010758	593.2	1.731	0.0010754	593.9	1.730	0.0010749	594.6	1.729
150	0.0010883	634.0	1.836	0.0010876	635.4	1.834	0.0010869	634.7	1.835	0.0010864	636.0	1.833	0.0010859	636.6	1.832	0.0010854	637.3	1.831
160	0.0010997	677.0	1.936	0.0010990	677.7	1.935	0.0010938	678.4	1.934	0.0010977	679.0	1.933	0.0010972	679.6	1.931	0.0010966	680.3	1.930
180	0.0011250	764.2	2.133	0.0011242	764.9	2.131	0.0011234	765.5	2.119	0.0011226	766.1	2.128	0.0011220	766.7	2.126	0.0011213	767.4	2.125
200	0.0011541	853.0	2.324	0.0011530	853.6	2.322	0.0011522	854.0	2.320	0.0011512	854.5	2.319	0.0011504	855.0	2.317	0.0011496	855.5	2.316
220	0.0011879	943.8	2.512	0.0011867	944.1	2.510	0.0011855	944.5	2.508	0.0011845	944.8	2.506	0.0011833	945.1	2.504	0.0011822	945.5	2.502
240	0.0012280	1037.4	2.698	0.0012264	1037.4	2.696	0.0012249	1037.6	2.693	0.0012235	1037.8	2.691	0.0012221	1037.9	2.688	0.0012207	1038.1	2.686
250	0.0012511	1085.7	2.791	0.0012492	1085.7	2.789	0.0012476	1085.7	2.786									
260	0.05174	2834	6.133	0.0012749	1135.1	2.882	0.0012727	1134.8	2.879	0.0012706	1134.6	2.876	0.0012689	1134.4	2.873	0.0012669	1134.2	2.870
280	0.05550	2898	6.249	0.04224	2854	6.083	0.03315	2803	5.923	0.0013304	1235.9	3.063	0.0013275	1235.4	3.059	0.0013246	1234.9	3.056
300	0.05888	2955	6.352	0.04539	2920	6.200	0.03620	2880	6.060	0.02948	2835	5.925	0.02429	2784	5.788	0.0014016	1344.3	3.249
400	0.07337	3211	6.762	0.05781	3193	6.640	0.04742	3174	6.535	0.03997	3155	6.442	0.03438	3135	6.358	0.03001	3114	6.280
500	0.08642	3445	7.087	0.06858	3433	6.974	0.05667	3421	6.878	0.04817	3409	6.795	0.04177	3397	6.722	0.03680	3386	6.656
600	0.09885	3674	7.367	0.07870	3666	7.257	0.06525	3658	7.165	0.05565	3649	7.087	0.04844	3640	7.019	0.04285	3631	6.957

续表

压力 p	100 10^5 Pa			120 10^5 Pa			140 10^5 Pa			160 10^5 Pa			180 10^5 Pa			200 10^5 Pa		
温度	$t_{sat}=318.04$ ℃ $H''=2.705$ kJ·kg^{-1} $v''=0.01598$ m^3·kg^{-1} $S''=5.558$ kJ·kg^{-1}·K^{-1}			$t_{sat}=324.63$ ℃ $H''=2.685$ kJ·kg^{-1} $v''=0.01426$ m^3·kg^{-1} $S''=5.492$ kJ·kg^{-1}·K^{-1}			$t_{sat}=336.63$ ℃ $H''=2.638$ kJ·kg^{-1} $v''=0.01149$ m^3·kg^{-1} $S''=5.372$ kJ·kg^{-1}·K^{-1}			$t_{sat}=347.32$ ℃ $H''=2582$ kJ·kg^{-1} $v''=0.009318$ m^3·kg^{-1} $S''=5.247$ kJ·kg^{-1}·K^{-1}			$t_{sat}=356.96$ ℃ $H''=2510$ kJ·kg^{-1} $v''=0.007504$ m^3·kg^{-1} $S''=5.107$ kJ·kg^{-1}·K^{-1}			$t_{sat}=365.71$ ℃ $H''=2410$ kJ·kg^{-1} $v''=0.00585$ m^3·kg^{-1} $S''=4.928$ kJ·kg^{-1}·K^{-1}		
t	v	H	S	v	H	S	v	H	S	v	H	S	v	H	S	v	H	S
℃	m^3·kg^{-1}	kJ·kg^{-1}	kJ·kg^{-1}·K^{-1}	m^3·kg^{-1}	kJ·kg^{-1}	kJ·kg^{-1}·K^{-1}	m^3·kg^{-1}	kJ·kg^{-1}	kJ·kg^{-1}·K^{-1}	m^3·kg^{-1}	kJ·kg^{-1}	kJ·kg^{-1}·K^{-1}	m^3·kg^{-1}	kJ·kg^{-1}	kJ·kg^{-1}·K^{-1}	m^3·kg^{-1}	kJ·kg^{-1}	kJ·kg^{-1}·K^{-1}
0	0.0009951	10.2	0.0004	0.0009941	12.2	0.0008	0.0009931	14.2	0.0008	0.0009922	15.2	0.0009	0.0009913	13.2	0.0011	0.0009904	20.2	0.0013
20	0.0009975	93.2	0.2939	0.0009965	95.1	0.2935	0.0009957	96.9	0.2930	0.0009948	93.9	0.2925	0.0009939	100.7	0.2921	0.0009930	102.6	0.2918
40	0.0010033	176.4	0.5677	0.0010024	178.2	0.5668	0.0010016	179.9	0.5660	0.0010007	181.7	0.5653	0.0009999	183.5	0.5647	0.0009990	185.3	0.5640
50	0.0010075	218.0	0.6980	0.0010066	219.8	0.6970	0.0010058	221.4	0.6960	0.0010049	223.2	0.6951	0.0010041	225.0	0.6942	0.0010033	226.7	0.6933
60	0.0010125	259.6	0.8247	0.0010116	216.4	0.8230	0.0010108	263.0	0.8224	0.0010099	264.7	0.8212	0.0010091	266.5	0.8200	0.0010083	268.1	0.8188
80	0.0010245	342.9	1.0676	0.0010236	344.6	1.0662	0.0010226	346.2	0.0648	0.0010217	347.9	1.0634	0.0010209	349.5	1.0620	0.0010200	351.1	1.0605
100	0.0010386	426.5	1.2982	0.0010370	428.1	1.2967	0.0010368	429.6	1.2951	0.0010359	431.2	1.2937	0.0010349	432.7	1.2932	0.0010339	434.2	1.2909
120	0.0010552	510.5	1.5182	0.0010544	512.0	1.5165	0.0010533	513.4	1.5148	0.0010522	514.9	1.5131	0.0010512	516.4	1.5115	0.0010501	517.8	1.5098
140	0.0010741	595.3	1.728	0.0010732	596.7	1.727	0.0010719	598.0	1.724	0.0010707	599.4	1.722	0.0010695	600.8	1.721	0.0010684	602.1	1.719
150	0.0010845	638.0	1.830	0.0010835	639.4	1.823	0.0010822	640.7	1.826	0.0010809	642.0	1.823	0.0010796	643.4	1.822	0.0010784	644.6	1.820
160	0.0010956	681.0	1.929	0.0010946	682.4	1.927	0.0010932	683.6	1.925	0.0010918	684.9	1.922	0.0010905	686.2	1.921	0.0010891	687.4	1.919
180	0.0011201	768.0	2.123	0.0011189	769.1	2.121	0.0011174	770.2	2.118	0.0011157	771.3	2.116	0.0011142	772.4	2.114	0.0011126	773.5	2.112
200	0.0011482	856.0	2.314	0.0011468	857.0	2.311	0.0011448	857.9	2.308	0.0011430	858.8	2.305	0.0011411	859.7	2.302	0.0011393	860.6	2.299
220	0.0011805	945.8	2.500	0.0011788	946.6	2.497	0.0011766	947.3	2.493	0.0011744	948.0	2.489	0.0011721	948.7	2.486	0.0011700	949.4	2.483
240	0.0012185	1038.3	2.684	0.0012164	1038.7	2.680	0.0012136	1039.1	2.676	0.0012109	1039.5	2.672	0.0012082	1039.9	2.668	0.0012056	1040.3	2.664
250										0.0012316	1086.2	2.762	0.0012286	1086.4	2.758	0.0012255	1086.6	2.754
260	0.0012650	1134.1	2.868	0.0012612	1133.9	2.863	0.0012575	1133.8	2.858	0.0012539	1133.7	2.853	0.0012504	1133.7	2.848	0.0012470	1133.6	2.843
280	0.0013217	1234.5	3.053	0.0013164	1233.7	3.046	0.0013111	1232.9	3.040	0.0013061	1232.2	3.035	0.0013013	1231.6	3.028	0.0012968	1230.9	3.023
300	0.0013970	1342.2	3.244	0.0013886	1340.0	3.235	0.0013808	1338.0	3.226	0.0013735	1336.2	3.218	0.0013665	1334.6	3.211	0.0013598	1333.2	3.204
320	0.019260	2778	5.705	0.001493	1459.3	3.441	0.001479	1454.1	3.427	0.001466	1449.8	3.414	0.001455	1446.3	3.403	0.001444	1442.9	3.394
340	0.02150	2878	5.872	0.01624	2789	5.667	0.01197	2672	5.436	0.001616	1586.3	3.642	0.001592	1576.6	3.620	0.001569	1569.1	3.603
350										0.00978	2612	5.302	0.001704	1657	3.751	0.001665	1644	3.724
360	0.02337	2958	6.002	0.01816	2892	5.832	0.01425	2812	5.654	0.01100	2711	5.457	0.00810	2563	5.194	0.001824	1739	3.876
380										0.01289	2843	5.662	0.01042	2759	5.498	0.00828	2655	5.309
400	0.02646	3093	6.207	0.02113	3049	6.071	0.01726	3000	5.942	0.01429	2945	5.816	0.01194	2884	5.688	0.00998	2816	5.553
500	0.03281	3372	6.596	0.02681	3347	6.487	0.02252	3321	6.390	0.01930	3294	6.303	0.01678	3267	6.221	0.01478	3238	6.144
600	0.03837	3621	6.901	0.03163	3603	6.803	0.02683	3585	6.716	0.02322	3567	6.640	0.02043	3549	6.572	0.01816	3530	6.508

续表

压力 p	200 10^5 Pa			250 10^5 Pa			300 10^5 Pa		
温度	$t_{sat}=373.7$ ℃ $H''=2168$ kJ·kg^{-1} $v''=0.00367$ m^3·kg^{-1} $S''=4.591$ kJ·kg^{-1}·K^{-1}								
t	v	H	S	v	H	S	v	H	S
℃	m^3·kg^{-1}	kJ·kg^{-1}	kJ·kg^{-1}·K^{-1}	m^3·kg^{-1}	kJ·kg^{-1}	kJ·kg^{-1}·K^{-1}	m^3·kg^{-1}	kJ·kg^{-1}	kJ·kg^{-1}·K^{-1}
0	0.0009893	22.2	0.0013	0.0009880	25.2	0.0013	0.0009857	30.1	0.0013
20	0.0009920	104.5	0.2915	0.0009908	107.3	0.2909	0.0009886	112.0	0.2902
40	0.0009981	187.1	0.5634	0.0009869	189.7	0.5621	0.0009949	194.1	0.5603
50	0.0010024	228.4	0.6927	0.0010012	231.0	0.6911	0.0009992	235.3	0.6889
60	0.0010073	269.8	0.8181	0.0010061	272.3	0.8164	0.0010041	276.5	0.8140
80	0.0010190	352.7	1.0596	0.0010178	355.1	1.0576	0.0010156	359.1	1.0545
100	0.0010329	435.7	1.2899	0.0010316	438.0	1.2873	0.0010293	441.9	1.2834
120	0.0010490	519.3	1.5084	0.0010475	521.5	1.5053	0.0010450	525.1	1.5014
140	0.0010671	603.5	1.717	0.0010654	605.6	1.714	0.0010626	609.0	1.709
150	0.0010771	646.0	1.818	0.0010758	647.9	1.815	0.0010722	651.2	1.810
160	0.0010877	688.7	1.917	0.0010858	690.5	1.914	0.0010825	693.6	1.908
180	0.0011110	774.7	2.110	0.0011087	776.3	2.107	0.0011050	779.1	2.100
200	0.0011375	861.6	2.297	0.0011349	863.0	2.293	0.0011305	865.4	2.287
220	0.0011679	950.2	2.480	0.0011648	951.3	2.475	0.0011597	953.3	2.468
240	0.0012030	1040.9	2.661	0.0011992	1041.6	2.655	0.0011931	1042.9	2.647
260	0.0012437	1133.8	2.839	0.0012388	1134.1	2.833	0.0012313	1134.7	2.822
280	0.0012926	1230.6	3.017	0.0012863	1230.2	3.009	0.0012764	1229.9	2.996
300	0.0013535	1332.2	3.197	0.0013446	1330.7	3.187	0.0013311	1329.0	3.171
320	0.001434	1440.5	3.384	0.001421	1437.3	3.371	0.001403	1433.2	3.351
340	0.001551	1562.6	3.589	0.001527	1555.3	3.567	0.001496	1546.8	3.539
360	0.001757	1717	3.837	0.001695	1696	3.794	0.001634	1676	3.747
380	0.0010	2503	5.052	0.00224	1926	4.149	0.001887	1836	3.995
400	0.00828	2736	5.406	0.00602	2579	5.137	0.00283	2155	4.476
500	0.01312	3207	6.070	0.01113	3157	5.965	0.00869	3073	5.799
600	0.01631	3512	6.449	0.01413	3483	6.367	0.01144	3434	6.242

附表 7　龟山-吉田环境模型的元素标准化学有效能（$E^{\ominus}_{Xc,元素}$）

H	—元素符号
117.61	—$E^{\ominus}_{Xc,元素}$ (10^3kJ·kmol^{-1})
H_2O (l)	—基准物
−84.89	—温度修正系数(kJ·kmol^{-1}·K)

	Ⅰa	Ⅱa	Ⅲa	Ⅳa	Ⅴa	Ⅵa	Ⅶa	Ⅷ			Ⅰb	Ⅱb	Ⅲb	Ⅳb	Ⅴb	Ⅵb	Ⅶb	
1	H 117.61 H_2O (l) −84.89																	He 30.125 Air $P=5.24\times10^{-6}$ 101.09
2	Li 371.96 $LiCi\cdot H_2O$ −485.13	Be 594.25 $BeO\cdot Al_2O_3$ −103.26											B 610.28 H_3BO_3 −185.60	C 410.53 CO_2 $P=0.003$ 57.07	N 0.335 Air $P=0.756$ 1.17	O 1.966 Air $P=0.203$ 6.61	F 308.03 Ca_{10} $(PO_4)_6F_2$ 81.21	Ne 27.07 Air $P=1.8\times10^{-8}$ 90.83
3	Na 360.79 $NaNO_3$ −400.83	Mg 618.23 $CaCO_3\cdot$ $MgCO_3$ −360.58											Al 788.22 Al_2O_3 −166.57	Si 852.74 SiO_2 −195.27	P 865.96 $Ca_3(PO_4)_2$ 86.36	S 602.79 $CaSO_4\cdot$ $2H_2O$ −116.69	Cl 23.47 NaCl 268.82	Ar 11.673 Air $P=0.009$ 39.16
4	K 386.85 KNO_3 −354.97	Ca 712.37 $CaCO_3$ −338.74	Sc 906.76 Sc_2O_3 −159.87	Ti 885.59 TiO_2 −198.57	V 704.88 V_2O_5 −236.27	Cr 547.43 $K_2Cr_2O_7$ 30.67	Mn 461.24 MnO_2 −197.23	Fe 368.15 Fe_2O_3 −147.28	Co 288.40 $CoFe_2O_4$ −19.84	Ni 243.47 $NiCl_2\cdot$ $6H_2O$ −865.63	Cu 143.80 $Cu_4(OH)_6\cdot$ Cl_2	Zn 337.44 $Zn(NO_3)_2\cdot$ $6H_2O$ −852.87	Ga 496.18 Ga_2O_3 −162.09	Ge 493.13 GeO_2 −194.10	As 386.27 As_2O_6 −255.27	Se 0 Se 0	Br 34.35 $PtBr_2$ −19.92	Kr
5	Rb 389.57 $RbNO_3$ −353.80	Sr 771.15 $SrCl\cdot$ $6H_2O$ −841.61	Y 932.40 $Y(OH)_3$	Zr 1058.59 $ZrSiO_4$ −215.02	Nb 878.10 Nb_2O_5 −240.62	Mo 714.42 $CaMoO_4$ −45.27	Tc	Ru 0 Ru 0	Rh 0 Rh 0	Pd 0 Pd 0	Ag 86.32 AgCl 326.60	Cd 304.18 $CdCl\cdot$ $5/2H_2O$ −759.94	In 412.42 InO_2 −169.41	Sn 515.72 SnO_2 217.53	Sb 409.70 Sb_2O_5 −255.98	Te 266.35 TeO_2 −188.49	I 25.61 KIO_3 56.82	Xe
6	Cs 390.9 CsCl −364.25	Ba 784.17 $Ba(NO_3)_2$ −697.60	La	Hf 1023.24 HfO_2 −202.51	Ta 950.69 Ta_2O_5 −242.80	W 818.22 $CaWO_4$ −45.44	Re	Os 297.11 OsO_4 −325.22	Ir 0 Ir 0	Pt 0 Pt 0	Au 0 Au 0	Hg 131.71 $HgCl_2$ −690.61	Tl 169.70 Tl_2O_4	Pb 337.27 PbClOH	Bi 296.73 BiOCl −425.68	Po	At	Rn
7	Fr	Ra	Ac	Th 1164.87 ThO_2 −168.78	Pa	U 1117.88 U_3O_6 −247.19	Np	Pu	Am	Cm	BK	Cf	Es	Fm	Md	No	Lr	
			La 982.57 $LaCl_2\cdot$ $7H_2O$ −1224.45	Ce 1020.73 CeO_2 −227.94	Pr 926.17 $Pr(OH)_3$	Nd 967.05 $NdCl_3\cdot$ $6H_2O$ −1214.78	Pm	Sm 962.86 $SmCl_3\cdot$ $6H_2O$ −1215.74	Eu 872.49 $EuCl_3\cdot$ $6H_2O$ −1231.06	Gd 958.26 $GdCl_3\cdot$ H_2O −1220.26	Tb 947.38 $TbCl_3\cdot$ $6H_2O$ −1230.26	Dy 958.26 $DyCl_3\cdot$ $6H_2O$ −1234.03	Ho 966.63 $HoCl_3\cdot$ $6H_2O$ −1235.20	Er 960.77 $ErCl_3\cdot$ $6H_2O$ −1234.82	Tm 894.29 Tm_2O_3 −167.65	Yb 935.67 $YbCl_3\cdot$ $6H_2O$ −1224.45	Lu 917.68 $LuCl_3\cdot$ $6H_2O$ −1235.20	

附表 8　主要无机和有机化合物的摩尔标准化学有效能 $E_{Xc}^{\ominus}$ 以及温度修正系数 ξ

主要无机化合物

物　质	$-E_{Xc}^{\ominus}$ $(kJ\cdot mol^{-1})$	ξ $(J\cdot mol^{-1}\cdot K^{-1})$	物　质	$-E_{Xc}^{\ominus}$ $(kJ\cdot mol^{-1})$	ξ $(J\cdot mol^{-1}\cdot K^{-1})$
$AlCl_3$	229.83	892.07	$HCl(g)$	45.77	173.72
$Al_2(SO_4)_3$	308.36	539.44	Na_2S	962.86	−798.31
Ar	11.67	39.16	$NaHCO_3$	44.69	−39.3
BaO	261.04	−596.01	MgO	50.79	−218.78
$BaSO_4$	32.55	−415.30	$MgCl_2$	73.39	343.21
$BaCO_3$	63.01	−356.77	$MgCO_3$	22.59	62.30
C	410.53	57.07	$MgSO_4$	58.24	−67.8
CaO	110.33	−227.74	MnO	100.29	−115.94
$Ca(OH)_2$	53.01	−201.46	Mn_2O_5	47.24	−113.51
$CaCl_2$	11.25	349.74	Mn_3O_4	108.37	−213.13
$CaOSiO_2$	21.34	−228.15	N_2	0.71	2.34
$CaOAl_2O_3$	88.03	−251.08	Ne	27.07	90.83
CO	275.35	−25.61	NO	88.91	−4.60
CO_2	20.13	67.40	$NH_3(g)$	336.69	−154.22
Fe	368.15	−147.28	Na_2O	346.98	−585.76
FeO	118.66	−71.76	NaCl	0	0.38
Fe_3O_4	96.90	−70.29	Na_2SO_4	62.89	−413.50
$Fe(OH)_3$	30.29	43.85	Na_2CO_3	89.96	−364.22
Fe_2SiO_4	220.41	−125.35	Na_3AlF_6	581.95	138.95
$FeAl_2O_4$	103.18	−66.36	$SO_2(g)$	306.52	−114.64
H_2	235.22	−169.74	$SO_3(g)$	239.70	−14.02
$H_2O(g)$	8.62	−118.78	$H_2S(g)$	804.46	−329.66
He	30.12	101.09	ZnO	21.09	−745.63
HF	152.42	46.61	$ZnSO_4$	73.68	−587.52
O_2	3.93	13.22	$ZnCO_8$	22.34	−503.46

主要有机化合物

物质及分子式	$-E_{Xc}^{\ominus}$ (kJ·mol^{-1})	ξ (J·mol^{-1}·K^{-1})	物质及分子式	$-E_{Xc}^{\ominus}$ (kJ·mol^{-1})	ξ (J·mol^{-1}·K^{-1})
甲烷(g)CH_4	830.19	−201.96	十一烷(l)$C_{11}H_{24}$	7361.33	−238.03
乙烷(g)C_2H_6	1493.77	−221.63	十二烷(l)$C_{12}H_{26}$	8013.03	−247.07
丙烷(g)C_3H_8	2148.99	−238.36	甲苯(l)$CH_5C_6H_5$	3928.36	61.63
丁烷(l)C_4H_{10}	2803.20	−540.11	甲醇(l)CH_3OH	716.72	−33.26
戊烷(g)C_5H_{12}	3455.61	−270.29	乙醇(l)C_2H_5OH	1354.57	−43.68
戊烷(l)C_5H_{12}	3454.52	−152.38	丙醇(l)C_3H_7OH	2003.76	−52.26
已烷(g)C_6H_{14}	4109.48	−286.14	丁醇(l)C_4H_9OH	2659.10	−61.55
已烷(l)C_6H_{14}	4105.38	−193.84	戊醇(l)$C_5H_{11}OH$	3304.69	−67.07
庚烷(g)C_7H_{16}	4763.44	−355.81	甲醛(g)$HCHO$	537.81	−86.02
庚烷(l)C_7H_{16}	4756.45	−209.58	乙醛(g)CH_3CHO	1160.18	−107.95
乙烯(g)C_2H_4	1359.63	−172.38	丙酮(l)$(CH_3)_2CO$	1783.85	20.59
丙烯(g)C_3H_6	1999.95	−196.27	甲蚁酸(l)$HCOOH$	288.24	112.84
1-丙烯(g) $CH_2CHCH_2CH_3$	2654.29	−211.33	醋酸(l)CH_3COOH	903.58	105.52
			石炭酸(s)C_6H_5OH	3120.43	224.05
乙炔(g)C_2H_2	1265.49	−114.43	苯酸(s)C_6H_5COOH	3338.08	372.50
丙炔(g)CH_3CCH	1896.48	−138.20	甲酸甲酯(g)$HCOOCH_3$	998.26	−35.82
环戊烷(l)C_5H_{10}	3265.11	−86.44	醋酸乙酯(l)$CH_3COOC_2H_5$	2254.26	53.09
环已烷(l)C_6H_{12}	3901.16	−62.93	甲醚(g)$(CH_3)_2O$	1415.78	−150.04
苯(l)C_6H_6	3293.18	85.65	乙醚(l)$(C_2H_5)_2O$	2697.26	88.91
环辛烷(l)C_8H_{16}	5243.89	−73.51	氯化甲烷(g)CH_3Cl	723.96	206.86
环丁烯(g)C_4H_6	2522.53	−130.08	二氯化甲烷(l)CH_2Cl_2	622.29	480.03
乙苯(l)C_8H_{10}	4580.10	50.92	四氯化碳(l)CCl_4	441.79	1367.83
辛烷(l)C_8H_{18}	5407.78	−211.42	α-D-半乳糖(s)$C_6H_{12}O_6$	2966.92	590.70
壬烷(l)C_9H_{20}	6058.81	−220.87	β-乳糖(s)$C_{12}H_{22}O_{11}$	5968.52	1136.21
癸烷(l)$C_{10}H_{22}$	6710.05	−743.08	尿素(s)$(NH_2)_2CO$	686.47	182.67

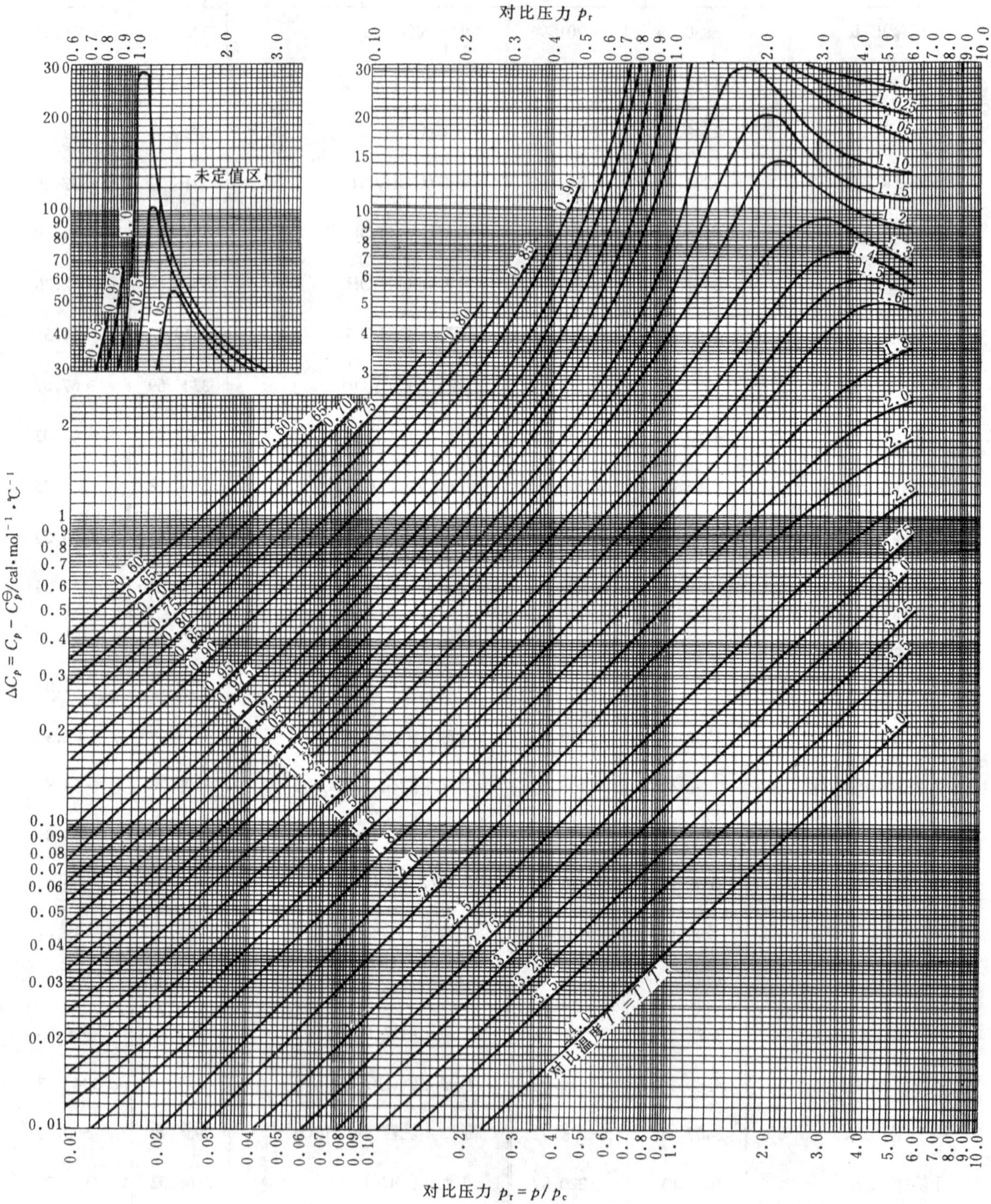

附图 1　压力对气体摩尔定压热容的影响

1cal＝4.184J

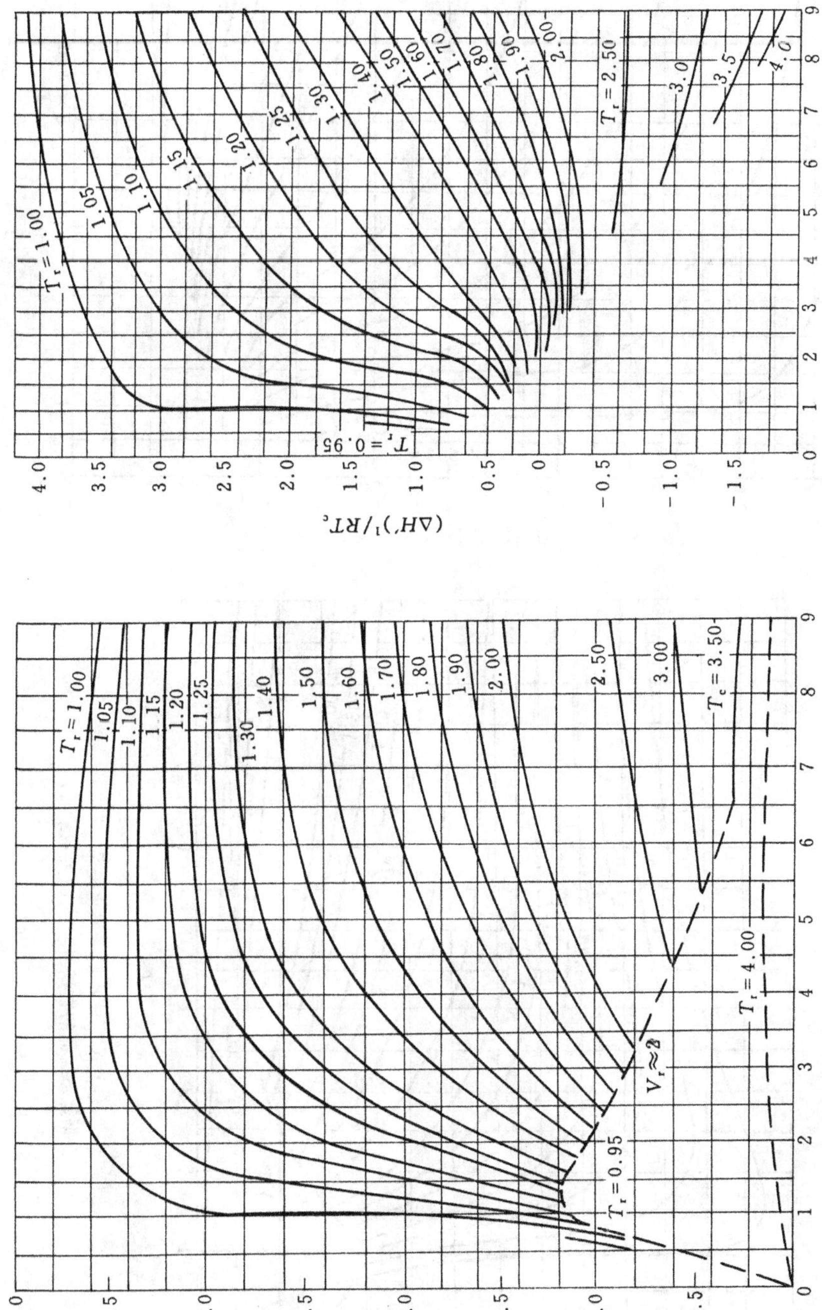

(b) $(\Delta H')^1/RT_c$ 的普遍化关系
（根据 Pitzer 关系导出）

(a) $(\Delta H')^{\ominus}/RT_c$ 的普遍化关系
（根据氩、氪、氙的数据，按 Pitzer 关系给出）

附图 2　三参数普遍化焓差图

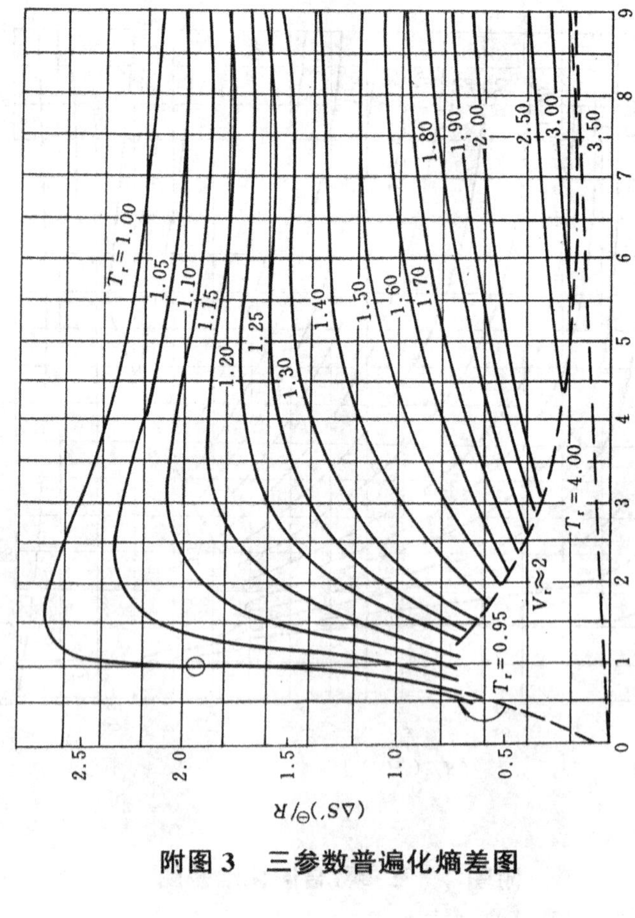

(a) $(\Delta S')^{\ominus}/R$ 的普遍化关系
（根据氩、氪、氙的数据，按 Pitzer 关系给出）

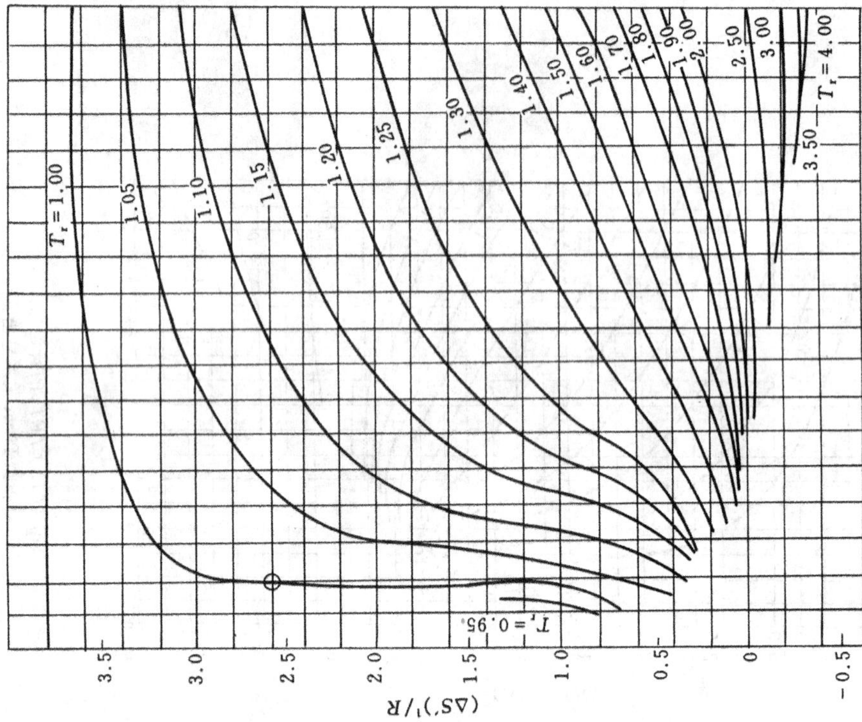

(b) $(\Delta S')^{1}/R$ 的普遍化关系
（根据 Pitzer 关系导出）

附图 3　三参数普遍化熵差图

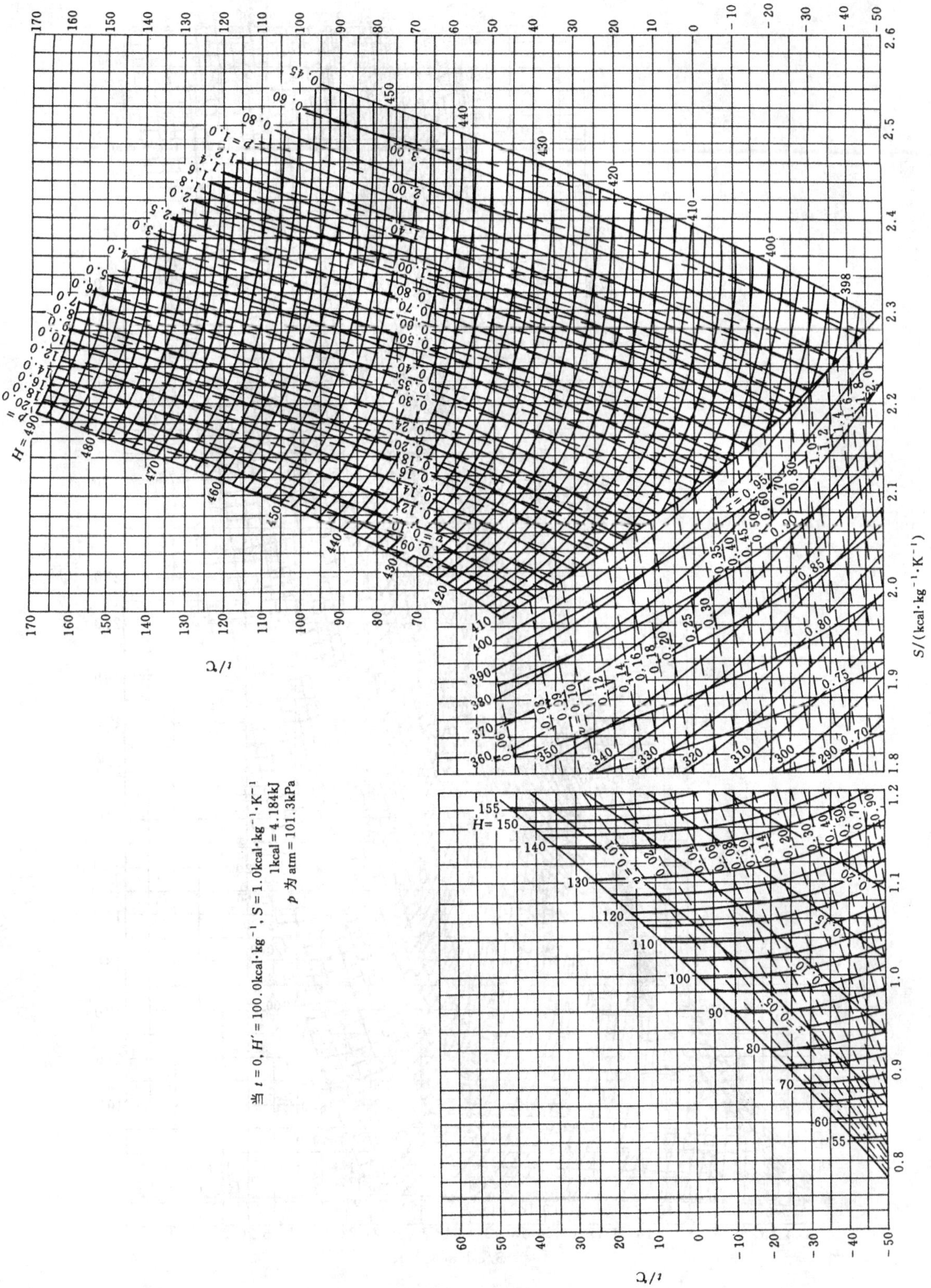
t/℃
S/(kcal·kg^{-1}·K^{-1})
当 $t=0$, $H'=100.0$kcal·kg^{-1}, $S=1.0$kcal·kg^{-1}·K^{-1}
1kcal = 4.184kJ
p 为 atm = 101.3kPa

附图 4　氨的 *T-S* 图

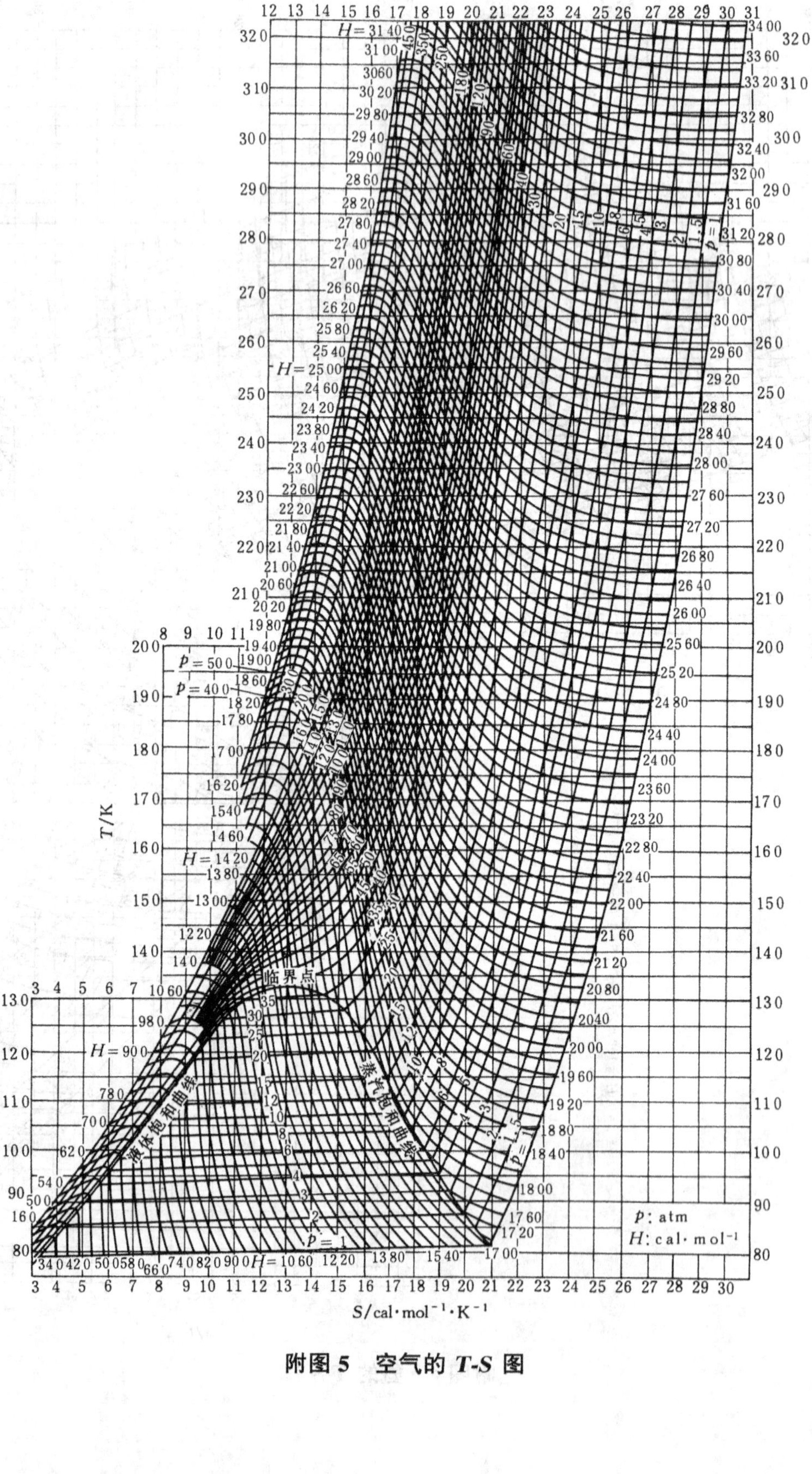

附图 5　空气的 *T-S* 图

内 容 提 要

《化工厂节能知识》介绍了化工节能的基本原理和应用。全书共分五章。第一章为绪论，第二章讨论稳流体系的能量平衡，阐述热力学第一定律及其在稳流体系中的应用，也介绍了真实气体热力学性质的计算。第三章讨论化工节能的基本原理。通过对热力学第二定律的讨论，研究了能量损耗的本质，建立了以热力学第一定律和第二定律相结合的现代用能理论。第二、三章是全书的理论基础。第四章介绍了利用热力学基本原理对化工过程进行热力学分析的方法，并对典型化工单元过程和化工生产装置进行了热力学分析，是化工节能基本原理的应用。第五章是化工企业节能技术简介，讨论如何合理利用能量，介绍了几种成熟的化工节能新技术。

本书适用于化工中专工艺类及相关专业，也可供化工高等职业学校工艺类及相关专业使用，以及供化工企业管理人员、工程技术人员参考。